U0117713

中职电类专业“理实一体化”系列教材

综合实践活动课程技能培训教材

单片机仿真

实用技术

龚运新　张红忠　主　编

盛尤海　全模淦　副主编

清华大学出版社

北京

内容简介

本书介绍了单片机产品的开发方法和必备工具以及开发单片机产品的全过程，主要介绍了MCS-51单片机结构、单片机最小系统、单片机硬件仿真、软件仿真、编程固化、指令系统、程序设计、定时器使用方法、中断使用方法、具体应用实例等。本书采用实例和软件仿真方式编写，以LED彩灯控制器为主线串联单片机全部知识，内容通俗易懂，能帮助初学者尽快入门，使有一定基础者熟练深化。

本书可作为职业院校应用电子技术、电子电器应用与维修等专业的教材，也可作为广大电子技术爱好者的学习用书和单片机等级考试培训教材。

图书在版编目(CIP)数据

单片机仿真实用技术/龚运新，张红忠主编.—北京：清华大学出版社，2011.10
(中职电类专业"理实一体化"系列教材.综合实践活动课程技能培训教材)
ISBN 978-7-302-25923-7

Ⅰ.①单…　Ⅱ.①龚…　②张…　Ⅲ.①单片微型计算机—系统仿真　Ⅳ.①TP368.1

中国版本图书馆CIP数据核字(2011)第115785号

责任编辑：金燕铭
责任校对：袁　芳
责任印制：王秀菊
出版发行：清华大学出版社　　**地　　址**：北京清华大学学研大厦A座
http://www.tup.com.cn　　**邮　　编**：100084
社　总　机：010-62770175　　**邮　　购**：010-62786544
投稿与读者服务：010-62776969，c-service@tup.tsinghua.edu.cn
质　量　反　馈：010-62772015，zhiliang@tup.tsinghua.edu.cn
印　装　者：北京嘉实印刷有限公司
经　　销：全国新华书店
开　　本：185×260　**印　张**：14.75　**字　数**：331千字
版　　次：2011年10月第1版　　**印　　次**：2011年10月第1次印刷
印　　数：1～3000
定　　价：29.00元

产品编号：039841-01

前言

foreword

目前,MCS-51 系列单片机在我国的各行各业都得到了广泛应用。各类院校的应用电子专业、智能控制专业、自动化专业、电气控制专业、机电一体化专业、智能仪表专业都开设了单片机课程。这门课的理论性、实践性和综合性都很强,它需要学生具有模拟电子技术、数字电子技术、电气控制、电力电子技术等知识背景。同时,本课程也是一门计算机软硬件有机结合的产物。本书是作者多年理论教学、实践教学及产品研发经验的结晶。在编写过程中,始终将理论、实验、产品开发这三者有机结合,从单片机最小系统开始,逐步扩展功能,从简单到复杂,给读者提供一种系统的、完整的、清晰的学习思路。

本书最突出之处是从实用角度出发,加强了设计性环节的指导,内容包括软件仿真、硬件仿真、编程器的使用(程序烧写)、产品设计等。

本书采用实例和软件仿真方式编写,以 LED 彩灯控制器为主线串联单片机全部知识,内容通俗易懂,能帮助初学者尽快入门,使有一定基础者熟练深化。每个程序可仿真演示,观察结果,并给出一个完整的编程思路,便于学习和理解。若条件许可,可以安排在计算机房或多媒体教室进行教学,边讲解边演示,结合多媒体课件,使教学内容直观形象,通俗易懂,特别是进行软件仿真、硬件仿真与产品模拟时效果会更好。

电子技术人员都知道,单凭看书和教师讲课是不能培养出电子技术方面的人才的,必须经过理论学习、芯片电路仿真、芯片电路实做、各种工具使用、单片机产品开发等过程。建议读者以自己的计算机作为实验仿真系统,组建家庭和宿舍单片机实验室。自己边学边做,从仿制电路到自己设计电路、自己购买元器件、自己设计 PCB 板、自己焊装调试,坚持不懈,将常用接口芯片研究完、实做完,就能掌握全部单片机技术。本书从理论到仿真,再从仿真到实做,环环紧扣,为读者学习电子技术提供了实用快捷的方法。

本书可作为职业院校应用电子技术、电子电器应用与维修等专业的教材,还可作为广大电子技术爱好者的学习用书和单片机等级考试培训教材。

本书由无锡科技职业学院龚运新、麻城理工中等专业学校张红忠任主编,由麻城市第三中学盛尤海、全模淦任副主编。由于编者水平有限,疏漏之处在所难免,敬请读者批评指正。

编　者

2011 年 4 月

前言

目录

contents

基 础 篇

提 高 篇

项 目 篇

基础篇

chapter 1 ◇ 第 1 章

单片机基础知识

单片微型计算机是20世纪70年代初期发展起来的，它的产生、发展和壮大以及对经济发展的巨大贡献引起了人们的高度重视。

1.1 单片机概述

单片微型计算机简称单片机，它是微型计算机发展中的一个重要分支。单片机以其独特的结构和性能，越来越广泛地应用于工业、农业、国防、网络、通信以及人们的日常工作和生活中。单片机在一块芯片上集成了中央处理器(CPU)、存储器(RAM、ROM)、定时器/计数器和各种输入/输出(I/O)接口(如并行I/O口、串行I/O口和A/D转换器)等。由于单片机通常是为实时控制应用而设计制造的，因此又称为微控制器(MCU)。每一种单片机推向市场都要经历芯片设计、芯片生产、芯片应用三个过程。芯片的设计包括以下几个内容。

(1) 指令及与指令对应的电路(芯片)和代码。

(2) 固化程序的编程器。

(3) 硬件仿真器。

(4) 软件仿真开发系统。

单片机设计完成后，由其生产厂家生产出产品(芯片、编程器、仿真器、软件仿真开发系统)。在这些开发的芯片中，有些芯片是公开使用的(在市场上能买到的芯片就属于这种类型)，这种芯片分为两类：一类不能加密，另一类可加密；有些芯片是不公开的，如军工产品和各大公司开发的专用产品。

单片机的种类很多，但无论哪种单片机，其生产厂家都要配套提供编程器(固化程序用)、硬件仿真器(调试程序用)、指令系统和芯片使用说明书，否则很难进行二次开发(除非能破解芯片)。因此对于单片机芯片应用人员来说，所要做的工作是：按厂家提供的方法使用芯片，按实际应用产品功能要求设计电路、编写程序、制成单片机控制的产品。对于产品维修和使用人员来说，需要了解芯片控制电路的工作原理，并且掌握维修的相关知识和基本方法。

1.2 单片机的应用

单片机在一块芯片上集成了一台微型计算机所需的CPU、存储器、输入/输出接口和时钟电路等,因此它具有体积小、使用灵活、成本低、易于产品化、抗干扰能力强、可在各种恶劣环境下可靠地工作等特点。单片机的应用面广泛、控制能力较强,广泛应用于工业控制、智能仪表、外设控制、家用电器、机器人、军事装置等方面。

1. 测控系统中的应用

控制系统(特别是工业控制系统)的工作环境恶劣(各种干扰很强),并且往往要求其能够进行实时控制,因此对于控制系统的要求是工作稳定、可靠、抗干扰能力强。单片机最适合用于控制领域,例如锅炉恒温控制、电镀生产线自动控制等。

2. 智能仪表中的应用

采用单片机制作测量和控制仪表,可以使此类仪表向数字化、智能化、多功能化、柔性化发展,并使其监测、处理、控制等功能一体化;可以减轻仪表的重量,使其便于携带和使用;同时降低成本,提高性价比。典型的实例有数字式RLC测量仪、智能转速表、计时器等。

3. 智能产品

单片机与传统的机械产品结合,使传统机械产品结构简化、控制智能化,从而形成新型的机、电、仪一体化产品。典型的实例有数控车床、智能电动玩具、各种家用电器和通信设备等。

4. 在智能计算机外设中的应用

在计算机应用系统中,除通用外部设备(键盘、显示器、打印机)外,还有许多用于外部通信、数据采集、多路分配管理、驱动控制等方面的接口。如果这些外部设备和接口全部由主机管理,会造成主机负担过重、运行速度降低,并且主机无法提高对各种接口的管理能力。如果采用单片机专门对接口进行控制和管理,则主机和单片机就能并行工作,这不仅能大大提高系统的运算速度,而且单片机还可对接口信息进行预处理,以减小主机和接口间的通信密度,提高接口控制管理的能力。典型的示例有绘图仪控制器,磁带机、打印机的控制器等。

1.3 数制

数制即计数体制,是按照一定规则表示数值大小的计数方法。日常生活中最常用的计数体制是十进制,数字电路中常用的计数体制则是二进制(有时也采用八进制和十六进制)。对于任何一个数,都可以用不同的进制来表示。

1. 常用数制转换方法

数制转换的常用方法是用计算机中的“计算器”在“科学型”状态下进行各种转换。方法是：单击“开始”|“程序”|“附件”|“计算器”命令，弹出“计算器”窗口，在“查看”菜单中选择“科学型”，如图 1-1 所示。

图 1-1 科学型计算器

转换时，在当前转换制式下输入数值，再选中需要转换的制式，转换后的数值显示在文本框中。例如，将十进制数 35 转换成十六进制数时，先在十进制状态下(选中“十进制”单选按钮)输入 35，如图 1-1 所示；再选中“十六进制”单选按钮，进入十六进制状态，十六进制数 23 显示在文本框中。

2. 二进制数的表示方法

在十进制数中，可以通过在数字前面加上“＋”、“－”符号来表示正、负数。由于数字电路不能直接识别“＋”、“－”符号，因此在数字电路中把一个数的最高位作为符号位，并用 0 表示“＋”符号，用 1 表示“－”符号。像这样符号也数码化的二进制数称为机器数，原来带有“＋”、“－”符号的数称为真值。例如：

十进制数	＋67	－67
二进制数(真值)	＋1000011	－1000011
计算机内(机器数)	01000011	11000011

通常，二进制正负数(机器数)有原码、反码和补码 3 种表示方法。

(1) 原码

用首位表示数的符号，0 表示正，1 表示负，其他位则为数的真值的绝对值，这样的表示方法称为原码。

【例 1-1】 求$(+105)_{10}$和$(-105)_{10}$的原码。

解：

$$[(+105)_{10}]_{原}=[(+1101001)_2]_{原}=(01101001)_2$$

$$[(-105)_{10}]_{原}=[(-1101001)_2]_{原}=(11101001)_2$$

0 的原码有两种，即

$$[+0]_{原}=(00000000)_2$$

$$[-0]_{原}=(10000000)_2$$

原码简单易懂，与真值转换起来很方便。但当两个异号的数相加或两个同号的数相减时就要做减法运算，此时就必须判别这两个数哪一个绝对值大，用绝对值大的数减去绝对值小的数，运算结果的符号则是绝对值大的那个数的符号。这样操作比较麻烦，运算的逻辑电路也较难实现。因此，为了将加法和减法运算统一成只做加法运算，就引入了反码和补码。

(2) 反码

反码用得较少，它只是求补码的一种过渡。正数的反码与其原码相同。负数反码的计算方法为：先求出该负数的原码，然后原码的符号位不变，其余各位按位取反，即0变1，1变0。

【例1-2】 求$(+65)_{10}$和$(-65)_{10}$的反码。

解： $[(+65)_{10}]_{原}=(01000001)_2$　　$[(-65)_{10}]_{原}=(11000001)_2$

则 $[(+65)_{10}]_{反}=(01000001)_2$　　$[(-65)_{10}]_{反}=(10111110)_2$

很容易验证一个数的反码的反码就是这个数本身。

(3) 补码

正数的补码与其原码相同，负数的补码是它的反码加1。

【例1-3】 求$(+63)_{10}$和$(-63)_{10}$的补码。

解： $[(+63)_{10}]_{原}=(00111111)_2$　　$[(+63)_{10}]_{反}=(00111111)_2$

则 $[(+63)_{10}]_{补}=(00111111)_2$

$[(-63)_{10}]_{原}=(10111111)_2$　　$[(-63)_{10}]_{反}=(11000000)_2$

则 $[(-63)_{10}]_{补}=(11000001)_2$

同样，可以验证一个数的补码的补码就是其原码。

引入了补码以后，两个数的加、减法运算就可以统一用加法运算来实现，此时两个数的符号位也当成数值直接参加运算，并且有这样一个结论：两个数和的补码等于两个数补码的和。在数字系统中，一般用补码来表示带符号的数。

【例1-4】 用机器数的表示方式，求13－17的值。

解： 第一步，求补码。

$[(+13)_{10}]_{原}=(00001101)_2$　　$[(+13)_{10}]_{补}=(00001101)_2$

$[(-17)_{10}]_{原}=(10010001)_2$　　$[(-17)_{10}]_{补}=(11101111)_2$

第二步，求补码之和。

$$[(+13)_{10}]_{补}+[(-17)_{10}]_{补}=(11111100)_2$$

第三步，求和的补码。

$$[(11111100)_2]_{补}=(10000100)_2$$

即，13－17＝－4。

1.4 二-十进制编码

由于数字系统是以二值数字逻辑为基础的，因此数字系统中的信息(包括数值、文字、控制命令等)都是用一定位数的二进制码表示的，这个二进制码称为代码。

在数字设备中,任何数据和信息都要用二进制代码表示。二进制中只有两个符号:0和1。如果有 n 位二进制数,它有 2^n 种不同的组合,即可以代表 2^n 种不同的信息。指定用某个二进制代码组合代表某一信息的过程叫编码。由于这种指定是任意的,所以存在多种多样的编码方案。本节将介绍几种常用的编码。

二进制编码方式有多种。二-十进制码又称为 BCD 码(Binary Coded Decimal),是一种常用的编码。

BCD 码用二进制代码来表示十进制的 0~9 十个数。要用二进制代码来表示十进制的 0~9 十个数,至少要用 4 位二进制数。4 位二进制数有 16 种组合,可从这 16 种组合中选择 10 种组合分别来表示十进制的 0~9 十个数。选择哪 10 种组合,有多种方案,这就形成了不同的 BCD 码。具有一定规律的常用的 BCD 码如表 1-1 所示。

表 1-1 常用 BCD 码

十进制数	8421 码	2421 码	5421 码	余 3 码
0	0000	0000	0000	0011
1	0001	0001	0001	0100
2	0010	0010	0010	0101
3	0011	0011	0011	0110
4	0100	0100	0100	0111
5	0101	1011	1000	1000
6	0110	1100	1001	1001
7	0111	1101	1010	1010
8	1000	1110	1011	1011
9	1001	1111	1100	1100
位权	8 4 2 1 $b_3 b_2 b_1 b_0$	2 4 2 1 $b_3 b_2 b_1 b_0$	5 4 2 1 $b_3 b_2 b_1 b_0$	无权

如表 1-1 所示的各种 BCD 码中,8421 码、2421 码和 5421 码都属于有权码,而余 3 码属于无权码。

1. 8421 码

8421 码是最常用的一种 BCD 码。它和自然二进制码的组成相似,4 位的权值从高到低依次是 8、4、2、1。但不同的是,它只选取了 4 位自然二进制码的 16 种组合中的前 10 种组合,即 0000~1001,分别用来表示 0~9 十个十进制数,称为有效码;剩下的 6 种组合 1010~1111 没有采用,称为无效码。8421 码与十进制数之间的转换只要直接按位转换即可,例如:

$$(509.37)_{10}=(0101\quad 0000\quad 1001.0011\quad 0111)_{8421}$$

$$(0111\quad 0100\quad 1000.0001\quad 0110)_{8421}=(748.16)_{10}$$

【例 1-5】 将十进制数 83 用 8421 码表示。

解:由表 1-2 所示可得

$$(83)_D=(1000\ 0011)_{8421}$$

2. 奇偶校验码

数码在传输、处理过程中，难免会发生一些错误，即有些1错误地变成0，有些0错误地变成1。奇偶校验码是一种能够检验出这种错误的可靠性编码。

如表1-2所示，奇偶校验码由信息位和校验位两部分组成，信息位是要传输的原始信息，校验位是根据规定算法求得并添加在信息位后的冗余位。奇偶校验码分奇校验和偶校验两种。以奇校验为例，校验位产生的规则是：若信息位中有奇数个1，校验位为0；若信息位中有偶数个1，校验位为1。偶校验则正好相反。也就是说，可以通过调节校验位的0或1使传输出去的代码中1的个数始终为奇数或偶数。

表1-2　8421码的奇校验码和偶校验码

十进制数	奇校验码		偶校验码	
	信息位	校验位	信息位	校验位
0	0000	1	0000	0
1	0001	0	0001	1
2	0010	0	0010	1
3	0011	1	0011	0
4	0100	0	0100	1
5	0101	1	0101	0
6	0110	1	0110	0
7	0111	0	0111	1
8	1000	0	1000	1
9	1001	1	1001	0

当接收机收到加有校验位的代码后，将校验信息位和校验位中1的个数。若奇偶性符合约定的规则，则认为信息没有发生差错，否则可以确定信息已经出错。

奇偶校验码只能发现错误，但不能确定是哪一位出错，而且只能发现代码的一位出错，不能发现二位或更多位出错。由于其实现起来容易，信息传送效率也高，而且两位或两位以上出错的几率相当小，所以奇偶校验码用来检测代码在传送过程中是否出错是相当有效的，被广泛应用于数字系统中。

奇偶校验码只能发现一位出错，但不能定位错误，因而也就不能纠错。汉明校验码是一种既能发现错误，又能定位错误的可靠性编码。汉明校验码的基础是奇偶校验，可以看成是多重的奇偶校验码。

1.5 字符码

字符码是对字母、符号等编码的代码，目前使用比较广泛的字符码是ASCII码，它是美国信息交换标准码（American Standard Code for Information Interchange）的简称。ASCII码包含7位二进制数编码，可以表示2^7(128)个字符，其中95个字符为可打印字符，其他33个字符为不可打印和显示的控制字符，如表1-3所示。

由表 1-3 所示可以看出，数字和英文字母都是按顺序排列的，只要知道其中一个数字或字母的 ASCII 码，就可以求出其他数字或字母的 ASCII 码。如数字 0～9 的 ASCII 码表示成十六进制数为 30H～39H，即任一数字字符的 ASCII 码等于该数字值加上+30H。在字母的 ASCII 码中，小写字母 a～z 的 ASCII 码表示成十六进制数为 61H～7AH，而大写字母 A～Z 的 ASCII 码表示成十六进制数为 41H～5AH；同一字母的大小写其 ASCII 码不同，且小写字母的 ASCII 码比大写字母的 ASCII 码大 20H。

为了使用更多的字符，大部分系统采用扩充的 ASCII 码。扩充 ASCII 码采用 8 位二进制数编码，共可表示 256($2^8=256$)个符号。其中范围在 00000000～01111111 之间的编码所对应的符号与标准 ASCII 码相同，而范围在 10000000～11111111 之间的编码定义了另外 128 个图形符号。

表 1-3　标准 ASCII 码表

$B_6B_5B_4$		0	1	2	3	4	5	6	7
$B_3B_2B_1B_0$		000	001	010	011	100	101	110	111
0	0000	NUL	DLE	SP	0	@	P	.	p
1	0001	SOH	DC1	!	1	A	Q	a	q
2	0010	STX	DC2	"	2	B	R	b	r
3	0011	ETX	DC3	#	3	C	S	c	s
4	0100	EOT	DC4	$	4	D	T	d	t
5	0101	ENQ	NAK	%	5	E	U	e	u
6	0110	ACK	SYN	&	6	F	V	f	v
7	0111	BEL	ETB	‘	7	G	W	g	w
8	1000	BS	CAN	(	8	H	X	h	x
9	1001	HT	EM	)	9	I	Y	i	y
A	1010	LF	SUB	*	:	J	Z	j	z
B	1011	VT	ESC	+	;	K	[	k	{
C	1100	FF	FS	,	<	L	\	l	|
D	1101	CR	GS	—	=	M	]	m	}
E	1110	SO	RS	.	>	N	↑	n	～
F	1111	SI	US	/	?	O	←	o	DEL

1.6　信息量单位——比特

比特(Bit)是计算机专业术语，表示信息量单位，由英文 Bit 音译而来。二进制数的 1 位所包含的信息就是 1 比特，如二进制数 0101 就是 4 比特。

比特是二进制数字中的位，它是信息量的最小度量单位。数字化音响中用电脉冲表达音频信号，1 代表有脉冲，0 代表脉冲间隔。如果波形上每个点的信息用 4 位一组的代码表示，则称 4 比特。比特数越高，表达模拟信号就越精确，对音频信号还原能力越强。

二进制数系统中，位是数据存储的最小单位，8 位就称为 1 个字节(Byte)。计算机中的 CPU 位数指的是 CPU 一次能处理的最大位数，例如 32 位的 CPU 一次最多能处理 32 位数据。

在计算机领域中，对于某些特定的计算机设计而言，字是一种数据单位。在这种特定计算机中，字为一次性处理事务的固定长度的位组。字的位数(即字长)是计算机系统结构中的一种重要特性。

字长在计算机结构和操作的多个方面均有体现。计算机中大多数寄存器的度量是一个字长；计算机处理的典型数值也可能是以字长为单位；CPU 和内存之间的数据传送单位通常也是一个字长。此外，内存中用于指明一个存储位置的地址也经常以字长为单位。现代计算机的字长通常为 16 位、32 位和 64 位。

讨论与思考

上网搜索 CPU 芯片种类，然后讨论它们的优点、缺点。

chapter 2 ◇ 第 2 章

单片机仿真开发工具的使用

QTH 系列单片机仿真开发系统是启东微机应用研究所研制开发的高性能集成开发环境。它集编辑、编译/汇编、在线及模拟调试为一体，VC 风格的用户界面，完全支持 Franklin/Keil C 格式文件，支持所有变量类型及表达式，配合 QTH 系列仿真器，是开发 80x51/96 系列单片机的理想开发工具。本书以该系统为工具进行单片机技术的学习和产品开发。

2.1 QTH 下载式仿真开发系统使用方法

QTH 集成开发环境提供了以下两种方式开发应用程序：一是不使用 QTH 集成开发环境项目管理方式——对源程序文件直接进行汇编/连接方式，兼容传统开发习惯；二是使用 QTH 集成开发环境项目管理方式——可进行多模块、混合语言编程的方式，也同样适合单模块程序的开发。下面具体讨论软件使用方法。

1. 启动 QTH

在 Windows 中单击“开始”|“程序”命令或直接从桌面上选择 QTH 仿真开发系统即可进入 QTH 调试器。如果已经连接仿真器，则直接进入 QTH 调试器窗口。如果没有连接仿真器，则屏幕上出现信息提示框，如图 2-1 所示。可以选择是否进入模拟调试：“是”——进入调试；“否”——请检查并使仿真器正常工作后，再单击“调试”菜单上的“复位”命令，进入仿真调试。

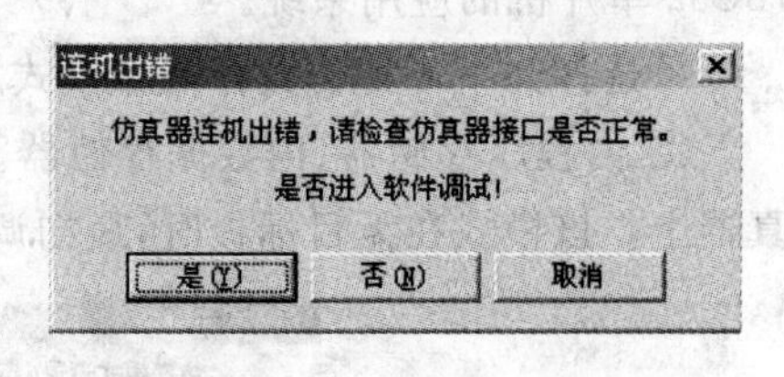

图 2-1 连机信息

2. 窗口介绍

进入仿真调试状态后弹出如图 2-2 所示界面，界面中出现两个窗口：项目管理器窗口和编辑窗口，最上方第一行为菜单栏，第二行、第三行为工具栏。项目管理器窗口有 4 个标签，第 1 个标签 Project 为项目管理窗口，第 2 个标签 REG 为特殊功能寄存器窗口，第 3 个标签 RAM 为内部数据存储空间，第 4 个标签 BIT 为位寻址空间。编辑窗口用于编写程序、调试程序。

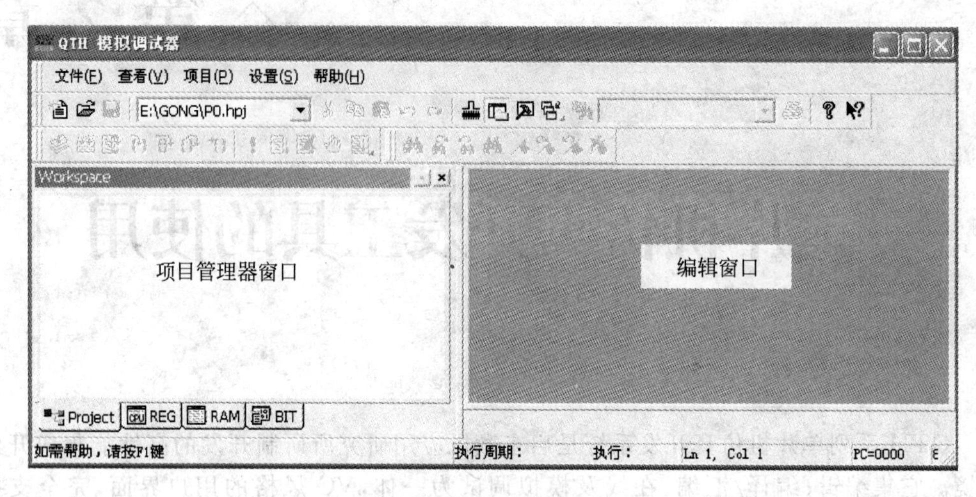

图 2-2 QTH 仿真开发系统主界面

2.1.1 QTH 仿真开发系统的设置

仿真软件在使用之前要进行工作环境设置，主要有仿真模式、仿真器系统参数、主频选择、外复位选择、项目属性等项目设置。

1. QTH-8052F、QTH-8052F+、QTH-8052G 系列仿真器系统参数设置

当进入 QTH 调试器时，QTH 会自动对系统进行搜索，查找通信接口及仿真器类型。QTH 有 3 种通信方式：串行口、并行口及 USB 接口。QTH 调试器能自动检测确认机器类别及通信方式。

(1) 8052 模式

选中 8052 仿真模式(EA＝0)，可仿真采用 8031/8032、80C31/80C32、8051/8052、78C32 单片机的应用系统。

可选择如下 4 种仿真存储器模式之一。

① 内程序存储器、内数据存储器。仿真程序存储器在仿真器上，数据存储器也在仿真器上。该模式在无目标板时，最初调试软件用以排除软件中的故障，如图 2-3 所示。

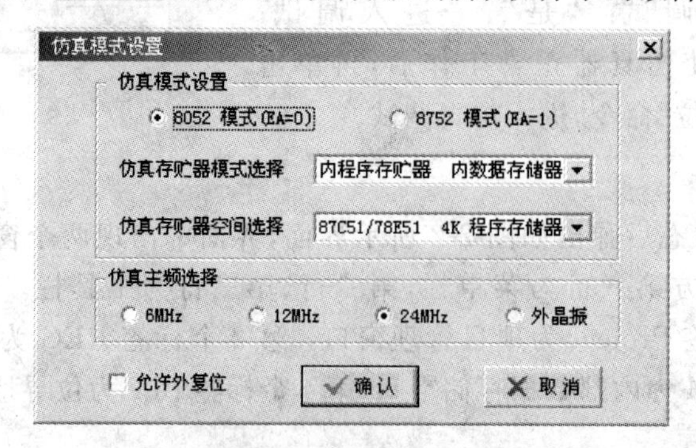

图 2-3 模式设定

② 内程序存储器和外数据存储器。仿真程序存储器在仿真器上，数据存储器及 I/O 口在用户板上。一般采用该模式。通过该模式进行在线测试，可排除目标板上硬件故障，并进行软件调试。

③ 外程序存储器和内数据存储器。程序存储器在用户板上，数据存储器在仿真器上。该模式很少使用。

④ 外程序存储器和外数据存储器。程序存储器在用户板上，数据存储器及 I/O 口在用户板上。该模式可进行反汇编跟踪分析目标板程序或调试目标板上 EPROM 中的程序。

(2) 8752 模式

选中 8752 仿真模式(EA＝1)，可仿真采用 87C51/87C52、W78E5X、AT89C5X、LG90C5X 单片机的应用系统。

可选择如下 4 种仿真存储器模式之一。

① 内程序存储器和内数据存储器。例：仿真 89C52 8KB 程序存储器，大于 8KB 程序存储器在仿真器上，扩展的外部数据存储器在仿真器上。该模式在无目标板时调试软件，用于排除软件中的故障。

② 内程序存储器和外数据存储器。例：仿真 89C52 8KB 片内程序存储器，大于 8KB 程序存储器在仿真器上，扩展的外部数据存储器及 I/O 口在用户板上。一般采用该模式。通过该模式进行在线测试，可排除目标板上硬件故障，并进行软件调试。

③ 外程序存储器和内数据存储器。例：仿真 89C52 8KB 片内程序存储器，大于 8KB 程序存储器在用户板上。扩展的外部数据存储器在仿真器上。该模式很少使用。主要用于目标板缺少数据存储器时，将仿真器上数据存储作临时使用。

④ 外程序存储器和外数据存储器。例：仿真 89C52 8KB 片内程序存储器，大于 8KB 程序存储器在用户板上。扩展的外部数据存储器及 I/O 口在用户板上。

当选择 8752 模式时，根据 CPU 片内存储器空间有 4 种选择。①87C51/78E51，4KB 片内程序存储器；②87C52/78E52，8KB 片内程序存储器；③87C54/78E54，16KB 片内程序存储器；④87C58/78E58，32KB 片内程序存储器。

(3) 主频选择

主频分仿真主频及逻辑主频两类。仿真主频是指仿真器的仿真频率；逻辑主频是指带逻辑分析仪仿真器的采集频率。有 4 种频率选择：6MHz、12MHz、24MHz(对于 QTH-8052F＋，其频率选择为 2.7648MHz、5.5296MHz、11.0592MHz)及外晶振。当选择外晶振时，由目标板或仿真头提供振荡频率，即用户自己选择的晶振。

(4) 外复位选择

该功能允许用户板的复位引入仿真器内仿真 CPU，可调试外部复位电路、实时仿真外部“看门狗”电路及自复位电路。

2. 设置项目属性

设置当前项目的编译及连接控制属性，如图 2-4 所示。

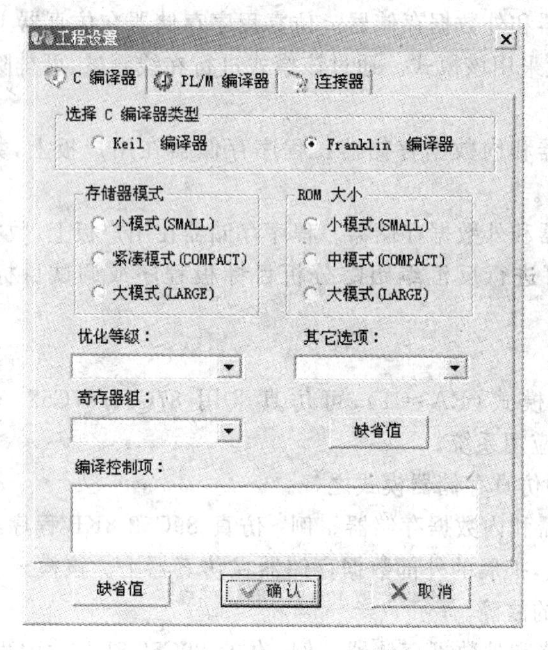

图 2-4 工程项目设置

2.1.2 QTH 菜单命令

QTH 集成开发环境菜单栏提供各种操作菜单，包括编辑操作、项目维护、开发工具选项设置、调试程序、窗口选择和处理、在线帮助等。工具栏按钮与键盘快捷键可以快速执行 QTH 集成开发环境命令。下面将详细介绍 QTH 集成开发软件各菜单命令的功能，以及其对应的工具栏按钮与快捷键。菜单栏由"文件"、"编辑"、"项目"、"查看"、"调试"、"设置"、"外设"、"窗口"、"帮助"菜单组成。

1. 文件(F)

"文件"下拉菜单如表 2-1 所示。

表 2-1 "文件"下拉菜单

新建	新建一个电路文件
打开	打开一个已有电路文件
保存	将电路图和全部参数保存在打开的电路文件中
另存为	将电路图和全部参数另存在一个电路文件中
打印	打印当前窗口显示的电路图
页面设置	设置打印页面
退出	退出激活文件

2. 编辑(E)

"编辑"下拉菜单如表 2-2 所示。

表 2-2 “编辑”下拉菜单

撤销	Ctrl+Z	撤销当前操作
重做		恢复撤销前的操作
剪切	Ctrl+X	将当前选择的块剪切到剪贴板
复制	Ctrl+C	将当前选择的块剪切到剪贴板
粘贴	Ctrl+V	将剪贴板中的内容粘贴到文件中
删除	Del	删除当前所选择的内容
恢复		恢复上一次删除的内容
全选	Ctrl+A	将整个文档作为块
查找	Ctrl+F	在文件中查找字符串
查找下一个		查找下一个匹配的字符串
查找前一个		查找前一个匹配的字符串
替换	Ctrl+H	替换匹配的字符串
查找下一个出错行		将编译/汇编发生的错误与源程序关联,并定位到下一个错误的位置
查找前一个出错行		将编译/汇编发生的错误与源程序关联,并定位到前一个错误的位置
书签		在文档中设置或清除 0～9 书签,用于快速定位
定位书签		与设置或清除书签命令配合,定位书签 0～9

其他“书签”操作如下。

(1) 设置或清除书签——在文档中设置或清除书签,用于快速定位。

(2) 定位到前一个书签——与设置或清除书签配合,定位到前一个书签。

(3) 定位到下一个书签——与设置或清除书签配合,定位到下一个书签。

(4) 清除所有书签——清除所有书签标记。

3. 项目(P)

“项目”下拉菜单如表 2-3 所示。

表 2-3 “项目”下拉菜单

新建项目	创建一个新的项目
打开项目	打开一个已经存在的项目
关闭项目	关闭当前已经打开的项目文件
项目属性	设置源程序的编译/连接控制项选项
编译当前文件	编译当前打开的文件,用于无项目文件时源程序的编译/汇编
编译连接装载	编译连接并装载当前项目中所包括的程序
加入模块文件	在已经打开的项目文件中添加文件。添加文件类型有源文件、库文件和其他文件
装入调试信息	装入调试信息到仿真器

4. 查看(V)

“查看”下拉菜单如表 2-4 所示。

表 2-4 “查看”下拉菜单

工具栏	该命令用于软件中工具的打开或关闭
状态栏	该命令用于状态条的显示或关闭
CPU 窗口	CPU 内部寄存器窗口
程序存储器	程序代码空间
数据存储器	外部数据空间
逻辑分析窗口	逻辑分析仪窗口,对含有逻辑分析功能的仿真器有效
跟踪记录窗口	跟踪存储器窗口
变量表	在对话框中输入变量名称,观察变量的值
项目管理器	项目管理器窗口
信息窗口	信息窗口,显示编译/汇编产生的结果
观察窗口	变量观察窗口

(1) 工具栏:在工具中包含下列一些工具内容。

① 标准工具:标准工具条,包含一些常用的文本编辑工具命令。

② 调试工具:调试工具条,包含 QTH 调试器一些常用的调试工具命令。

③ 书签工具:书签工具条,包含一些书签操作的常用工具命令。

④ 窗口工具:窗口显示工具条,包含查看菜单中一些特殊窗口的打开或关闭工具命令。

⑤ 文档表:打开或关闭当前源程序窗口的图标。

⑥ 控制条标题:打开或关闭输出条窗口的标题。

⑦ 输出条窗口边框:打开或关闭输出条窗口的边框。

(2) 状态栏:该命令用于状态条的显示或关闭。状态条包含当前调试窗口的状态信息及正在执行的命令等。命令左侧的“√”标记着目前显示状态条。

(3) CPU 窗口:CPU 内部寄存器包括特殊功能寄存器,以十六进制方式显示字节寄存器内容,以位方式显示当前选中的寄存器的内容。CPU 窗口还包括 CPU 内部数据存储器及位地址寄存器的内容。

(4) 信息窗口:信息窗口,显示编译/汇编产生的结果,调试过程中的提示以及在文件中查找的结果。

5. 调试(D)

“调试”下拉菜单如表 2-5 所示。

表 2-5 “调试”下拉菜单

装载	装入当前程序的调试信息
源程序调试	进入源程序调试方式
混合码调试	对 C 程序进入源与汇编码的混合状态调试方式
单步执行	跟踪运行程序
宏单步执行	单步运行程序
连续单步	连续单步操作
连续宏单步	连续宏单步操作

续表

连续执行	全速运行,遇断点停止
执行到光标处	全速运行到光标处
跳出子程序	当前执行在子程序处时,执行该命令跳出子程序
设置断点	打开断点设置窗口设置或清除断点、设置断点属性等
复位	复位仿真器

(1) 单步执行：跟踪运行程序。在反汇编窗口下执行一条指令,如果当前是调用指令,则进入所调用的子程序；如果在源程序窗口下,执行当前文本下的一条语句,如果是调用指令则进入所调用的子程序。

(2) 宏单步执行：单步运行程序。反汇编窗口下如果是调用指令,则越过所调用的子程序；源程序窗口下,如果是调用语句,则越过所调用的子程序。

6. 设置(S)

"设置"下拉菜单如表2-6所示。

表2-6 "设置"下拉菜单

仿真器设置	设置仿真器的仿真模式
设置PC值	定时器/计数器0模式和控制窗口
设置文本编辑器	设置文本编辑器环境参数,如字体、颜色等
项目属性	设置源程序的编译/连接控制项选项

7. 外设(O)

"外设"下拉菜单如表2-7所示。

表2-7 "外设"下拉菜单

端口	端口设置窗口,显示或改变端口的状态
定时/计数器0	该命令用于状态条的显示或关闭
定时/计数器1	定时器/计数器1模式和控制窗口
定时/计数器2	定时器/计数器0模式和控制窗口
串行口	串行口工作模式和控制窗口
中断	中断状态窗口

(1) 定时/计数器0：定时器/计数器0模式和控制窗口,其中TMOD和TCON的值可以作为定时器0初始化的编程依据。

(2) 定时/计数器1：定时器/计数器1模式和控制窗口,其中TMOD和TCON的值可以作为定时器1初始化的编程依据。

(3) 定时/计数器2：定时器/计数器0模式和控制窗口,其中T2CON的值可以作为定时器2初始化的编程依据。

(4) 串行口：串行口工作模式和控制窗口,其中SMOD和SCON的值可以作为串行口初始化的编程依据。

(5) 中断：中断状态窗口,包括INT0、INT1、T0、T1、T2和UART中断状态以及优先级和允许设置。设置或清除相应的标志，可以改变中断的状态，也可以通过相应的值，作为中断初始化的编程依据。

8. 窗口(W)

“窗口”下拉菜单如表2-8所示。

表2-8 “窗口”下拉菜单

拆分窗口	拆分源程序窗口，使之拆分为两个或4个窗口
新建窗口	新建一个窗口
层叠	层叠当前所有激活的窗口
水平平铺	横向平铺当前所有激活的窗口
垂直平铺	纵向平铺当前所有激活的窗口
关闭窗口	关闭当前激活的窗口
关闭所有窗口	关闭当前所有激活的窗口

9. 帮助(H)

“帮助”下拉菜单如表2-9所示。

表2-9 “帮助”下拉菜单

帮助主题	QTH帮助命令窗口
关于QTH(A)	关于QTH版本信息
键操作	与菜单对应的所有快捷操作

2.1.3 Debug状态下窗口分配与菜单操作

QTH集成开发环境中选项配置完成后，打开或建立新项目并编译通过，选择调试命令，即可启动Debug开始调试，启动调试后，窗口分配如图2-5所示(项目窗口将自动打开调试选项卡，显示程序调试过程中单片机内部寄存器状态的变化情况)。图2-5中调试状态下项目窗口的功能如下。

(1) 主调试窗口用于显示用户源程序，窗口左边的小箭头指向当前程序语句，每执行一条语句小箭头会自动向下移动，便于观察程序当前执行点(如果用户创建的项目中含有多个程序文件，执行过程中将自动切换到不同文件显示)。

(2) 汇编窗口用于显示汇编后的信息，若汇编成功则在此窗口显示0错误0警告(警告数可以不为0，错误数一定要为0)。

(3) 程序存储器窗口用于显示程序调试过程中单片机的程序存储器状态，观察数据也可改变数据。

(4) 数据存储器窗口用于显示程序调试过程中单片机的数据存储器状态，观察数据也可改变数据。

(5) 工程项目、寄存器、内存数据、位分别显示窗口(该窗口也称项目管理器窗口)，单击窗口下部的4个标签可分别观察这4个内容。

(6) 观察窗口用于显示局部变量和观察点的状态(没显示)。

此外在主调试窗口位置还可以显示反汇编窗口、串行窗口以及性能分析窗口,通过选择"查看"菜单中的相应命令(或单击工具条中的相应按钮),可以很方便地实现窗口切换。

主窗口中的各项可由"查看"下拉菜单的各项命令打开和关闭。

调试状态下菜单如图 2-5 所示,菜单中以灰色显示不可用命令。

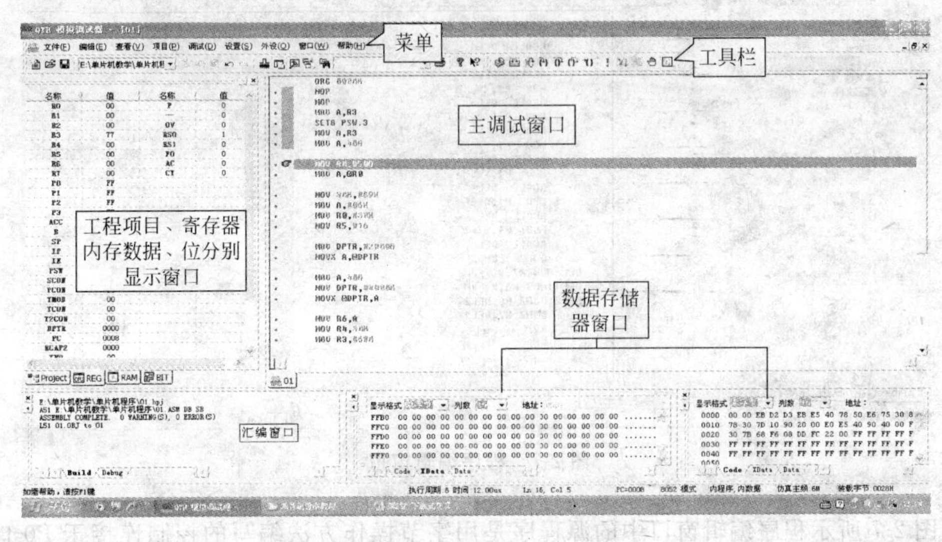

图 2-5 调试主界面

2.1.4 应用调试举例

首先应建立一个工程项目,启动 QTH 集成开发环境软件后,选择"工程项目"|"新建"命令,在打开的对话框中,选择要保存项目的路径,并输入项目文件名 P0. ASM,不选择"立即加入模块文件"命令,然后单击"确认"按钮,如图 2-6 所示,弹出空窗口。选择"文件"|"新建"命令出现可编辑窗口,编辑程序并保存,注意文件夹不能用中文名字。若选择

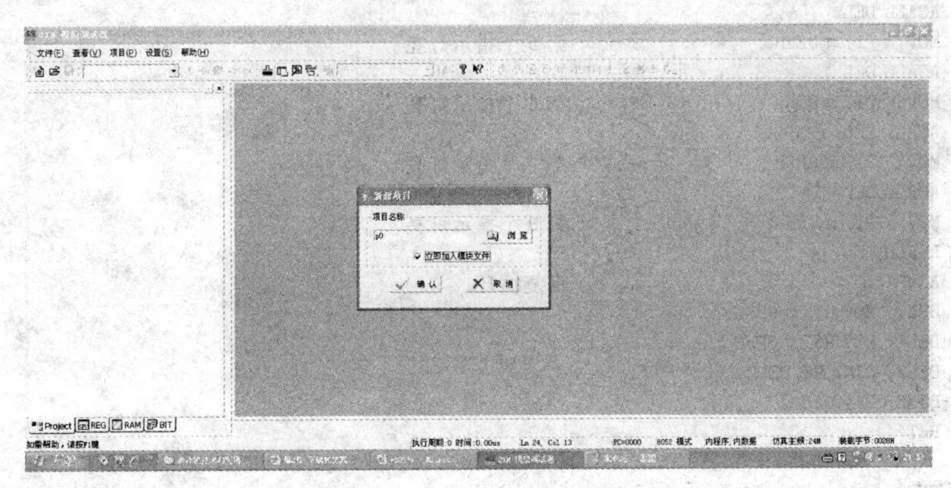

图 2-6 新建界面

“立即加入模块文件”命令，就只能打开已编辑的文件。保存完毕，再在项目管理器中加入刚保存的文件。方法是：在项目管理器中找到源文件，右击，选择“立即加入模块文件”命令，选中刚保存的文件，单击“打开”按钮，则树型图中有此文件名，如图 2-7 所示。

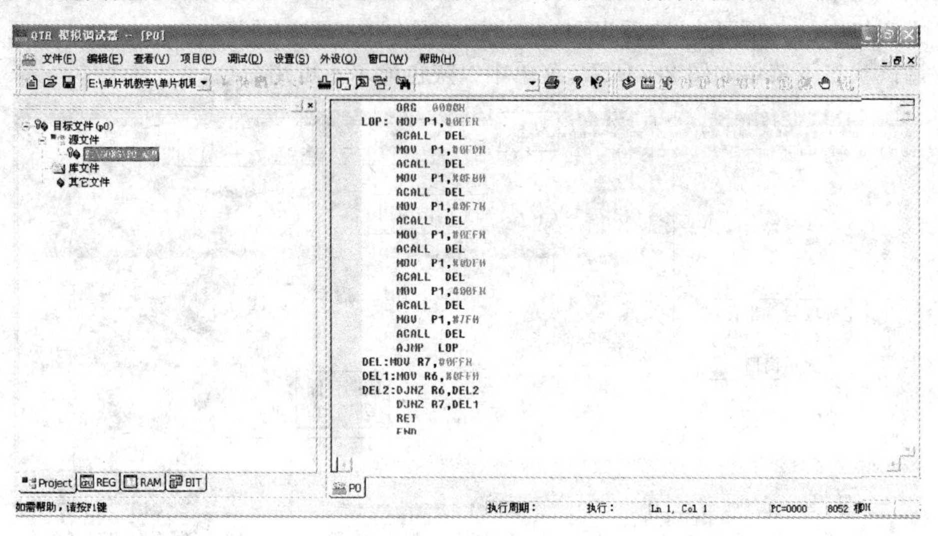

图 2-7 程序编辑窗口

图 2-7 所示程序编辑窗口中的源程序是用字节操作方法编写的控制连接于 P0 口线上的 8 个指示灯从右到左顺序点亮的程序。

```
ORG   0000H                  ；指定下面所编的程序固化到 ROM 中的起始地址
LOP:  MOV   P1,＃0FEH        ；第 1 个指示灯亮
ACALL DEL                    ；调用延时子程序延时
MOV   P1,＃0FDH              ；第 2 个指示灯亮
ACALL DEL
MOV   P1,＃0FBH              ；第 3 个指示灯亮
ACALL DEL
MOV   P1,＃0F7H              ；第 4 个指示灯亮
ACALL DEL
MOV   P1,＃0EFH              ；第 5 个指示灯亮
ACALL DEL
MOV   P1,＃0DFH              ；第 6 个指示灯亮
ACALL DEL
MOV   P1,＃0BFH              ；第 7 个指示灯亮
ACALL DEL
MOV   P1,＃7FH               ；第 8 个指示灯亮
ACALL DEL
AJMP  LOP                    ；反复循环
DEL:  MOV R7,＃0FFH
DEL1: MOV R6,＃0FFH
DEL2: DJNZ R6,DEL2
DJNZ  R7,DEL1
RET

END
```

(1) 以上程序输入完成后,选择"文件"|"另存为"命令,从打开的对话框中,选择要保存程序文件的路径,并输入程序文件名 P0.ASM,然后单击"保存"按钮,保存文件。

(2) 接下来需要将刚才创建的程序文件添加到项目中去。先单击目标文件选项前面的"+"号,展开选项中的源程序,然后将光标指向源程序并右击,在弹出的菜单中选择"立即加入模块文件"命令,在打开的对话框中分别选择刚保存的文件 P0.ASM,并单击"打开"按钮,添加到项目中去,如图 2-7 所示。

(3) 开始对项目中的程序文件进行编译连接,并生成与项目文件同名的可执行代码及用于 EPROM 编程的 HEX 文件。若无错误,开始调试,若有错误,进一步修改程序直到无错误为止。

(4) 在仿真状态下编译正确后就直接进入调试状态,选择"外设"|"端口"命令,如图 2-8 所示。

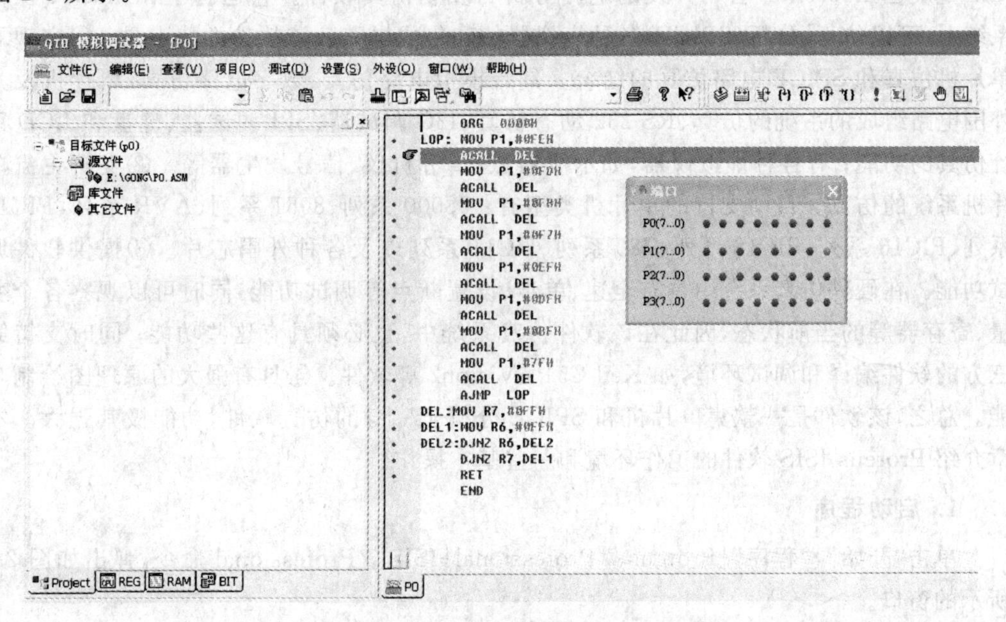

图 2-8 调试菜单

(5) 若有硬件,还要选择"调试"|"装载"命令才能进入调试状态,串口通信成功后,不弹出如图 2-1 所示对话框。直接进入调试状态。若是下载式调试,只能用全速命令运行。

下载式方式在使用时有两种方法:一是没有硬件的脱机仿真方式,此种方式也就是不加电源时的情况;二是有硬件的下载调试,现在大多数单片机都有此功能。开发单片机的较好方法是:一般先在脱机状态下仿真调试程序,调试成功后再下载到芯片中试用,有错误再修改,再下载到芯片中试用,反复进行,直到完全符合设计要求为止。

仿真调试程序一般是先用全速命令运行一次,看程序功能达到否,若有错,要反复修改程序,调试程序。调试时一般将几个方法综合使用,当单击调试工具条或进入调试状态时,运行光标在程序开始位置,打开硬件 P1 口模拟图,按下 F10 键,光带移动到第二条指令,P1 中应变为 FF,所有指示灯亮(一般是光带移过后才有结果)。再按下 F10 键,光带移动至第 3 条指令,延时后,再按下 F10 键,光带向下移动,此时运行 P1=FE 指令,第一个指示灯亮。再按下 F10 键,光带向下移动,重复以上调试方法,直到第八个指示灯亮为止。程序调试成功后,下载到芯片中试用,试用成功后再固化到芯片中(固化方法参见有关编程器说明书),若硬件不出问题,此时应是设计结果(若出现问题,则可能故障是硬件出了问题,需检查硬件排除故障)。其他的使用方法请参见产品购买时配送的使用说明书。

2.2 Proteus 仿真软件使用方法

Proteus 仿真软件能够仿真各种接口,这是与其他仿真软件的主要区别。Proteus ISIS 是英国 Labcenter 公司开发的电路分析与实物仿真软件。它运行于 Windows 操作系统上,可以仿真、分析(SPICE)各种模拟器件和集成电路。该软件的特点是:①实现了单片机仿真和 SPICE 电路仿真的结合。具有模拟电路仿真、数字电路仿真、单片机及其外围电路组成的系统的仿真、RS-232 动态仿真、I2C 调试器、SPI 调试器、键盘和 LCD 系统仿真的功能;有各种虚拟仪器,如示波器、逻辑分析仪、信号发生器等。②支持主流单片机系统的仿真。目前支持的单片机类型有:68000 系列、8051 系列、AVR 系列、PIC12 系列、PIC16 系列、PIC18 系列、Z80 系列、HC11 系列以及各种外围芯片。③提供软件调试功能。在硬件仿真系统中具有全速、单步、设置断点等调试功能,同时可以观察各个变量、寄存器等的当前状态,因此在该软件仿真系统中,也必须具有这些功能;同时支持第三方的软件编译和调试环境,如 Keil C51 μVision2 等软件。④具有强大的原理图绘制功能。总之,该软件是一款集单片机和 SPICE 分析于一身的仿真软件,功能极其强大。本章介绍 Proteus ISIS 软件的工作环境和一些基本操作。

1. 启动程序

单击"开始"|"程序"|Proteus 7 Professional|ISIS 7 Professional 命令,弹出如图 2-9 所示的窗口。

2. 窗口介绍

点状的栅格区域为编辑窗口,左上方为图纸浏览窗口,左下方为器件工具显示窗口,即对象选择器。编辑窗口用于放置元器件,进行连线,绘制原理图。图纸浏览窗口可以显示全部原理图。在图纸浏览窗口中,有两个框,蓝框表示当前页的边界,绿框表示当前编辑窗口显示的区域。当从对象选择器中选中一个新的对象时,图纸浏览窗口可以预览选中的对象。在图纸浏览窗口上单击,Proteus ISIS 将会以单击位置为中心刷新编辑窗口。其他情况下,图纸浏览窗口显示将要放置的对象。下面分别讨论。

(1) 图纸浏览(Schematic Preview)窗口

该窗口用来显示原理图中器件的形状和调整原理图位置,可以在这两种状态下互换。在器件工具显示窗口中找到所放器件名字后,单击器件,器件出现在图纸浏览窗口,此时为放置器件状态,元器件可在器件方位调整工具条控制下调整器件方位,调整好后再放置。鼠标在编辑窗口时,整个图纸出现在图纸浏览窗口,此时为图纸编辑状态,可单击图

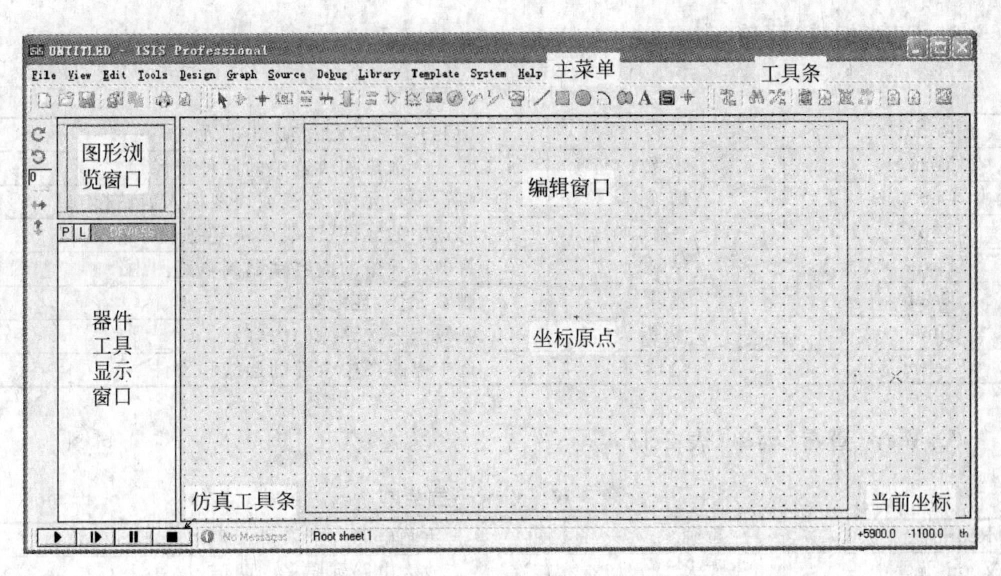

图 2-9　Proteus 软件主界面

纸浏览窗口中的图形，此时图形处于浮动状态，编辑窗口的图纸也浮动，选好最佳状态，在图纸浏览窗口中单击，整个图纸就固定好了状态。

(2) 器件工具显示窗口

该窗口显示原理图中所有器件名字，在 Pick Devices 对话框中选中的器件也全部显示在此窗口中。

(3) 编辑窗口

该窗口为原理图编辑窗口，有菜单栏、工具条等编辑工具。

2.2.1　菜单命令

以下分别列出主窗口和 4 个输出窗口的全部菜单项。对于主窗口，在菜单项旁边同时列出工具条中对应的快捷鼠标按钮。

1. File(文件)菜单(表 2-10)

表 2-10　File 下拉菜单

New	新建	新建一个电路文件
Open	打开	打开一个已有电路文件
Save	保存	将电路图和全部参数保存在打开的电路文件中
Save As	另存为	将电路图和全部参数另存在一个电路文件中
Print	打印	打印当前窗口显示的电路图
Page Setup	页面设置	设置打印页面
Exit	退出	退出 Proteus ISIS

2. Edit(编辑)菜单(表 2-11)

表 2-11 Edit 下拉菜单

Rotate	旋转	旋转一个欲添加或选中的元件
Mirror	镜像	对一个欲添加或选中的元件镜像
Cut	剪切	将选中的元件、连线或块剪切入剪贴板
Copy	复制	将选中的元件、连线或块复制入剪贴板
Paste	粘贴	将剪贴板中的内容粘贴到电路图中
Delete	删除	删除元件,连线或块
Undelete	恢复	恢复上一次删除的内容
Select All	全选	选中电路图中全部的连线和元件

3. View(查看)菜单(表 2-12)

表 2-12 View 下拉菜单

Redraw	重画	重画电路
Zoom In	放大	放大电路到原来的两倍
Zoom Out	缩小	缩小电路到原来的 1/2
Full Screen	全屏	全屏显示电路
Default View	默认	恢复最初状态大小的电路显示
Simulation Message	仿真信息	显示/隐藏分析进度信息显示窗口
Common Toolbar	常用工具栏	显示/隐藏一般操作工具条
Operating Toolbar	操作工具栏	显示/隐藏电路操作工具条
Element Palette	元件栏	显示/隐藏电路元件工具箱
Status Bar	状态信息条	显示/隐藏状态条

4. Place(放置)菜单(表 2-13)

表 2-13 Place 下拉菜单

<table>
<tr><td>Wire</td><td>连线</td><td colspan="2">添加连线</td></tr>
<tr><td rowspan="4">Element</td><td rowspan="4">添加元件</td><td>Lumped (集总元件)</td><td>添加各个集总参数元件</td></tr>
<tr><td>Microstrip(微带元件)</td><td>添加各个微带元件</td></tr>
<tr><td>S Parameter(S 参数元件)</td><td>添加各个 S 参数元件</td></tr>
<tr><td>Device (有源器件)</td><td>添加各个三极管、FET 等元件</td></tr>
<tr><td>Done</td><td>结束</td><td colspan="2">结束添加连线、元件</td></tr>
</table>

5. Parameters(参数)菜单(表 2-14)

表 2-14 Parameters 下拉菜单

Unit	单位	打开单位定义窗口
Variable	变量	打开变量定义窗口
Substrate	基片	打开基片参数定义窗口
Frequency	频率	打开频率分析范围定义窗口
Output	输出	打开输出变量定义窗口
Opt/Yield Goal	优化/成品率目标	打开优化/成品率目标定义窗口
Misc	杂项	打开其他参数定义窗口

6. Simulate(仿真)菜单(表 2-15)

表 2-15　Simulate 下拉菜单

Analysis	分析	执行电路分析
Optimization	优化	执行电路优化
Yield Analysis	成品率分析	执行成品率分析
Yield Optimization	成品率优化	执行成品率优化
Update Variables	更新参数	更新优化变量值
Stop	终止仿真	强行终止仿真

7. Result(结果)菜单(表 2-16)

表 2-16　Result 下拉菜单

Table	表格	打开一个表格输出窗口
Grid	直角坐标	打开一个直角坐标输出窗口
Smith	圆图	打开一个 Smith 圆图输出窗口
Histogram	直方图	打开一个直方图输出窗口
Close All Charts	关闭所有结果	关闭全部输出窗口
Load Result	调出已存结果	调出并显示输出文件
Save Result	保存仿真结果	将仿真结果保存到输出文件

8. Tools(工具)菜单(表 2-17)

表 2-17　Tools 下拉菜单

Input File Viewer	查看输入文件	启动文本显示程序显示仿真输入文件
Output File Viewer	查看输出文件	启动文本显示程序显示仿真输出文件
Options	选项	更改设置

9. Help(帮助)菜单(表 2-18)

表 2-18　Help 下拉菜单

Content	内容	查看帮助内容
Elements	元件	查看元件帮助
About	关于	查看软件版本信息

10. 输出菜单(表 2-19)

表 2-19　输出菜单及其下拉菜单

表格输出窗口(Table)菜单	File (文件)	Print (打印)	打印数据表
		Exit (退出)	关闭窗口
	Option (选项)	Variable (变量)	选择输出变量

续表

方格输出窗口(Grid)菜单	File (文件)	Print (打印)	打印曲线
		Page Setup (页面设置)	打印页面
		Exit (退出)	关闭窗口
	Option (选项)	Variable (变量)	选择输出变量
		Coord (坐标)	设置坐标
Smith 圆图输出窗口(Smith)菜单	File (文件)	Print (打印)	打印曲线
		Page Setup (页面设置)	打印页面
		Exit (退出)	关闭窗口
	Option (选项)	Variable (变量)	选择输出变量
直方图输出窗口(Histogram)菜单	File (文件)	Print (打印)	打印曲线
		Page Setup (页面设置)	打印页面
		Exit (退出)	关闭窗口
	Option (选项)	Variable (变量)	选择输出变量

2.2.2 常用工具条

1. 模型选择工具条(Mode Selector Toolbar)

模型选择工具条如图 2-10 所示,从左至右各图标的含义解释如下。

(1) 选择元件(Components)(默认选择)。

(2) 放置连接点。

(3) 放置标签(用总线时会用到)。

(4) 放置文本。

(5) 用于绘制总线。

(6) 用于放置子电路。

(7) 用于即时编辑元件参数(先单击该图标再单击要修改的元件)。

图 2-10 模型选择工具条

图 2-11 配置工具条

2. 配置工具条

配置工具条如图 2-11 所示,从左至右各图标的含义解释如下。

(1) 终端接口(Terminals):有 V_{CC}、地、输出、输入等接口。

(2) 器件引脚:用于绘制各种引脚。

(3) 仿真图表(Graph):用于各种分析,如 Noise Analysis。

(4) 录音机。

(5) 信号发生器(Generators)。

(6) 电压探针:使用仿真图表时要用到。

(7) 电流探针：使用仿真图表时要用到。

(8) 虚拟仪表：有示波器等。

3. 2D 图形工具条(2D Graphics Toolbar)

2D 图形工具条如图 2-12 所示，从左至右各图标的含义解释如下。

(1) 画各种直线。

(2) 画各种方框。

(3) 画各种圆。

(4) 画各种圆弧。

(5) 画各种多边形。

(6) 画各种文本。

(7) 画符号。

(8) 画原点等。

4. 方向工具条(Orientation Toolbar)

旋转 ：旋转角度只能是 90°的整数倍，如输入 0、90、180、270。

翻转 ：完成水平翻转和垂直翻转。

使用方法：先右击元件，再单击(左击)相应的旋转图标。

5. 仿真工具条

仿真工具条如图 2-13 所示，从左至右各图标的含义解释如下。

(1) 运行。

(2) 单步运行。

(3) 暂停。

(4) 停止。

图 2-12 2D 图形工具条 　　图 2-13 仿真工具条 　　图 2-14 调试工具条

6. 调试工具条

调试工具条如图 2-14 所示，从左至右各图标的含义解释如下。

(1) 连续运行，会退出单步调试状态，并关闭 AVR Source Code 窗口。

(2) 单步运行，遇到子函数会直接跳过。

(3) 单步运行，遇到子函数会进入其内部。

(4) 跳出当前函数，当用(3)进入到函数内部，使用它会立即退出该函数返回上一级函数，可见它应该与(3)配合使用。

(5) 运行到鼠标所在行。

(6) 添加或删除断点，设置了断点后用 ，程序会停在断点处。

7. 综合工具条

综合工具条(一)如图 2-15 所示，从左至右各图标的含义解释如下。

图 2-15 综合工具条(一)

图 2-16 综合工具条(二)

(1) 复制选中对象(Copy Tagged Objects)。
(2) 移动选中对象。
(3) 旋转选中对象。
(4) 删除所有选中对象。
(5) 从已有的器件库中复制器件符号。
(6) 制作器件。
(7) 器件封装工具。
(8) 排列库中器件。

综合工具条(二)如图 2-16 所示,从左至右各图标的含义解释如下。

(1) 图纸实时移动。
(2) 自动放线,鼠标移动到引脚单击连线。
(3) 搜索目标。
(4) 属性编辑工具。
(5) 添加一张新图纸。
(6) 删除当前图纸。
(7) 转移到选择图纸。
(8) 转移到下一张图纸。
(9) 转移到前一张图纸。
(10) 产生材料清单报告(Generate Bill of Materials Report)。
(11) 电器规则检查。
(12) 网络表到电路板图。

2.2.3 器件放置

1. 启动程序

双击桌面上如图 2-17 所示图标,即打开编辑界面。

2. 放置器件方法

(1) 找元件——打开 Pick Devices 对话框。打开该对话框有如下两种方法。

① 单击 Pick Devices 按钮,该按钮位于工作区左边的面板中,就是那个 P 按钮,如图 2-18 所示,这时会打开标题为 Pick Devices 的对话框,如图 2-19 所示。

图 2-17 桌面图标

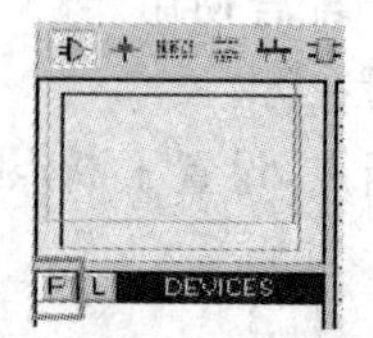

图 2-18 放置器件

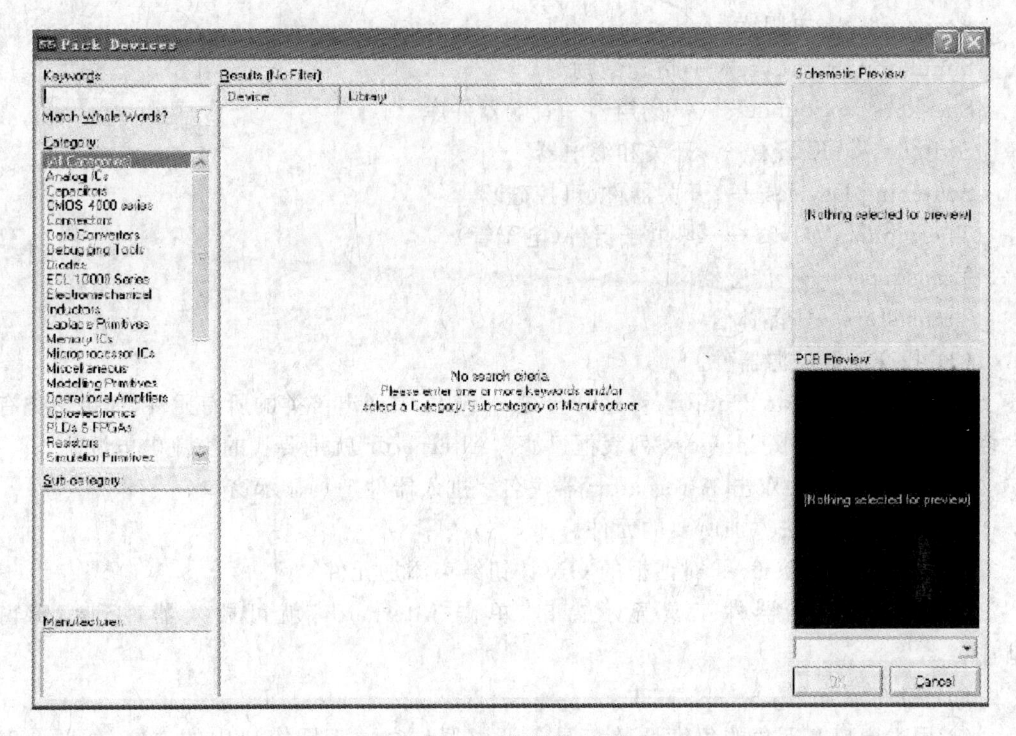

图 2-19 查找器件对话框

② 双击图 2-9 中的 Devices 或图 2-18 中的 Devices 都可以打开 Pick Devices 对话框。Pick Devices 对话框中有：关键词(Keywords)搜索栏；结果(Results)窗口；原理图浏览(Schematic Preview)窗口；PCB 浏览(PCB Preview)窗口，用来显示器件的封装形式。可在栏中输入器件名进行搜索，双击搜索出的器件名后进入类别(Category)窗口。

(2) 在 Category 窗口中(位于左边)列出了库中器件分类名称如下。

Analog ICs——模拟 IC

Capacitors——电容器库

Connectors——连接器、插头插件库

Data Converters——数据转换库(A/D、D/A)

Debugging Tool——调试工具库

Diodes——二极管库

Electromechanical——电动机库

Inductors——电感库

Laplace Primitives——拉普拉斯变换库

Microprocessor IC——微处理器库

Miscellaneous——其他混合类型库

Modelling Primitives——简单模式库，如电流源、电压源等

Operational Amplifiers——集成运算放大器

Optoelectronics——光电显示器库

Resistors——电阻库

Simulator Primitives——仿真激励源

Speakers & Sounders——扬声器和音响器件库

Switches & Relays——开关和继电器

Switching Devices——开关器件(可控硅)

Thermoinic Valves——热电子器件(电子管)

Transducers——传感器

Transistors——晶体管

(3) 找交流电电源器件。

① 找到 Simulator Primitives,这时会在 Results 中列出该类的所有元件(如果该类有太多元件,可利用 Sub-Category 列表框过滤),Alternator 就是要找的交流电电源。

② 在 Results 中双击 Alternator,器件名字进入器件工具显示窗口。

③ 用同样的方法添加所要的元件。

(4) 单击 Pick Devices 对话框的 OK 按钮结束添加元件。

(5) 放器件。在器件工具显示窗口,单击 Alternator,就可放入器件到编辑窗口中。

(6) 器件调整。

① 用主窗口左下角的角度调整工具条调整器件在原理图窗口中的方向,如图 2-20 所示。图中第一按钮是顺时针旋转 90°,第二个按钮是逆时针旋转 90°,第三个按钮是水平翻转,第四个按钮是垂直翻转,中间的那个可输入 0,±90,±180,±270。

② 元件放置后再用此工具条调整。

③ 元器件放置后,用图 2-15 中的工具按钮 进行调整或用右键菜单进行调整。

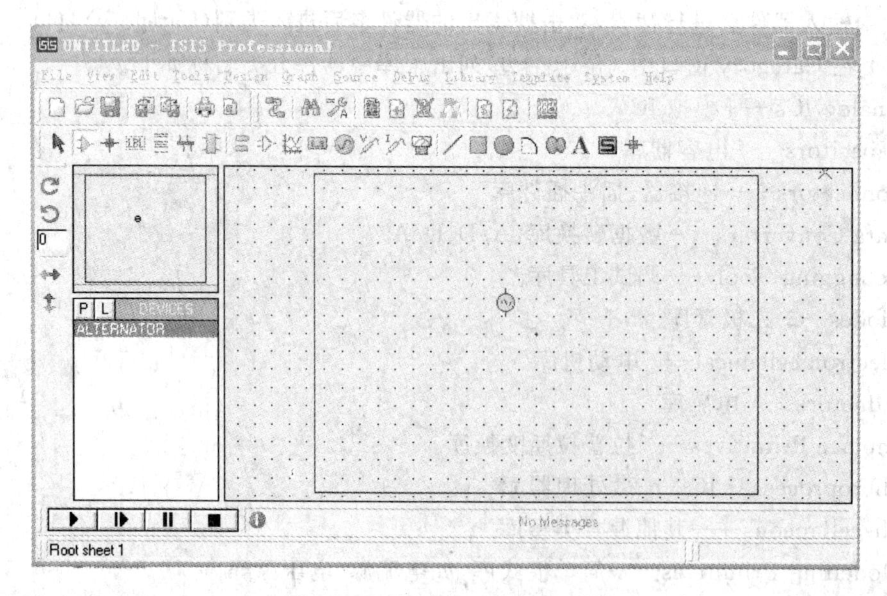

图 2-20 Pick Devices 的对话框

(7) 配置元件参数。

① 在原理图窗口中先右击再单击器件，出现 Edit Component 对话框，如图 2-21 所示。按下面参数进行设置(第一、二个参数与仿真无关，起到标识作用)。PCB Package 下拉列表框可改变器件的封装，LISA Model File 可装载器件的仿真程序(HEX 文件)，每种器件所对应的对话框内容不一样，认真设置好每一个参数。

② 单击 OK 按钮完成。

(8) 元件连线。

① 把鼠标移到元件的一个引脚末端，这时鼠标变成"×"字形，单击并移动鼠标，会出现一条线，可以再在原理图的其他地方单击几下以确定连接线的形状。其实，只要在需要连接的两个元件的引脚处分别单击，Proteus 会自动完成这条连接线。

② 修改连接线。如果连错了，就在该连接线上双击右键就把它给删除掉。如果要修改走线的形状，可以在连接线上右击再在某一个位置上按住左键拖动，满意后再在原理图的空地方右击。

(9) 配置 Set Animation Options。通过这种配置使仿真结果更加形象生动。方法是：在 System 下拉菜单中选中 Set Animation Options 命令，会弹出对话框，如图 2-22 所示。

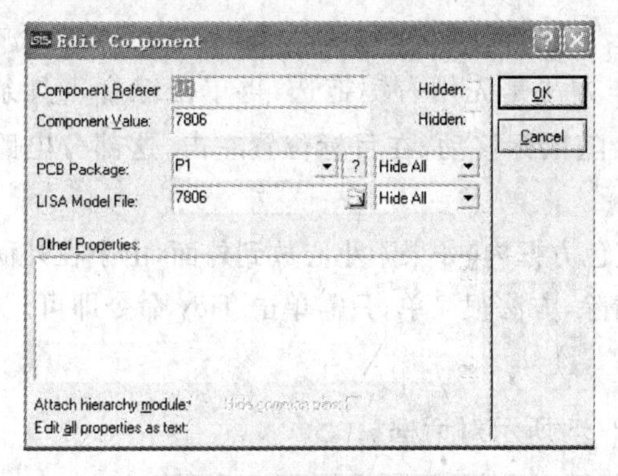

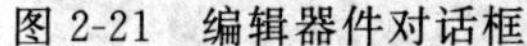

图 2-21 编辑器件对话框

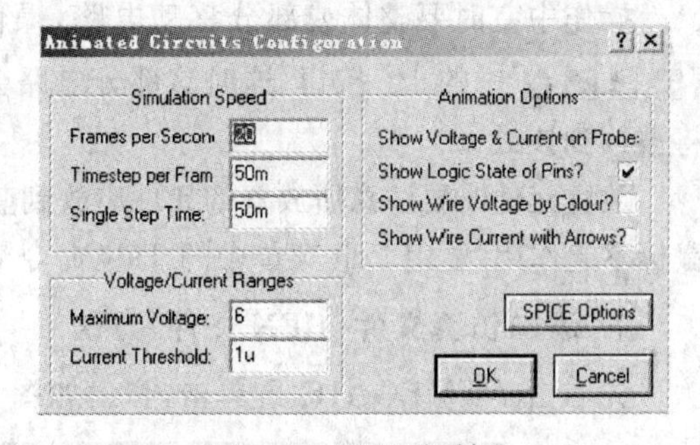

图 2-22 配置对话框

图 2-22 中左边的一般不用修改，要改的是右边的 Animation Options 区域，选中 Show Wire Voltage by Colour 复选框时，元件间的连接线的颜色会随电压变化，选中 Show Wire Current with Arrows 复选框时，元件间的连接线上显示电流方向。

(10) 开始仿真，找到主窗口底部的仿真工具条，如图 2-12 所示，单击左边第一个按钮。

2.2.4 常用方法

1. 添加"地"

左击选择模型选择工具栏中的 按钮，出现如图 2-23 所示选项。

2. 添加 V_{CC} 或 V_{DD}

方法同上，在图 2-23 中选中 Input，放入输入器件，选中图 2-10 中的箭头(即时编辑元件参数工具条)图标出现如图 2-24 所示对话框。

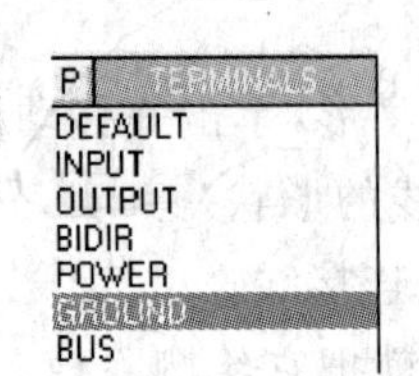

图 2-23 加“地”方法

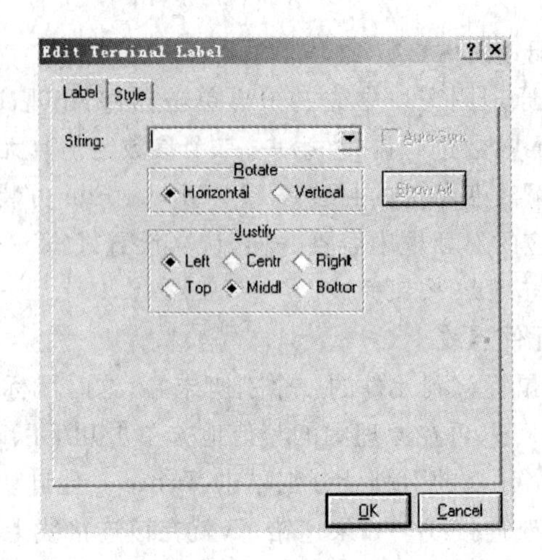

图 2-24 加电源方法

在图 2-24 中的下拉列表 String 中选 V_{CC}或 V_{DD}。

注意：已放置的器件中有 V_{CC}或 V_{DD}可选，若没有，需输入。

3. 图形整体移动方法

操作中有时要整体或部分移动电路，操作方法是先用右键拖选，再单击综合工具条中的按钮，这时这部分电路会随鼠标移动，在目标位置左击，这部分电路将被放到该处。

放置元件时要注意所放置的元件应放到蓝色方框内，如果不小心放到外面，由于在外面鼠标不起作用，要用 Edit 菜单中的 Tidy 命令清除，方法很简单，只需单击 Tidy 命令即可。

4. 添加仿真文件(HEX 文件)方法

先右击 ATMEGA16，再单击，弹出如图 2-25 所示对话框。

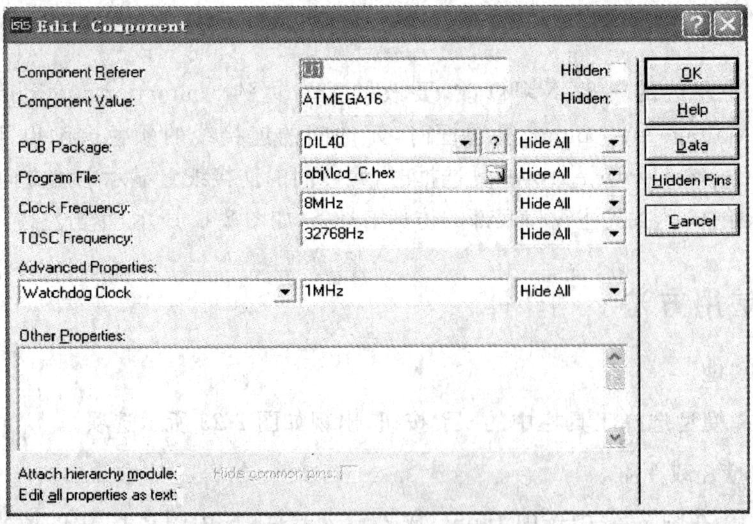

图 2-25 添加 HEX 文件对话框

在 Program File 文本框中单击按钮出现文件浏览对话框，找到 lcd_C. hex 文件，单击 OK 按钮完成添加文件，在 Clock Frequency 文本框中把频率改为 8MHz，单击 OK 按钮退出。

2.2.5 应用举例

1. 进入 Proteus ISIS

双击桌面上的 ISIS 7 Professional 图标或者单击屏幕左下方的“开始”|“程序”|Proteus 7 Professional|ISIS 7 Professional 命令，出现如图 2-26 所示窗口，表明它进入 Proteus ISIS 集成环境。

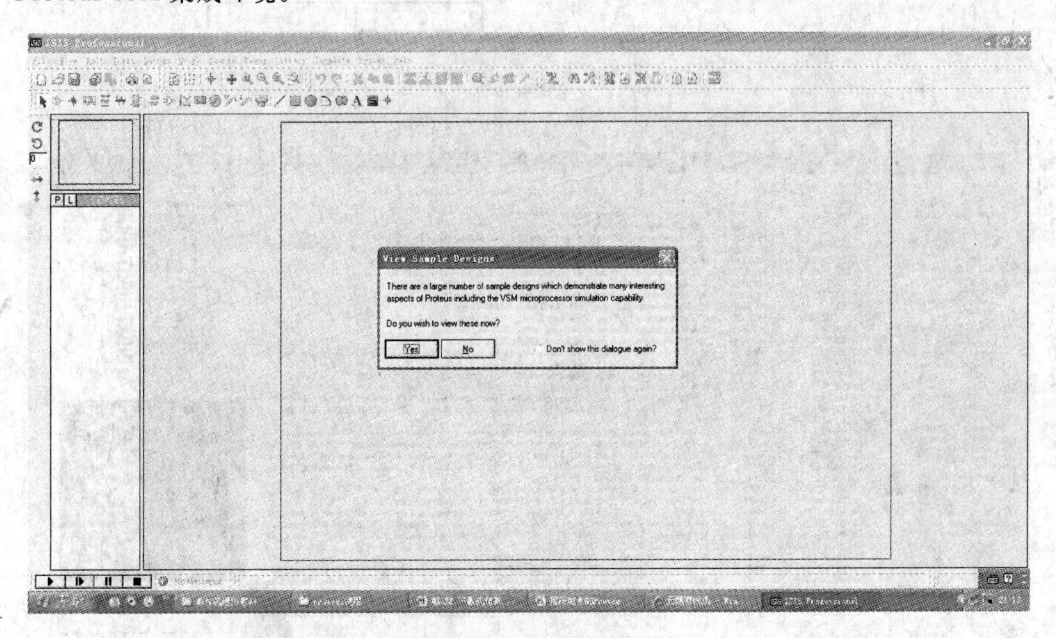

图 2-26 Proteus 主界面

单击中间框中的 No 按钮两次，进入编辑界面。

2. 新建文件

单击 File|New|命令，出现如图 2-27 所示对话框，选 A4 图纸，

单击 OK 按钮，进入编辑界面，出现图纸，在图纸中制作原理图。

3. 放置元器件

(1) 在界面中单击 P 按钮，弹出图 2-28 所示的 Pick Devices 对话框，在器件类型框中选中 Microprocessor IC(微处理器库)项，选 AT89C51，如图 2-28 所示。单击图中 OK 按钮，进入编辑界面，所选器件出现在图纸浏览窗。在这种状态下，在界面的图纸中单击，浮动器件就显示在窗口中，选定位置，单击，将器件放入编辑窗口，可连续放置多个。若器件不在图纸浏览窗口时，在器件工具显示窗口中找到所放器件名字，单击后器件又出现在图纸浏览窗口。

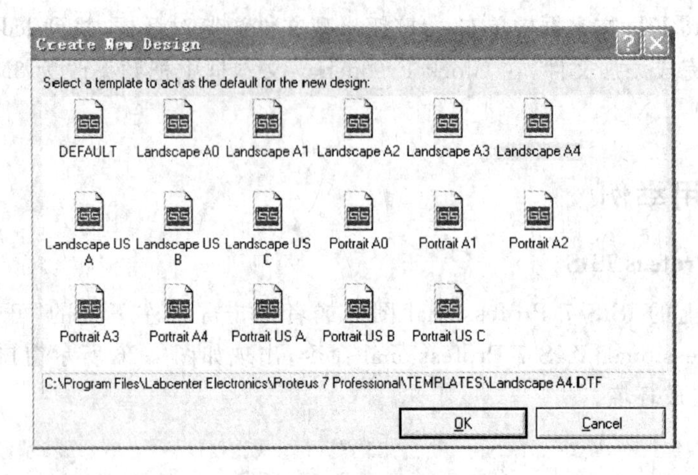

图 2-27　图纸选择对话框

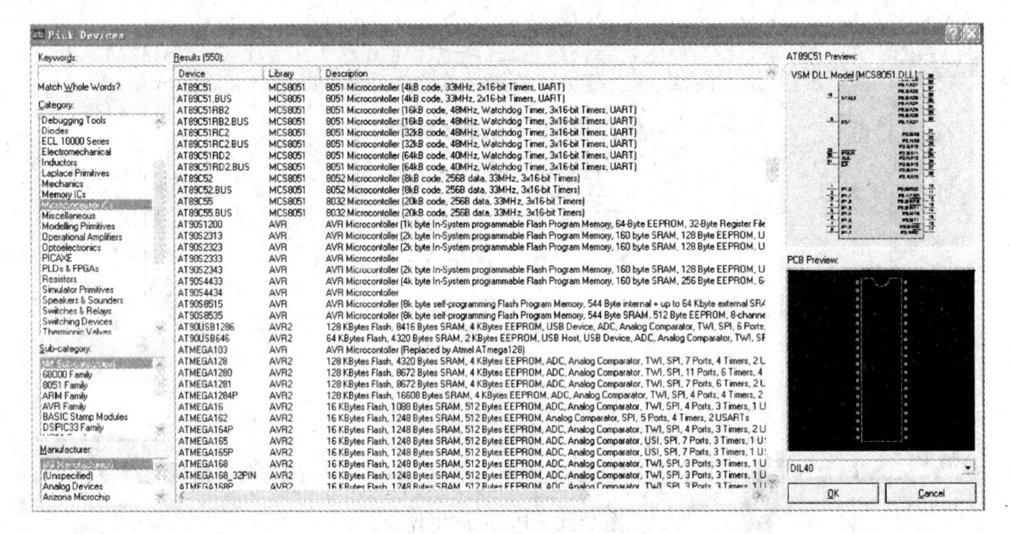

图 2-28　Pick Devices 对话框

(2) 同理在器件类型框中选 Capacitors(电容器库)项,选无极性电容器件。

(3) 同理在器件类型框中选 Miscellaneous(其他混合类型库)项,选晶振器件。

(4) 同理在器件类型框中选 Switches & Relays(开关和继电器)项,选按键器件。

(5) 同理在器件类型框中选 Resistors(电阻库)项,选电阻器件。

(6) 同理在器件类型框中选 Optoelectronics(光电显示器库)项,选发光二极管 LED-red 器件。

(7) 同理在器件类型框中选 TTL74 Series(74 系列)项,选 7407 同相驱动器件。

4. 连线

如图 2-16 所示的综合工具条(二)中第(2)个工具为"自动放线",鼠标移动到引脚单击,再单击另一引脚线自动连好,再单击此工具,关闭自动连线,器件放置较密集时一般用手动连线。作出的仿真图如图 2-29 所示。

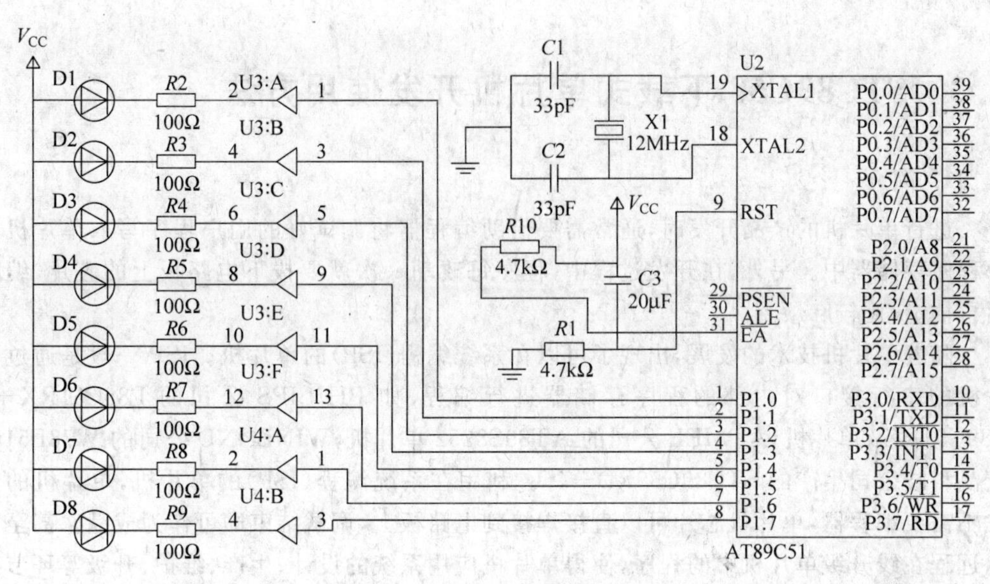

图 2-29　LED 彩灯控制器仿真图

5. 加载程序仿真

在 Proteus 软件中输入如图 2-29 所示仿真图，然后装载程序。方法是：双击 CPU 芯片弹出图 2-30 所示对话框。在 Program File 文本框中单击文件夹按钮，选中 2.1.4 小节中自动生成的 P0. HEX 文件所在的文件夹，选中 P0. HEX 文件，单击图 2-30 中的 OK 按钮，程序装载完成。在菜单 Debug 下单击 Execute 命令，全速运行程序，可观察到硬件联调结果，LED 灯从上到下依次点亮。

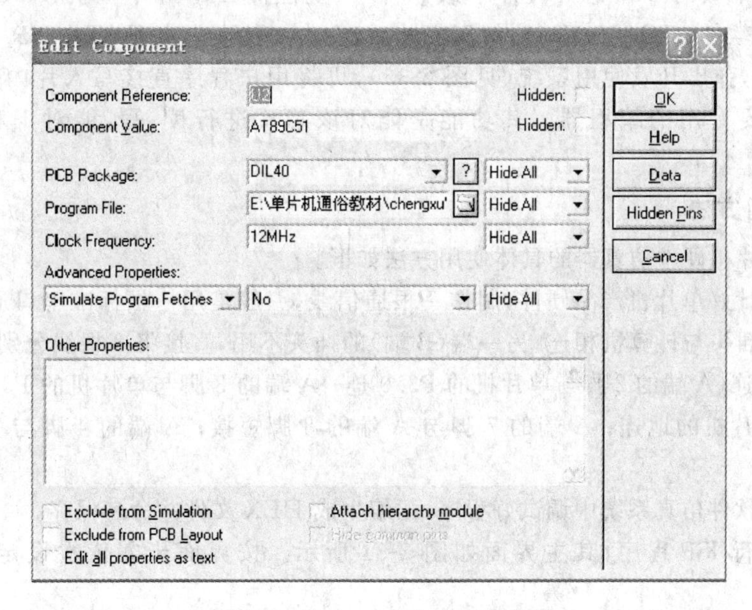

图 2-30　Proteus 加载程序仿真图

2.3 STC89C58下载式单片机开发使用方法

1. 简介

进行单片机的产品开发时，通常需要借助编程器将调试好的用户程序写入单片机内部程序存储器中。另外，在开发过程中，程序每改动一次就要拔下电路板上的芯片，编程后再插上，比较麻烦。

随着单片机技术的发展，出现了可以在系统编程(ISP)的单片机。ISP一般是通过单片机的串行接口对内部的程序存储器进行编程，如PHILIPS公司的P89C51RX＋、P89C51RX2单片机，ATMEL公司的AT89S8252单片机，WINBOND公司的W78E516，宏晶科技公司生产的STC89C58RD＋等。利用在系统编程(ISP)的单片机，单片机的开发不需要编程器，单片机芯片可以直接焊接到电路板上，调试结束即可作为成品。甚至可以远程在线升级单片机中的程序，使得单片机应用系统的设计、生产、维护、升级等环节都发生了深刻的变革。

本书将以宏晶科技公司生产的STC89C58RD＋为例。该单片机与MCS-51单片机指令集完全兼容，其最大的优点是：片内具有32KB闪速程序存储器，1280B的片内数据存储器，16KB E^2PROM，且同计算机连机后，可将用户程序直接写入片内程序存储器中，不再需要专用的编程器。下面就其编程方法进行介绍。

STC89C516RD＋是宏晶科技公司生产的内带64KB闪速存储器，该芯片的双列直插式与MCS-51单片机指令集完全兼容，只是将片内数据存储器RAM增加为1280B。专门有可供下载的STC芯片程序下载软件，该上位机(PC)和下位机(STC芯片)连机的开发使用软件STC-ISP-V480，解压安装后，在本文件夹中出现STC_ISP_V480图标，双击该图标，弹出开发使用系统(见图2-32)，可将用户程序直接写入片内程序存储器中，不再需要专用的编程器。其功能是能对该芯片进行读、写，能对工程文件进行保存。

2. 使用方法

ISP单片机硬件仿真器的具体使用方法如下。

(1) 设计好单片机产品硬件，制作一根通信线，一般是用一根标准串口通信线，一端(A端)9芯插头与计算机相连，另一端(B端)的插头不用，直接将3根线分别与单片机的串口和地相连(A端的2脚与单片机的P3.0连；A端的3脚与单片机的P3.1连；A端的5脚与单片机的地连；A端的7脚与A端的8脚短接；A端的4脚与A端的6脚短接)。

(2) 在软件仿真系统中调试好程序，汇编生成HEX文件并命名保存。

(3) 运行ISP程序，其主界面如图2-31所示。按界面步骤依次设定，如图2-32所示。

(4) 单击打开文件，在程序窗口中出现十六进制代码，如图2-32所示。

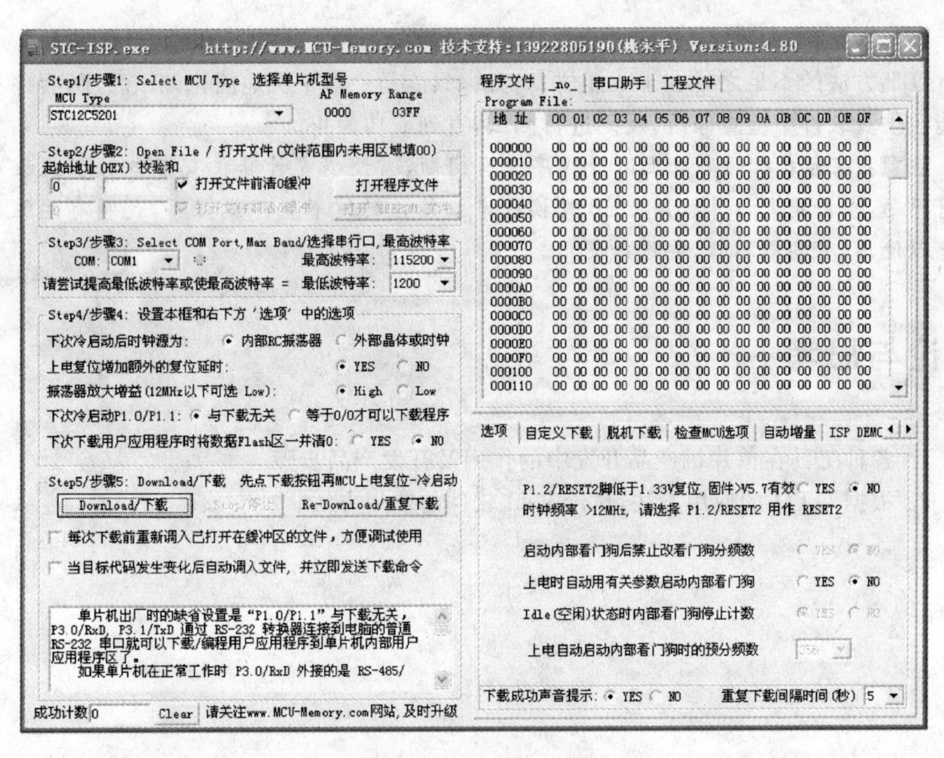

图 2-31　ISP 开发使用系统主界面

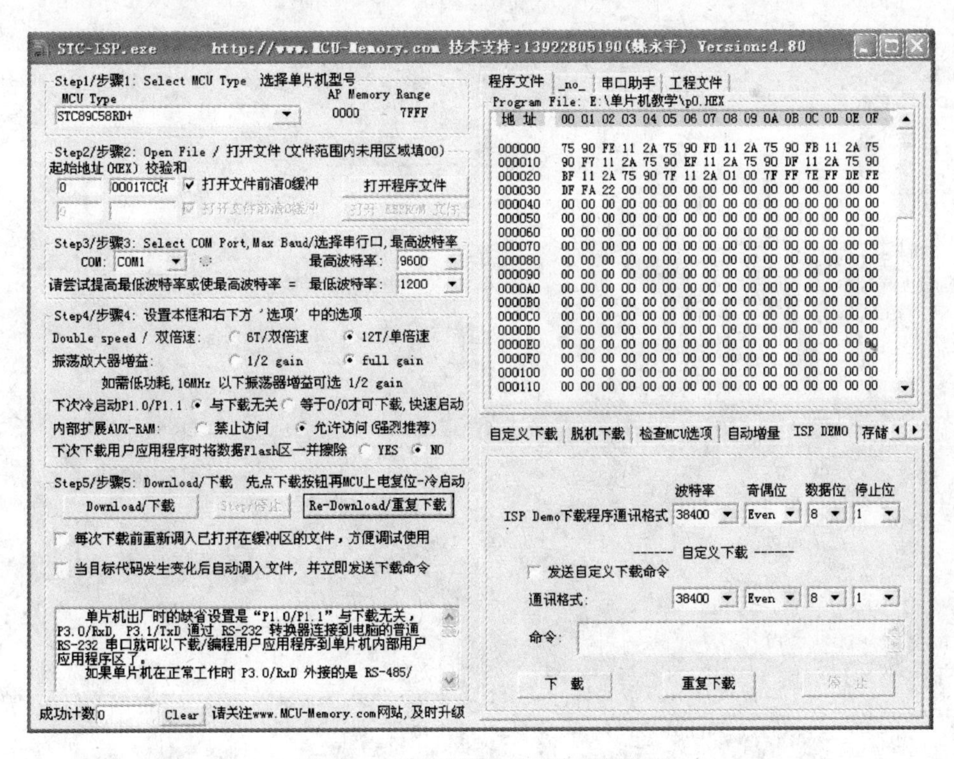

图 2-32　ISP 开发使用系统操作界面

(5) 单击下载,目标文件就传到 32KB 闪速存储器中,单击复位即可运行程序。

以上方法的不足之处在于不能仿真调试,只能是一次一次地固化调试程序,程序有错只能在仿真软件中检查修改,反复进行测试,直到成功为止。

注意: 在台式机的串口上运行程序没有问题,当便携式计算机有串口时下载程序也没有问题,当便携式计算机用 USB 转换成串口接口时就不能下载程序,说明有些驱动程序可以使用,有些则不行,要选择使用。

讨论与思考

1. 各种工具在单片机产品开发中的作用及开发产品步骤。
2. 根据 QTH 的使用方法,讨论 Keil 软件的使用方法。

chapter 3 ◇第 3 章

MCS-51单片机的结构及仿真

单片机种类很多，常用的有 51 系列、PIC 系列、AVR 系列，工业上常用 PIC 系列。由于 51 系列最早进入课堂，所有实验设备都围绕 51 系列组建，所以本教材也围绕 51 系列编写。所有单片机知识大同小异，开发产品过程基本相同，只要掌握了一种单片机全部知识，其他单片机也能较快掌握。下面具体讨论 51 系列单片机。

3.1 MCS-51 单片机内部结构

MCS-51 系列单片机产品有 8051、8031、8751、80C51、80C31 等型号(其中前 3 种为 CMOS 芯片，后两种为 CHMOS 芯片)。它们的结构基本相同，其主要差别反映在存储器的配置上。8051 内部设有 4KB 的掩膜 ROM 程序存储器，8031 片内没有程序存储器，而 8751 是将介绍 8051 片内的 ROM 换成 EPROM。由 ATMEL 公司生产的 89C51 单片机将 EPROM 改成了 4KB 的闪速存储器。本章将重点介绍 8051 单片机的结构特点。一块单片机在外观上只能看到 40 引脚，在过去内部结构无法观察，现在有仿真软件，可以在软件中形象逼真地看到单片机内部所有部件，还能观察数据变化情况，使学习单片机变得简单容易。

MCS-51 单片机是在一块芯片中集成了 CPU、RAM、ROM、定时器/计数器和多种功能的 I/O 线等一台计算机所需要的基本功能部件，其包含的部件如下。

(1) 一个 8 位 CPU。

(2) 一个片内振荡器及时钟电路。

(3) 4KB ROM 程序存储器。

(4) 128B RAM 数据存储器。

(5) 两个 16 位定时器/计数器。

(6) 可寻址 64KB 外部数据存储器和 64KB 外部程序存储器空间的控制电路。

(7) 32 条可编程的 I/O 线(4 个 8 位并行 I/O 端口)。

(8) 一个可编程全双工串行口。

(9) 具有 5 个中断源、两个优先级嵌套中断结构。

8051 单片机框图如图 3-1 所示(其各功能部件由内部总线连接在一起)。下面以此内容为顺序,逐一讲解。

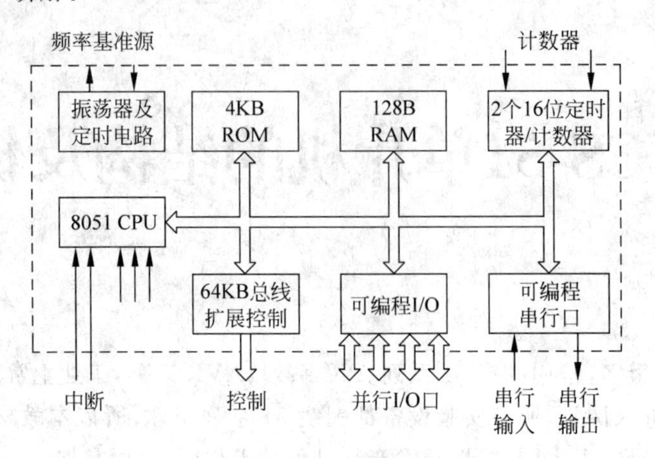

图 3-1 8051 单片机框图

3.1.1 MCS-51 单片机 CPU

CPU 是单片机的核心部件,它由运算器和控制器等部件组成。

(1) 运算器。运算器的功能是进行算术运算和逻辑运算,可以对半字节(4 位)、单字节等数据进行操作。例如,能完成加、减、乘、除、加 1、减 1、BCD 码十进制调整、比较等算术运算和与、或、异或、求补、循环等逻辑操作,并将操作结果的状态信息送至状态寄存器。

8051 运算器还包含有一个布尔处理器,用来处理位操作。它是以进位标志位 C 为累加器的,可执行置位、复位、取反、等于 1 转移、等于 0 转移、等于 1 转移且清零以及进位标志位与其他可寻址的位之间进行数据传送等位操作,也能使进位标志位与其他可位寻址的位之间进行逻辑与、或操作。

(2) 程序计数器 PC。程序计数器 PC 用来存放即将要执行的指令地址,共 16 位,可对 64KB 程序存储器直接寻址。执行指令时,PC 内容的低 8 位经 P0 口输出,高 8 位经 P2 口输出。

(3) 指令寄存器。指令寄存器中存放指令代码。CPU 执行指令时,由程序存储器中读取的指令代码送入指令寄存器,经译码后由定时与控制电路发出相应的控制信号,完成指令功能。

(4) 定时与控制部件。

3.1.2 时钟电路

8051 片内设有一个由反向放大器所构成的振荡电路,XTAL1 和 XTAL2 分别为振荡电路的输入和输出端,时钟可以由内部方式或外部方式产生。内部方式时钟电路如

图 3-2 所示。在 XTAL1 和 XTAL2 引脚上外接定时元件,内部振荡电路就产生自激振荡。定时元件通常采用石英晶体和电容组成的并联谐振回路。晶振可以在 1.2～12MHz 之间选择,电容值在 5～30pF 之间选择,电容的大小可起频率微调作用。

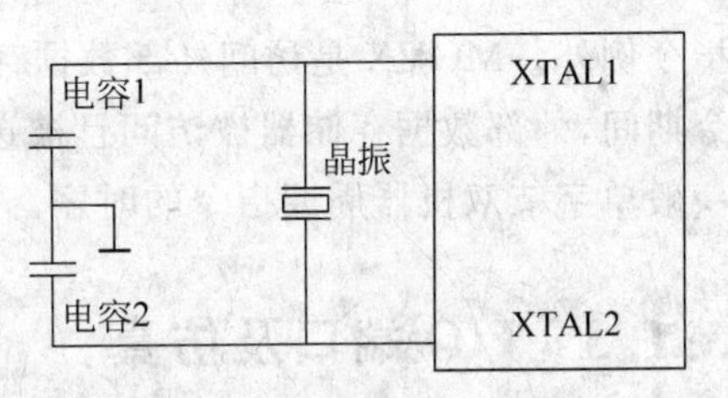

图 3-2 内部方式时钟电路

外部方式的时钟很少用,使用时只要将 XTAL1 接地,XTAL2 接外部振荡器即可。对外部振荡信号无特殊要求,只要保证脉冲宽度,一般采用频率低于 12MHz 的方波信号。

MCS-51 典型的指令周期(执行一条指令的时间称为指令周期)为一个机器周期,一个机器周期由 6 个状态(12 个振荡周期)组成。每个状态又被分成两个时相 P1 和 P2。所以,一个机器周期可以依次表示为 S1P1、S1P2、…、S6P1、S6P2。通常算术逻辑操作在 P1 时相进行,而内部寄存器传送在 P2 时相进行。

图 3-3 所示给出了 8051 单片机的取指和执行指令的定时关系。这些内部时钟信号不能从外部观察到,所以用 XTAL2 振荡信号作参考。在图中可看到,低 8 位地址的锁存信号 ALE 在每个机器周期中两次有效(一次在 S1P2 与 S2P1 期间,另一次在 S5P2 与 S5P1 期间)。

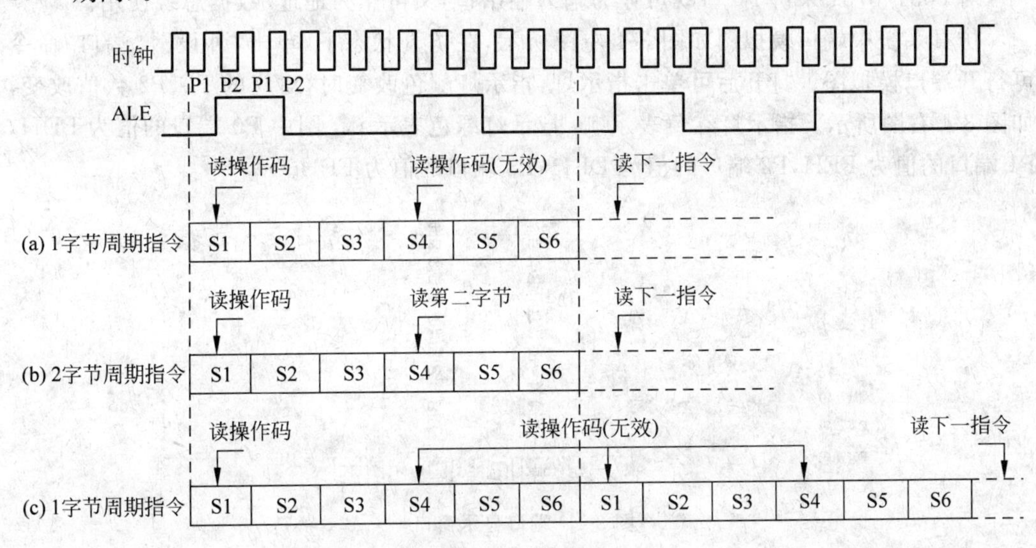

图 3-3 8051 时序

对于单周期指令,当操作码被送入指令寄存器时,便从 S1P2 开始执行指令。如果是双字节单机器周期指令,则在同一机器周期的 S4 期间读入第二个字节；若是单字节单机器周期指令,则在 S4 期间仍进行读,即使所读的这个字节操作码被忽略,程序计数器也不加 1,在 S6P2 结束时完成指令操作。如图 3-3 所示的(a)和(b)给出了单字节单机器周期和双字节单机器周期指令的时序。8051 指令大部分在一个机器周期完成。乘(MUL)和除(DIV)指令是仅有的需要两个以上机器周期的指令,占用 4 个机器周期。对于双字节单机器周期指令,通常是在一个机器周期内从程序存储器中读入两个字节,唯有 MOVX

指令例外。MOVX 是访问外部数据存储器的单字节双机器周期指令。在执行 MOVX 指令期间,外部数据存储器被访问且被选通时跳过两次取指操作。如图 3-3(c)所示给出了一般单字节双机器周期指令的时序。

3.1.3 I/O 端口及仿真

I/O 端口又称为 I/O 接口,也叫做 I/O 通道或 I/O 通路,是 MCS-51 单片机对外部实现控制和信息交换的必经之路。I/O 端口有串行和并行之分,串行 I/O 端口一次只能传送一位二进制信息,并行 I/O 端口一次能传送一组二进制信息。

1. 并行 I/O 端口

MCS-51 单片机设有 4 个 8 位双向 I/O 端口(P0、P1、P2、P3),每一条 I/O 线都能独立地用做输入或输出。P0 口为三态双向口,能带 8 个 LSTTL 电路。P1、P2、P3 口为准双向口(在用做输入线时,口锁存器必须先写入 1,故称为准双向口),负载能力为 4 个 LSTTL 电路。

(1) P0 端口功能(P0.0～P0.7,32～39 脚)

对 8051/8751 来讲 P0 口既可作为输入输出口,又可作为地址/数据总线使用。

仿真系统中端口模拟图如图 3-4 左图所示,在仿真状态下,单击“外设”|“端口”命令可打开端口模拟图。打开后可单击指示灯,指示灯颜色改变时,对应的 P0、P2 数值改变,如图 3-4 右图所示。指示灯红色表示 1,指示灯绿色表示 0。图中 P0 端口的值为 BDH,P1 端口的值为 FFH,P2 端口的值为 DEH,P3 端口的值为 FFH。

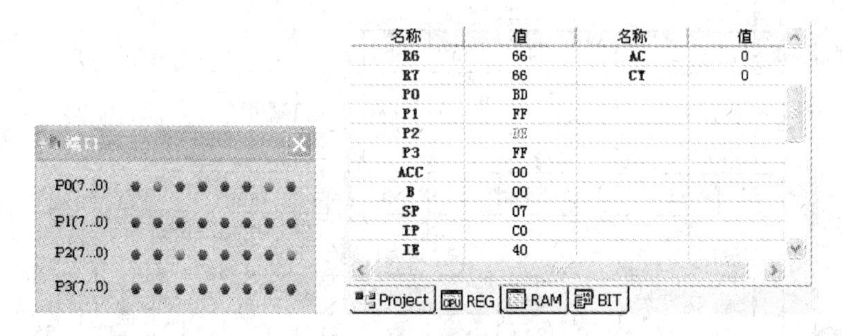

图 3-4 端口显示窗口

① P0 口作地址/数据复用总线使用。若从 P0 口输出地址或数据信息,此时控制端应为高电平,这时内部总线上的地址或数据信号就传送到 P0 口的引脚上。工作时低 8 位地址与数据线分时使用 P0 口。低 8 位地址由 ALE 信号的负跳变使它锁存到外部地址锁存器中,而高 8 位地址由 P2 口输出。P0 口和 P2 口合计组成 16 地址总线功能。P0 口作为 I/O 输出时要加接上拉电阻。

② P0 口作通用 I/O 端口使用。对于有内部 ROM 的单片机,P0 口也可以作通用 I/O,此时控制端为低电平,输出级为漏极开路电路,在驱动 NMOS 电路时应外接上拉电阻。若外接发光二极管时,也要接上拉电阻,不然二极管不亮。作输入口用时,应先将锁

存器写1,此时通过内部三态输入缓冲器读取引脚信号,从而完成输入操作。

③ P0口线上的"读—修改—写"功能。有些"读—修改—写"指令是先读口锁存器,随之可能对读入的数据进行修改再写入端口上(例如ANL P0,A; ORL P0,A; XRL P0,A)。

这类指令同样适合于P1~P3口,其操作是:先将口字节的全部8位数读入,再通过指令修改某些位,然后将新的数据写回到口锁存器中。

(2) P1口(P1.0~P1.7,1~8脚)准双向口

① P1口作通用I/O端口使用。P1口是一个有内部上拉电阻的准双向口,P1口的每一位口线能独立用做输入线或输出线。作输出时,如将0写入内部锁存器,输出线为低电平,即输出为0。因此在作输入时,必须先将1写入口锁存器。该口线由内部上拉电阻提拉成高电平,同时也能被外部输入源拉成低电平,即当外部输入1时该口线为高电平,而输入0时,该口线为低电平。P1口作输入时,可被任何TTL电路和MOS电路驱动,由于具有内部上拉电阻,也可以直接被集电极开路和漏极开路电路驱动,不必外加上拉电阻。P1口可驱动4个LSTTL门电路,要同时驱动8个LSTTL门电路时要另加驱动电路。

② P1口其他功能。P1口在EPROM编程和验证程序时,它输入低8位地址。在8032/8052系列中P1.0和P1.1是多功能的,P1.0可作定时器/计数器2的外部计数触发输入端T2,P1.1可作定时器/计数器2的外部控制输入端T2EX。

(3) P2口(P2.0~P2.7,21~28脚)准双向口

P2口的引脚上拉电阻同P1口。在内部结构上,P2口比P1口多一个输出控制部分。

① P2口作通用I/O端口使用。当P2口作通用I/O端口使用时,是一个准双向口,其输入输出操作与P1口完全相同。

② P2口作地址总线口使用。当系统中接有外部存储器时,P2口用于输出高8位地址A15~A8。这时在CPU的控制下,接通内部地址总线。P2口的口线状态取决于片内输出的地址信息,这些地址信息来源于PCH、DPH等。在外接程序存储器的系统中,由于访问外部存储器的操作连续不断,P2口不断送出地址高8位。例如,在8031构成的系统中,P2口一般只作地址总线口使用,不再作I/O端口直接连外部设备。

在不接外部程序存储器而接有外部数据存储器的系统中,情况有所不同。若外接数据存储器容量为256B,则可使用"MOVX A,@Ri"类指令由P0口送出8位地址,P2口上引脚的信号在整个访问外部数据存储器期间也不会改变,故P2口仍可作通用I/O端口使用。若外接存储器容量较大,则需用"MOVX A,@DPTR"类指令,由P0口和P2口送出16位地址。在读写周期内,P2口引脚上将保持地址信息,但是在输出地址时,并不要求P2口锁存器锁存1,锁存器内容也不会在送地址信息时改变。故访问外部数据存储器周期结束后,P2口锁存器的内容又会重新出现在引脚上。这样,根据访问外部数据存储器的频繁程度,P2口仍可在一定限度内作一般I/O端口使用。P2口可驱动4个LSTTL门电路。

(4) P3口(P3.0~P3.7,10~17脚)双功能口

P3口是一个多用途的端口,也是一个准双向口,作为第一功能使用时,其功能同P1口。

当做第二功能使用时,每一位功能定义如表3-1所示。P3口的第二功能实际上就是系统具有控制功能的控制线。在作为第二功能使用时只要先将P3口送1即可。P3口可驱动4个LSTTL门电路。

表 3-1 P3 口的第二功能

端口功能	第二功能
P3.0	RXD——串行输入(数据接收)口
P3.1	TXD——串行输出(数据发送)口
P3.2	$\overline{INT0}$——外部中断 0 输入线
P3.3	$\overline{INT1}$——外部中断 1 输入线
P3.4	T0——定时器 0 外部输入
P3.5	T1——定时器 1 外部输入
P3.6	$\overline{WR}$——外部数据存储器写选通信号输出
P3.7	$\overline{RD}$——外部数据存储器读选通信号输入

每个 I/O 端口内部都有一个 8 位数据输出锁存器和一个 8 位数据输入缓冲器,4 个数据输出锁存器与端口号 P0、P1、P2 和 P3 同名,皆为特殊功能寄存器。因此,CPU 数据从并行 I/O 端口输出时可以得到锁存,数据输入时可以得到缓冲。

4 个并行 I/O 端口作为通用 I/O 口使用时,共有写端口、读端口和读引脚 3 种操作方式。写端口实际上就是输出数据,是将累加器或其他寄存器中数据传送到端口锁存器中,然后由端口自动从端口引脚线上输出;读端口不是真正的从外部输入数据,而是将端口锁存器中输出数据读到 CPU 的累加器;读引脚才是真正的输入外部数据的操作,是从端口引脚线上读入外部的输入数据。端口的上述 3 种操作实际上是通过指令或程序来实现的,相关内容将在本书后面的章节中详细介绍。

2. 串行 I/O 端口

8051 有一个全双工的可编程串行 I/O 端口。这个串行 I/O 端口既可以在程序控制下将 CPU 的 8 位并行数据变成串行数据一位一位地从发送数据线 TXD 发送出去,也可以把串行接收到的数据变成 8 位并行数据送给 CPU,而且这种串行发送和串行接收既可以单独进行,也可以同时进行。

8051 串行发送和串行接收利用了 P3 口的第二功能,即利用 P3.1 引脚作为串行数据的发送线 TXD 和 P3.0 引脚作为串行数据的接收线 RXD,如表 3-1 所示。串行 I/O 口的电路结构还包括串行口控制器 SCON、电源及波特率选择寄存器 PCON 和串行数据缓冲器 SBUF 等,它们都属于特殊功能寄存器 SFR。其中 PCON 和 SCON 用于设置串行口工作方式和确定数据的发送和接收波特率,SBUF 实际上由两个 8 位寄存器组成,一个用于存放欲发送的数据,另一个用于存放接收到的数据,起着数据缓冲的作用。相关内容将在本书第 7 章中详细介绍。

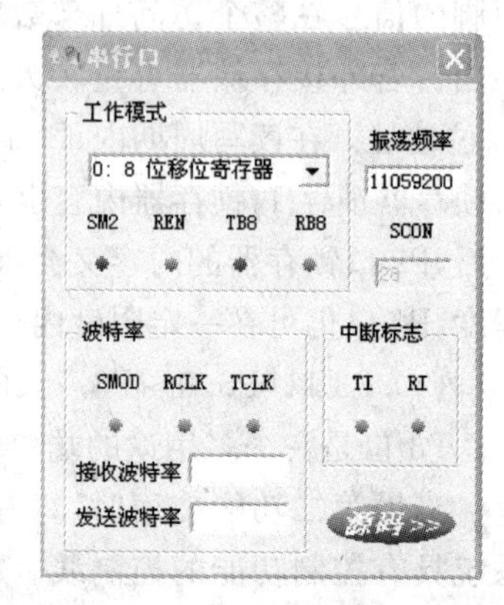

图 3-5 串口模拟图

仿真系统中串口模拟图如图 3-5 所示。在仿真状态下,单击“外设”|“串行口”命令可打开串行端口模拟图。打开后可单击指示灯,指示灯颜色改变,颜色改变时,对应的特殊功能寄存器数值改变。指示灯红色表示 1,指示灯绿色表示 0。图中各指示灯,用来表示特殊功能寄存器某些

位的状态。

3. 总线

MCS-51 单片机属总线型结构，通过地址/数据总线可以与存储器（RAM、EPROM）、并行 I/O 接口芯片相连接。

在访问外部存储器时，P2 口输出高 8 位地址，P0 口输出低 8 位地址，由 ALE（地址锁存允许）信号将 P0 口（地址/数据总线）上的低 8 位锁存到外部地址锁存器中，从而为 P0 口接收数据做准备。

在访问外部程序存储器（即执行 MOVX）指令时，PSEN（外部程序存储器选通）信号有效，在访问外部数据存储器（即执行 MOVX）指令时，由 P3 口自动产生读/写（$\overline{RD}$/$\overline{WR}$）信号，通过 P0 口对外部数据存储器单元进行读/写操作。

3.1.4　存储器结构及仿真

MCS-51 单片机存储器结构与常见的微型计算机的配置方式不同，它把程序存储器和数据存储器分开，各有自己的寻址系统、控制信号和功能。程序存储器用于存放程序和始终要保留的常数，例如所编程序经汇编后的机器码。数据存储器通常用于存放程序运行中所需要的常数或变量，例如做加法时的加数和被加数、做乘法时的乘数和被乘数、模/数转换时实时记录的数据等。

从物理地址空间看，MCS-51 单片机有 4 个存储器地址空间，即片内程序存储器（ROM 大小为 4KB）和片外程序存储器（ROM 大小为 54KB）以及片内数据存储器（RAM 大小为 256B）和片外数据存储器（RAM 大小为 64KB），如图 3-6 所示。

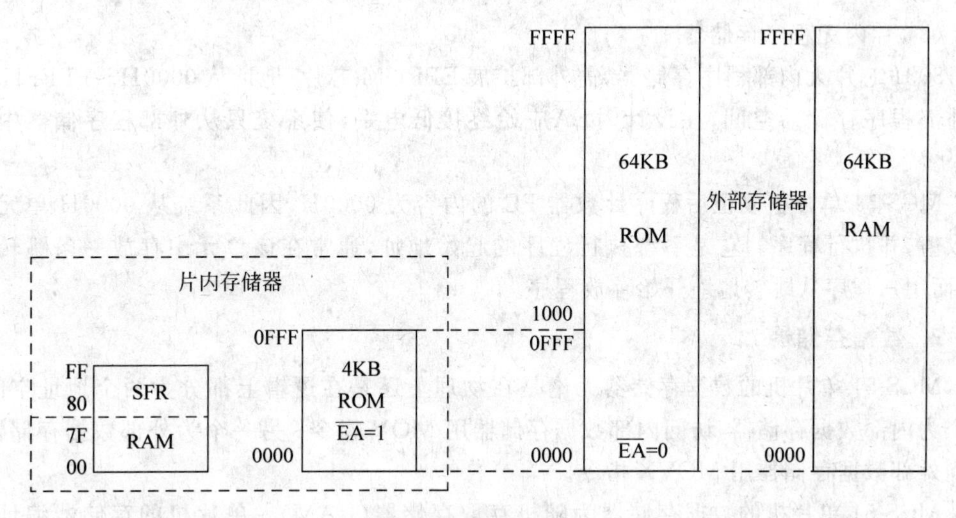

图 3-6　存储器结构

MCS-51 系列单片机各芯片的存储器在结构上有些区别，从应用设计的角度可分为如下几种情况：片内有程序存储器且存储空间够用，片内有程序存储器且存储空间不够用；片内无程序存储器；片内有数据存储器且存储单元够用，片内有数据存储器且存储单元不够用。

1. 程序存储器

程序存储器用于存放程序和表格常数。程序存储器以程序计数器 PC 作为地址指针，通过 16 位地址总线，可寻址的地址空间为 64KB(片内、片外统一编址)。

(1) 片内有程序存储器且存储空间够用

在 8051/8751 片内，带有 4KB ROM/EPROM 程序存储器(内部程序存储器)，4KB 可存储约两千多条指令，对于一个小型的单片机控制系统来说就足够了，不必另加程序存储器。若不够还可选 8KB 或 16KB 内存的单片机芯片，例如 89C52。总之，尽量不要扩展外部程序存储器，这会增加成本、增大产品体积。

(2) 片内有程序存储器且存储空间不够

若开发的单片机系统较复杂，片内程序存储器存储空间不够用时，可外扩展程序存储器。具体扩展多大的芯片，由两个条件决定：一是程序容量的大小，二是扩展芯片容量的大小。64KB 总容量减去内部 4KB 即为外部能扩展的最大容量，2764 容量为 8KB、27128 容量为 16KB、27256 容量为 32KB、27512 容量为 64KB(具体扩展方法参见存储器扩展)。若仍不够就只能换芯片，选 16 位芯片或 32 位芯片。确定芯片后就要算好地址，再将 $\overline{EA}$ 引脚接高电平，使程序从内部 ROM 开始执行，当 PC 值超出内部 ROM 的容量时，会自动转向外部程序存储器空间。

对 8051/8751 而言，外部程序存储器地址空间为 1000H～FFFFH。对于此类单片机，若把 $\overline{EA}$ 接低电平，可用于调试程序，即把要调试的程序放在与内部 ROM 空间重叠的外部程序存储器内，进行调试和修改。调试好后分两段存储，再将 $\overline{EA}$ 接高电平，即可运行整个程序。

(3) 片内无程序存储器

8031 芯片无内部程序存储器，需外部扩展 EPROM 芯片，地址从 0000H～FFFFH 都是外部程序存储器空间，在设计时 $\overline{EA}$ 应始终接低电平，使系统只从外部程序储器中取指令。

MCS-51 单片机复位后程序计数器 PC 的内容为 0000H，因此系统从 0000H 单元开始取值，并执行程序。它是系统执行程序的起始地址，通常在该单元中存放一条跳转指令，而用户程序从跳转地址开始存放程序。

2. 数据存储器

MCS-51 单片机的数据存储器无论是在物理上还是在逻辑上都分为两个地址空间。一个为内部数据存储器，访问内部数据存储器用 MOV 指令；另一个为外部数据存储器，访问外部数据存储器用 MOVX 指令。

MCS-51 单片机的数据存储器为随机存取存储器(RAM)。单片机的存储器编址方式采用与工作寄存器、I/O 口锁存器统一编址的方式。分为片内有数据存储器且存储单元够用和片内有数据存储器且存储单元不够用两种情况。若系统较小，内部的 RAM (30H～7FH)足够就不要再扩展外部数据存储器 RAM，若确实要扩展就用串行数据存储器 24C 系列(也可用并行数据存储器)。

MCS-51 单片机具有扩展 64KB 外部数据存储器和 I/O 口的能力，这对很多应用领域已足够使用。对外部数据存储器的访问采用 MOVX 指令，用间接寻址方式，R0、R1 和 DPTR 都可作间址寄存器。内部存储器结构在 3.1.5 小节具体讨论。

3. 存储器仿真

仿真系统中可以分别打开这两个存储器，如图 3-7 所示。事实上这两个存储器窗口是一样的。每个窗口包括 Code、XData、Data 3 个页面。

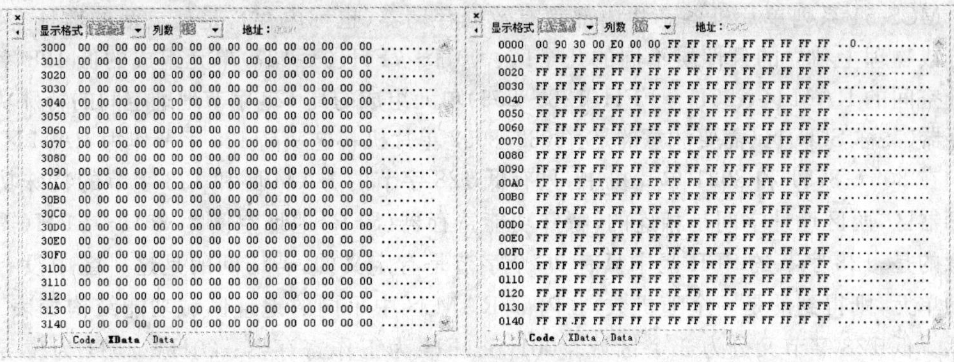

图 3-7 外部存储器

Code 为代码页面，也称程序存储器空间，地址范围为 0000H～FFFFH，64KB 存储空间。

XData 为外部数据存储器，地址范围为 0000H～FFFFH，64KB 存储空间。

由于地址范围大，在调试窗口中不能完全显示所有地址。仿真软件具有右键菜单，如图 3-8 所示。右击后选择“选择显示地址”命令，弹出如图 3-9 所示对话框，在文本框中输入要观察的地址单元，该地址立即显示在当前窗口中。若要改写数据，右击后选择“放置相同数据”命令，弹出如图 3-10 所示对话框，在文本框中输入要改写的地址单元范围，该改写数据立即显示在当前窗口中。

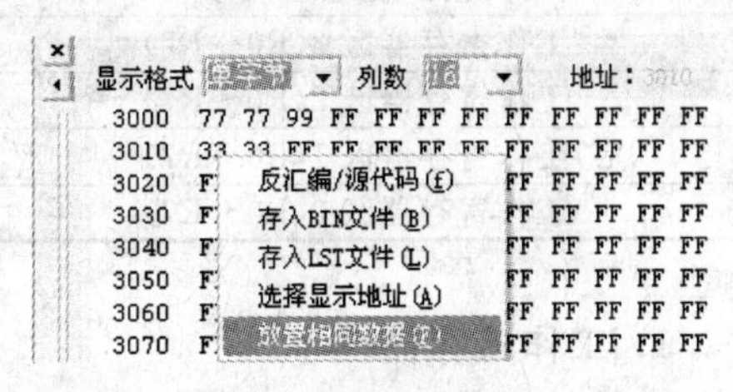

图 3-8 选择显示地址

注意：不能对单个单元进行修改，最少一次修改两个单元。用程序可以直接改写单元数据。

图 3-9 地址输入文本框

图 3-10 修改数据窗口

Data 为内部数据存储器。地址范围为 00H～FFH，256B 存储空间。修改数据方法同上所述。

3 个页面中都有显示格式选择，有单字节、双字节、四字节、实数 4 种方式。还有列数选择，有 16、8、4、2 共 4 种选择。可分别选择尝试窗口显示情况，选定最喜欢的显示方式。

3.1.5 MCS-51 单片机内部低 128 字节数据存储器结构及仿真

MCS-51 系列单片机各芯片内部都有数据存储器（也称内存），是最灵活的地址空间。它分成物理上独立的且性质不同的几个区：00H～7FH(0～127)单元组成的低 128 字节地址空间的 RAM 区；80H～FFH(128～255)单元组成的高 128 字节地址空间的特殊功能寄存器（又称 SFR）区（需要注意的是：8032/8052 单片机将这一高 128 字节作为 RAM 区）。

在 8051、8751 和 8031 单片机中，只有低 128 字节的 RAM 区和 128 字节的特殊功能寄存器区，两区地址空间是相连的，特殊功能寄存器（SFR）地址空间为 80H～FFH（需要注意的是，128 字节的 SFR 区中只有 26 个字节是有定义的，若访问的是这一区中没有定义的单元，则得到的是一个随机数）。内部 RAM 区中不同的地址区域功能结构如表 3-2 所示。低 128 字节又分为 3 个区域。00H～1FH 为工作寄存器；20H～2FH 为位寻址区；30H～7FH 为数据缓冲器区。

表 3-2 MCS-51 内部 RAM 存储器结构

数据缓冲器区	地址范围 30H～7FH
位寻址区（位地址 00～7F）	地址范围 20H～2FH
工作寄存器区 3(R0～R7)	地址范围 18H～1FH
工作寄存器区 2(R0～R7)	地址范围 10H～17H
工作寄存器区 1(R0～R7)	地址范围 08H～0FH
工作寄存器区 0(R0～R7)	地址范围 00H～07H

1. 工作寄存器区

工作寄存器区为 00H～1FH(0～31)共 32 个单元，是 4 个通用工作寄存器区，每一个区有 8 个工作寄存器，编号为 R0～R7，每一区中 R0～R7 的地址如表 3-3 所示。从表可知每一个单元有两个表述：一个是地址表述；一个是工作寄存器表述。例如，0 区第 1 单元可用地址表述为 00H 单元，也可表述为 R0 单元。

表 3-3 寄存器和 RAM 地址对照表

0 区		1 区		2 区		3 区	
地址	寄存器	地址	寄存器	地址	寄存器	地址	寄存器
00H	R0	08H	R0	10H	R0	18H	R0
01H	R1	09H	R1	11H	R1	19H	R1
02H	R2	0AH	R2	12H	R2	1AH	R2
03H	R3	0BH	R3	13H	R3	1BH	R3
04H	R4	0CH	R4	14H	R4	1CH	R4
05H	R5	0DH	R5	15H	R5	1DH	R5
06H	R6	0EH	R6	16H	R6	1EH	R6
07H	R7	0FH	R7	17H	R7	1FH	R7

当前程序使用的工作寄存区是由程序状态字 PSW（特殊功能寄存器，字节地址为 0D0H）中的 D4、D3 位（RS1 和 RS0）来指示的，PSW 的状态和工作寄存区对应关系如表 3-4 所示。

表 3-4　工作寄存器区选择

PSW0.4(RS1)	PSW0.3(RS0)	当前使用的工作寄存器区 R0～R7
0	0	0 区(00H～07H)
0	1	1 区(08H～0FH)
1	0	2 区(10H～17H)
1	1	3 区(18H～1FH)

CPU 通过对 PSW 中的 D4、D3 位内容的修改，就能任选一个工作寄存器区。

例如：

```
SETB   PSW.3
CLR    PSW.4                  ；选定第 1 区
SETB   PSW.4
CLR    PSW.3                  ；选定第 2 区
SETB   PSW.3
SETB   PSW.4                  ；选定第 3 区
```

若不设定则默认值为第 0 区，这个特点使 MCS-51 具有快速现场保护功能。特别注意的是：如果不加设定，在同一段程序中 R0～R7 只能用一次，若用两次程序会出错。

在仿真时打开 RAM 页，可见 RAM 模拟图如图 3-11 所示。

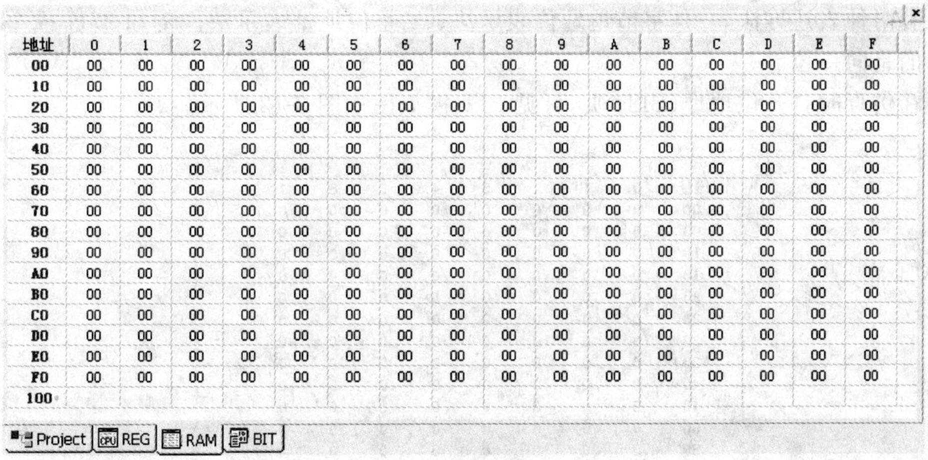

地址	0	1	2	3	4	5	6	7	8	9	A	B	C	D	E	F
00	00	00	00	00	00	00	00	00	00	00	00	00	00	00	00	00
10	00	00	00	00	00	00	00	00	00	00	00	00	00	00	00	00
20	00	00	00	00	00	00	00	00	00	00	00	00	00	00	00	00
30	00	00	00	00	00	00	00	00	00	00	00	00	00	00	00	00
40	00	00	00	00	00	00	00	00	00	00	00	00	00	00	00	00
50	00	00	00	00	00	00	00	00	00	00	00	00	00	00	00	00
60	00	00	00	00	00	00	00	00	00	00	00	00	00	00	00	00
70	00	00	00	00	00	00	00	00	00	00	00	00	00	00	00	00
80	00	00	00	00	00	00	00	00	00	00	00	00	00	00	00	00
90	00	00	00	00	00	00	00	00	00	00	00	00	00	00	00	00
A0	00	00	00	00	00	00	00	00	00	00	00	00	00	00	00	00
B0	00	00	00	00	00	00	00	00	00	00	00	00	00	00	00	00
C0	00	00	00	00	00	00	00	00	00	00	00	00	00	00	00	00
D0	00	00	00	00	00	00	00	00	00	00	00	00	00	00	00	00
E0	00	00	00	00	00	00	00	00	00	00	00	00	00	00	00	00
F0	00	00	00	00	00	00	00	00	00	00	00	00	00	00	00	00
100																

Project　REG　RAM　BIT

图 3-11　RAM 模拟图

2. 位寻址区

内部 RAM 的 20H～2FH 为位寻址区如表 3-5 所示。这 16 个单元和每一位都有一个位地址，位地址范围为 00H～7FH。位寻址区的每一位都可以视作软件触发器，由程序直接进行位处理。通常把各种程序状态标志、位控制变量设在位寻址区内。同样，位寻址区的 RAM 单元也可以作一般的数据缓冲器使用。

表 3-5 RAM 寻址区位地址映像

字节地址	位地址							
	D7	D6	D5	D4	D3	D2	D1	D0
2FH	7F	7E	7D	7C	7B	7A	79	78
2EH	77	76	75	74	73	72	71	70
2DH	6F	6E	6D	6C	6B	6A	69	68
2CH	67	66	65	64	63	62	61	60
2BH	5F	5E	5D	5C	5B	5A	59	58
2AH	57	56	55	54	53	52	51	50
29H	4F	4E	4D	4C	4B	4A	49	48
28H	47	46	45	44	43	42	41	40
27H	3F	3E	3D	3C	3B	3A	39	38
26H	37	36	35	34	33	32	31	30
25H	2F	2E	2D	2C	2B	2A	29	28
24H	27	26	25	24	23	22	21	20
23H	1F	1E	1D	1C	1B	1A	19	18
22H	17	16	15	14	13	12	11	10
21H	0F	0E	0D	0C	0B	0A	09	08
20H	07	06	05	04	03	02	01	00

从表 3-5 可知，20H ～2FH 共 16 个单元，每个单元 8 位，总计 128 个位，每一位给一个名字，00H～7FH，刚好 128 个名字，这个名字也称作位地址。从表 3-5 可见，表述每个位也有两种表述方法，一是字节地址位表示法；二是位地址表示法。例如 27H 或 24H.7 表示的是同一位。

在仿真时打开位地址(BIT)页，可见 BIT 模拟图如图 3-12 所示。

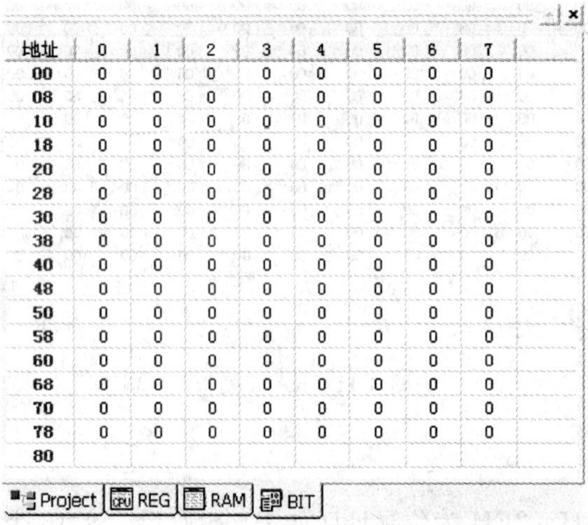

地址	0	1	2	3	4	5	6	7
00	0	0	0	0	0	0	0	0
08	0	0	0	0	0	0	0	0
10	0	0	0	0	0	0	0	0
18	0	0	0	0	0	0	0	0
20	0	0	0	0	0	0	0	0
28	0	0	0	0	0	0	0	0
30	0	0	0	0	0	0	0	0
38	0	0	0	0	0	0	0	0
40	0	0	0	0	0	0	0	0
48	0	0	0	0	0	0	0	0
50	0	0	0	0	0	0	0	0
58	0	0	0	0	0	0	0	0
60	0	0	0	0	0	0	0	0
68	0	0	0	0	0	0	0	0
70	0	0	0	0	0	0	0	0
78	0	0	0	0	0	0	0	0
80								

Project REG RAM BIT

图 3-12 位地址模拟图

3. 数据缓冲器区

30H～7FH 这 80 个单元为数据 RAM 单元，是指令直接寻址区，使用最多。

在一个实际的程序中，往往需要一个后进先出的 RAM 区，以保存 CPU 的现场，这种后进先出的缓冲器区称为堆栈。堆栈原则上可以设在内部 RAM 的任意区域内，但一般设在 30H～7FH 的范围内。栈顶的位置由栈指针 SP 指出。

3.1.6 MCS-51 单片机内部高 128 字节特殊功能寄存器结构及仿真

MCS-51 单片机内的锁存器、定时器、串行口数据缓冲器以及各种控制寄存和状态寄存器都是以特殊功能寄存器的形式出现的，它们分散地分布在 80H～7FH 内部 RAM 地址空间范围内。如表 3-6 所示列出了这些特殊功能存储器的助记标识符、名称及地址，每一位的功能如表 3-7 所示。其中大部分寄存器的应用将在本书后面章节中详述，这里仅做简单介绍。

表 3-6 特殊功能寄存器

标识符	名称	地址
*ACC	累加器	E0H
*B	B 寄存器	F0H
*PSW	程序状态字	D0H
SP	堆栈指针	81H
DPTR	数据指针(包括 DPH 和 DPL)	83H 和 82H
*P0	口 0	80H
*P1	口 1	90H
*P2	口 2	A0H
*P3	口 3	B0H
*IP	中断优先级控制	B8H
*IE	允许中断控制	A8H
TMOD	定时器/计数器方式控制	89H
TCON	定时器/计数器控制	88H
+T2CON	定时器/计数器 2 控制	C8H
TH0	定时器/计数器 0(高位字节)	8CH
TL0	定时器/计数器 0(低位字节)	8AH
TH1	定时器/计数器 1(高位字节)	8DH
TL1	定时器/计数器 1(低位字节)	8BH
+TH2	定时器/计数器 2(高位字节)	CDH
+TL2	定时器/计数器 2(低位字节)	CCH
+RLDH	定时器/计数器 2 自动再装载	CBH
+RLDL	定时器/计数器 2 自动再装载	CAH
*SCON	串行控制	98H
SBUF	串行数据缓冲器	99H
PCON	电源控制	87H

表 3-7 特殊功能寄存器位地址表

SFR	字节地址	位地址							
		D0	D1	D2	D3	D4	D5	D6	D7
P0	80	P0.0	P0.1	P0.2	P0.3	P0.4	P0.5	P0.6	P0.7
		80	81	82	83	84	85	86	87
SP	81								
DPL	82								
DPH	83								
PCON	87								
TCON	88			IT0				TF0	
		88	89	8A	8B	8C	8D	8E	8F
TMOD	89								
TL0	8A								
TL1	8B								
TH0	8C								
TH1	8D								
P1	90	P1.0	P1.1	P1.2	P1.3	P1.4	P1.5	P1.6	P1.7
		90	91	92	93	94	95	96	97
SCON	98	RI	TI	RB8	TB8	REN	SM2	SM1	SM0
		98	99	9A	9B	9C	9D	9E	9F
SBUF	99								
P2	A0	P2.0	P2.1	P2.2	P2.3	P2.4	P2.5	P2.6	P2.7
		A0	A1	A2	A3	A4	A5	A6	A7
IE	A8	EX0	ET0	EX1	ET1	ES			EA
		A8	A9	AA	AB	AC			AF
P3	B0	P3.0	P3.1	P3.2	P3.3	P3.4	P3.5	P3.6	P3.7
		B0	B1	B2	B3	B4	B5	B6	B7
IP	B8	PX0	PT0	PX1	PT1	PS			
		B8	B9	BA	BB	BC			
PSW	D0	P	—	OV	RS0	RS1	F0	AC	CY
		D0	D1	D2	D3	D4	D5	D6	D7
ACC	E0								
		E0	E1	E2	E3	E4	E5	E6	E7
B	F0								
		F0	F1	F2	F3	F4	F5	F6	F7

1. 累加器 A

累加器是最常用的特殊功能寄存器，大部分单操作数指令的操作取自累加器，很多双操作数指令的一个操作数取自累加器。指令系统中用 A 作为累加器的助记符。加、减、乘、除算术运算指令的运算结果都存放在累加器 A 或 A、B 寄存器对中。

2. B 寄存器

B 寄存器是乘、除法指令中常用的寄存器。乘法指令的两个操作数分别取自 A 和 B，其结果存放在 A、B 寄存器对中。除法指令中，被除数取自 A，除数取自 B，商数存放在 A 中，余数存放在 B 中。

在其他指令中，B 寄存器可作为 RAM 中的一个单元来使用。

3. 程序状态字 PSW

程序状态字是一个 8 位寄存器，它包含了程序状态信息。该寄存器各位的含义如表 3-8 所示，其中 PSW.1 未用。其他各位说明如下。

表 3-8 寄存器各位的含义

PSW.7	PSW.6	PSW.5	PSW.4	PSW.3	PSW.2	PSW.1	PSW.0
CY	AC	F0	RS1	RS0	OV	—	P

(1) CY(PSW.7)进位标志：在执行某些算术和逻辑指令时，可以被硬件或软件置位或清零。在布尔处理机中它被认为是位累加器，其重要性相当于一般中央处理机中的累加器 A。

(2) AC(PSW.6)辅助进位标志：当进行加法或减法操作而产生由低 4 位数(BCD 码 1 位)向高 4 位数进位或借位时，AC 将被硬件置位，否则就被清零。AC 被用于 BCD 码调整，详见 DAA 指令。

(3) F0(PSW.5)用户标志位：F0 是用户定义的一个状态标记，用软件来使它置位或清零。该标志位状态一经设定，可由软件测试 F0，以控制程序的流向。

(4) RS1、RS0(PSW.4、PSW.3)寄存器区选择控制位：可以用软件来置位或清零以确定工作寄存器区(RS1，RS0 与寄存器区的对应关系如表 3-4 所示)。

(5) OV(PSW.2)溢出标志：当执行算术指令时，由硬件置位或清零，以指示溢出状态。

(6) P(PSW.0)奇偶标志：每个指令周期都由硬件来置位或清零，以表示累加器 A 中 1 的位数的奇偶数。若 1 的位数为奇数，P 置 1；否则 P 清零。

当执行加法指令 ADD 时，位 6(D6)向位 7(D7)有进位而位 7 不向 CY 进位时，或位 6 不向位 7 进位而位 7 向 CY 进位时，溢出标志 OV 置位，否则清零。

溢出标志常用于 ADD 和 SUBB 指令对带符号数作加减运算，OV＝1 表示加减运算的结果超出了目的寄存器 A 所能表示的带符号数(2 的补码)的范围(－128～＋127)，参见第 3 章中关于 ADD 和 SUBB 指令的说明。

在 MCS-51 单片机中，无符号数乘法指令 MUL 的执行结果也会影响溢出标志。若置于累加器 A 和寄存器 B 的两个数的乘积超过 255 时，OV＝1，否则 OV＝0。此积的高 8 位放在 B 内，低 8 位放在 A 内。因此，OV＝0 意味着只要从 A 中取得乘积即可，否则要从 B、A 寄存器对中取得乘积。

除法指令 DIV 也会影响溢出标志。当除数为 0 时，OV＝1；否则 OV＝0。

P标志位对串行通信中的数据传输有重要的意义，在串行通信中常用奇偶校验的办法来检验数据传输的可靠性。在发送端可根据P的值对数据的奇偶置位或清零。通信协议中规定采用奇校验的办法，则P=0时，应对数据（假定由A取得）的奇偶位置位，否则就清零。

4. 栈指针

栈指针SP是一个8位特殊功能寄存器。它指示出堆栈顶部在内部RAM中的位置。系统复位后，SP初始化为07H，使得堆栈事实上由08H单元开始。考虑到08H～1FH单元分属于工作寄存器区1～3，若程序设计中要用到这些区，则最好把SP值改置为1FH或更大的值，SP的初始值越小，堆栈深度就可以越深，堆栈指针的值可以由软件改变，因此堆栈在内部RAM中的位置比较灵活。

除用软件直接改变SP值外，在执行PUSH和POP指令、各种子程序调用、中断响应、子程序返回（RET）和中断返回（RETI）等指令时，SP值将自动调整。

5. 数据指针

数据指针DPTR是一个16位特殊功能寄存器，其高位字节寄存器用DPH表示，低位字节寄存器用DPL表示，既可以作为一个16位寄存器DPTR来处理，也可以作为两个独立的8位寄存器DPH和DPL来处理。

DPTR主要用于存放16位地址，当对64KB外部存储器寻址时，可作为间址寄存器使用。可以用下列两条传送指令："MOVX A,@DPTR"和"MOVX @DPTR,A"。在访问程序存储器时，DPTR可用做基址寄存器，有一条采用基址＋变址寻址方式的指令"MOVC A,@A+DPTR"，常用于读取存放在程序存储器内的表格常数。

6. 端口P0～P3

特殊功能寄存器P0、P1、P2和P3分别是I/O端口P0～P3的锁存器。P0～P3作为特殊功能寄存器还可用直接寻址方式参与其他操作指令。

7. 串行数据缓冲器

串行数据缓冲器SBUF用于存放欲发送或已接收的数据，它实际上由两个独立的寄存器组成，一个是发送缓冲器，另一个是接收缓冲器。当要发送的数据传送到SBUF时，进的是发送缓冲器。当要从SBUF读数据时，则取自接收缓冲器，取走的是刚接收到的数据。

8. 定时器/计数器

MCS-51系列中有两个16位定时器/计数器T0和T1。它们各由两个独立的8位寄存器组成，共有4个独立的寄存器：TH0、TL0、TH1、TL1。可以对这4个寄存器寻址，但不能把T0、T1当做一个16位寄存器来寻址。

9. 其他控制寄存器

IP、IE、TMOD、TCON、SCON和PCON寄存器分别包含有中断系统、定时器/计数器、串行口和供电方式的控制和状态位，这些寄存器将在本书下面的章节中介绍。

在仿真时打开REG页，REG模拟图如图3-13所示。

名称	值	名称	值
R0	00	P	0
R1	00	--	0
R2	00	OV	0
R3	00	RS0	0
R4	00	RS1	0
R5	00	F0	0
R6	00	AC	0
R7	00	CY	0
P0	FF		
P1	FF		
P2	FF		
P3	FF		
ACC	00		
B	00		
SP	07		
IP	C0		
IE	40		
PSW	00		
SCON	00		
PCON	30		
TMOD	00		
TCON	00		
T2CON	00		
DPTR	0000		
PC	0006		
RCAP2	0000		
TH0	00		
TL0	00		
TH1	00		
TL1	00		
TH2	00		
TL2	00		

Project REG RAM BIT

图 3-13 特殊功能寄存器模拟图

3.1.7 内部结构仿真观察

上面对内部结构作了讨论,下面做一个全面总结。目前 8051 单片机已有 400 多个品种和型号,不同型号具有不同的外围集成功能,QTH 模拟仿真软件通过内部集成器件库实现对单片机结构进行的模拟仿真,在调试状态下可以通过选择“外设”下拉菜单中的选项来观察仿真结果。“外设”菜单的选项内容会根据选用器件库中不同器件而有所变化,如图 3-14 所示为选用 8052 单片机器件后的“外设”菜单内容。

在以上窗口中可观察 4 个端口、5 个中断、2 个定时器、1 个串行口的情况。

4 个端口都在一起,每个端口用 8 只小灯表示,如图 3-14 中⑦所示。1 为红色,0 为绿色。当某端口数据全为 1 时,小灯全为红色,即 P1=FF 时,小灯全为红色;当某端口数据全为 0 时,小灯全为绿色,即 P1=00 时,小灯全为绿色。

5 个中断如图 3-14 中⑥所示。特殊功能寄存器的各位下有小方框,小方框中可以单击变为“√”,此时该位置为 1;不为“√”时为 0。

2 个定时器(89C58 有 3 个定时器)如图 3-14 中④所示。特殊功能寄存器的各位下有小灯,小灯中可以单击变为红色,此时该位置为 1;再点击变为绿色,此时该位置为 0。

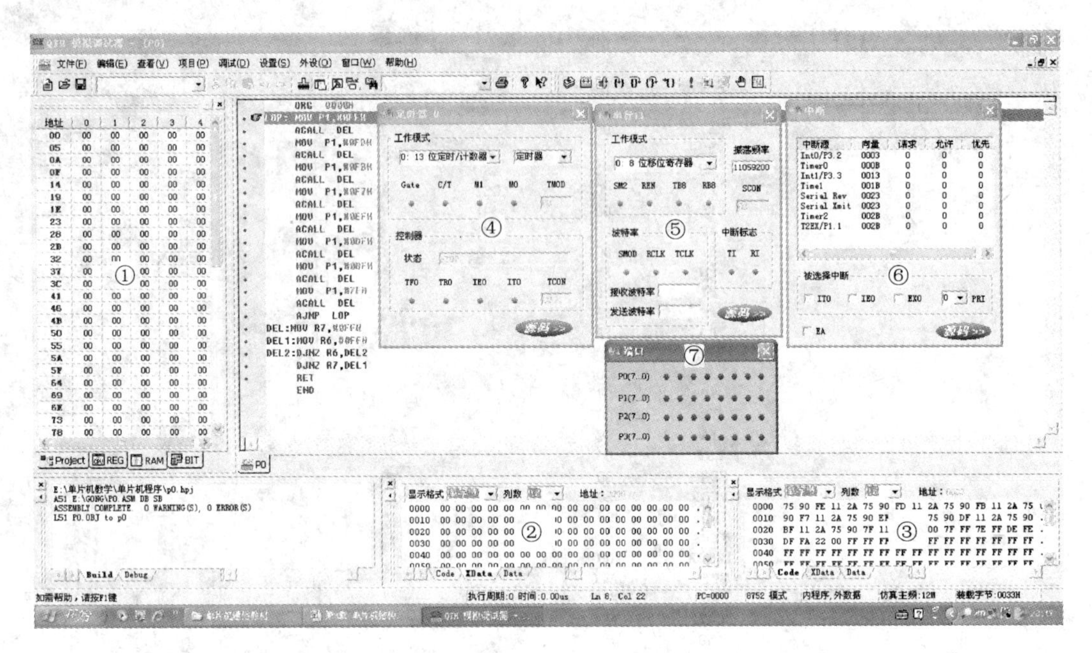

图 3-14　Peripherals 菜单

1 个串行口，如图 3-14 中⑤所示。特殊功能寄存器的各位下有小灯，小灯中可以单击变为红色，此时该位置为 1；再单击变为绿色，此时该位置为 0。

在调试状态下“查看”菜单的各项都可使用。下面将具体介绍存储器的观察方法。

“查看”菜单的第 3 栏的寄存器窗口命令用于特殊功能存储器（REG 页）空间的显示/隐藏切换，如图 3-14 中①所示。在窗口①中可观察特殊功能存储器（REG）、内存（RAM）、位（BIT）3 个内容，也可修改数据，用鼠标单击要修改的单元，用键盘直接输入数据。

“查看”菜单的第 4 栏的程序存储器窗口命令用于外部存储空间的显示/隐藏切换，如图 3-14 中②和③所示。在窗口中有右键菜单，在右键菜单中选择“选择显示地址”命令，弹出“地址”对话框，在“地址”文本框中输入存储器地址，将立即显示对应存储器空间的内容，如图 3-15 所示。

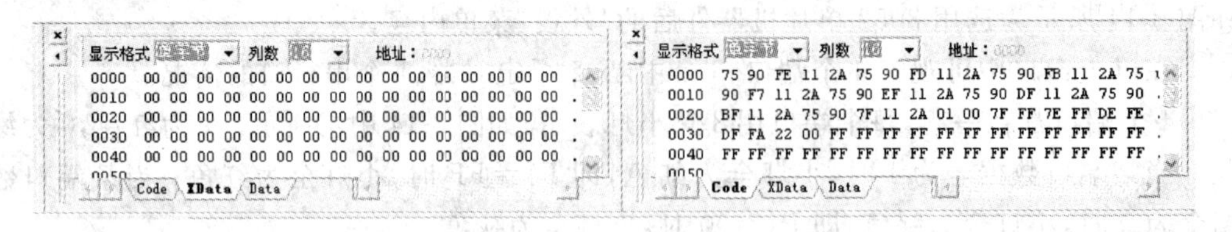

图 3-15　存储器对话框

窗口中每一个单元都可以是数值。每一窗口中都有代码页（Code）、程序存储器（Xdata）、数据存储器（Data）。每个选项卡可指定不同的地址空间。数据存储器（Data）为内部 RAM 窗口（00H～FFH），程序存储器（Xdata）为外部存储器窗口，Code 为代码窗口。在存储器窗口中可改变存储器内容以得到不同显示方式。可以采用每行 16 个单元

(16列)、8个单元(8列)、6个单元(6列)、4个单元(4列)等方式进行显示。每个单元可选择单字节、双字节、四字节、实数方式显示。

3.2 MCS-51单片机的外部结构

单片机从外部只能观察到40条引脚,其各引脚的定义和作用将在本节中具体介绍。

3.2.1 MCS-51单片机的引脚功能

MCS单片机都采用40引脚的双列直插封装方式,如图3-16所示为引脚排列图。本节将详细介绍40条引脚的功能。

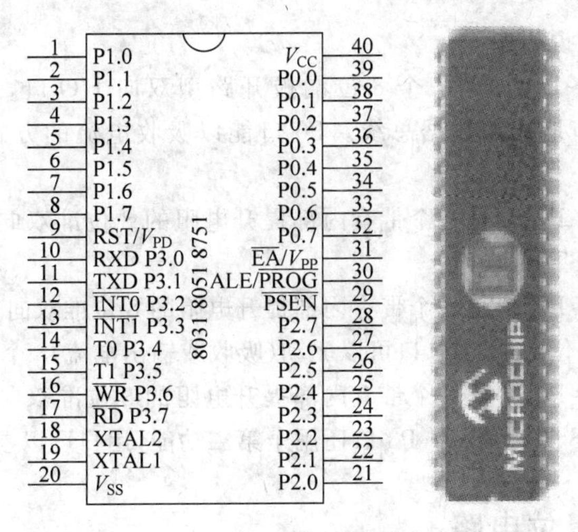

图3-16　8051引脚排列图

1. 主电源引脚

主电源引脚V_{SS}为接地引脚。主电源引脚V_{CC}正常操作时为+5V电源。

2. 外接晶振引脚

XTAL1为内部振荡电路反相放大器的输入端,是外接晶体的一个引脚。当采用外部振荡器时,该引脚接地。XTAL2为内部振荡电路反相放大器的输出端,是外接晶体的另一端。当采用外部振荡器时,此引脚接外部振荡源。

3. 控制或与其他电源复用引脚

控制或其他电源复用引脚的说明如下。

(1) RST/V_{PD}:当振荡器运行时,在该引脚上出现两个机器周期的高电平(由低到高跳变),将使单片机复位。在V_{CC}掉电期间,该引脚可接上备用电源,由V_{PD}向内部提供备用电源,以保持内部RAM中的数据不变。

(2) ALE/$\overline{\text{PROG}}$：正常操作时为 ALE 功能(允许地址锁存)，把地址的低字节锁存到外部锁存器。ALE 引脚以不变的频率(振荡器频率的 1/6)周期性地发出正脉冲信号，因此它可用做对外输出的时钟或用于定时目的。但要注意，每当访问外部数据存储器时，将跳过一个 ALE 脉冲。ALE 端可以驱动(吸收或输出电流)8 个 LSTTL 电路。对于 EPROM 型单片机，在 EPROM 编程期间，此引脚接收编程脉冲(PROG功能)。

(3) $\overline{\text{PSEN}}$：外部程序存储器读选通信号输出端，在从外部程序存储、取指令(或数据)期间，$\overline{\text{PSEN}}$在每个机器周期内两次有效。$\overline{\text{PSEN}}$同样可以驱动 8 个 LSTTL 输入。

(4) $\overline{\text{EA}}/V_{PP}$：为内部程序存储器和外部程序存储器选择端。当$\overline{\text{EA}}/V_{PP}$为高电平时，访问内部程序存储器；当$\overline{\text{EA}}/V_{PP}$为低电平时，则访问外部程序存储器。对于 EPROM 型单片机，在 EPROM 编程期间，此引脚上加 21V EPROM 编程电源(V_{PP})。

4. 输入/输出引脚

输入/输出引脚的说明如下。

(1) P0 口(P0.0～P0.7)是一个 8 位漏极开路型双向 I/O 口，在访问外部存储器时，它分时传送低字节地址和数据总线。P0 口能以吸收电流的方式驱动 8 个 LSTTL 负载。

(2) P1 口(P1.0～P1.7)是一个带有内部提升电阻的 8 位准双向 I/O 口，能驱动(吸收或输出电流)8 个 LSTTL 负载。

(3) P2 口(P2.0～P2.7)是一个带有内部提升电阻的 8 位准双向 I/O 口，在访问外部存储器时，它输出高 8 位地址。P2 口可以驱动(吸收或输出电流)8 个 LSTTL 负载。

(4) P3 口(P3.0～P3.7)是一个带有内部提升电阻的 8 位准双向 I/O 口，能驱动(吸收或输出电流)8 个 LSTTL 负载。P3 口还用于第二功能，用户可以参考表 3-1。

3.2.2 复位和复位电路

MCS-51 单片机的复位电路如图 3-17 所示。在 RESET(图中表示为 RST)输入端出现高电平时实现复位和初始化。

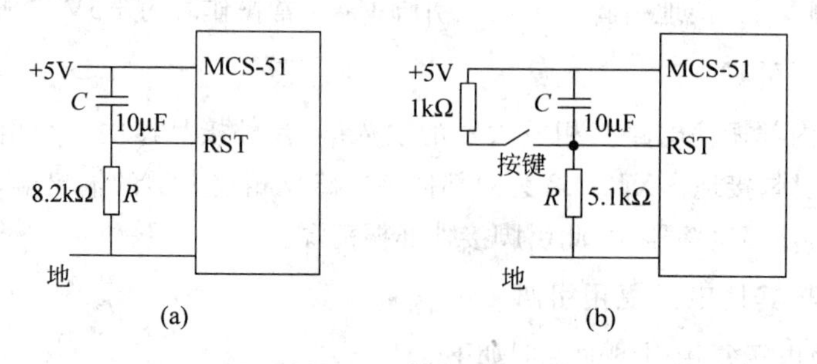

图 3-17 复位电路

在振荡运行的情况下，要实现复位操作，必须使 RST 引脚至少保持两个机器周期(24 个振荡器周期)的高电平。CPU 在第二个机器周期内执行内部复位操作，以后每一个机器周期重复一次，直至RST端电平变低。复位期间不产生ALE及$\overline{PSEN}$信号。内部复位操作使堆栈指示器SP为07H，各端口都为1(P0～P3口的内容均匀0FFH)，特殊功能寄存器都复位为0，但不影响RAM的状态。当RST引脚返回低电平以后，CPU从00H地址开始执行程序。复位后，各内部寄存状态如表3-9所示。

表3-9 内部寄存状态

寄存器	内 容	寄存器	内 容
PC	0000H	TMOP	00H
ACC	00H	TCON	00H
B	00H	TH0	00H
PSW	00H	TL0	00H
SP	07H	TH1	00H
DPTR	0000H	TL1	00H
P0～P3	0FFH	SCON	00H
IP	×××00000	SBUF	不定
IE	0××00000	PCON	0×××××××

如图3-17(a)所示为加电自动复位电路。加电瞬间，RST端的电位与V_{CC}相同，随着RC电路充电电流的减小，RST的电位下降，只要RST端保持10ms以上的高电平就能使MCS-51单片机有效地复位。复位电路中的RC参数通常由实验调整。当振荡频率选用6MHz时，C选22μF，R选1kΩ，便能可靠地实现加电自动复位，若采用RC电路接斯密特电路的输入端，斯密特电路输出端接MCS-51和外围电路的复位端，能使系统可靠地同步复位。如图3-17(b)所示为人工复位电路。

复位电路在实际应用中很重要，不能可靠复位会导致系统不能正常工作，所以现在有专门的复位电路，如810系列。这种类型的器件不断有厂家推出更好的产品，如将复位电路、电源监控电路、看门狗电路、串行E^2PROM存储器全部集成在一起的电路，有的可单独使用，有的可只用部分功能，用户可以根据具体实际情况灵活选用。

讨论与思考

用软件仿真观察各种CPU芯片结构，总结归纳它们的异同。

第 4 章 chapter 4

MCS-51单片机的指令系统及仿真

计算机是高度自动化的设备，它能在程序控制下自动进行运算和事务处理，整个过程由 CPU 中的控制器控制。一般情况下，控制器按顺序自动连续地执行存放在存储器中的指令，而每一条指令执行某种操作。计算机能直接识别的只是由 0 和 1 编码组成的指令，也称为机器语言指令。这种编码称为机器码，而由机器码编制的计算机能识别和执行的程序称为目的程序，这些程序均由指令组成。下面具体讨论 MCS-51 指令系统。

4.1 MCS-51 单片机的指令系统概述

MCS-51 单片机指令系统有 42 种助记符，这些助记符代表了 33 种操作功能，这是因为某些功能可以有几种助记符，例如数据传送的助记符有 MOV、MOVC、MOVX。指令功能助记符与操作数各种可能的寻址方式相结合，构成 111 种指令。在这 111 种指令中，如果按字节分类，则有单字节指令 49 条、双字节指令 45 条、三字节指令 17 条。如果根据指令执行的时间分类，则有单机器周期（12 个振荡器周期）指令 64 条、双机器周期指令 45 条、两条（乘、除）4 机器周期指令。在 12MHz 晶振的条件下，分别为 1μs、2μs 和 4μs。按指令的功能分类，MCS-51 单片机指令系统可分为下列 5 类。

（1）数据传送类。

（2）算术运算类。

（3）逻辑操作类。

（4）位操作类。

（5）控制转移类。

单片机的每一条指令包含操作码和操作数两个基本部分。其中，操作码表明指令要执行的操作性质；操作数表明参与操作的数据或存放数据的地址。

根据指令编码长短的不同，MCS-51 机器语言指令有单字节指令、双字节指令和三字节指令 3 种格式。

1. 单字节指令

单字节指令格式由 8 位二进制编码表示，有两种形式。

(1) 8 位二进制编码全部表示操作码。例如,空操作指令 NOP 的机器码为:

0 0 0 0 0 0 0 0

(2) 8 位二进制编码中包含操作码和寄存器编码。例如:

```
MOV  A,Rn
```

以上指令的功能是将寄存器 Rn(n=0,1,2,3,4,5,6,7)中的内容送到累加器 A 中,其机器码为:

1 1 1 0 1	←Rn→
操作码	寄存器编码

假设 n=0,则寄存器编码为 Rn=000(参见 4.2 节指令说明),从而指令“MOV A,R0”的机器码为 E8H,其中操作码 11101B 表示执行将寄存器中的数据传送到 A 中的操作。

2. 双字节指令

在双字节指令格式中,指令的编码由两个字节组成,该指令存放在存储器中时需占用两个存储器单元。例如:

```
MOV  A,#DATA
```

以上指令的功能是将立即数 DATA 送到累加器 A 中。假设立即数 DATA=85H,则其机器码如下:

第一字节	0 1 1 1 0 1 0 0	操作码
第二字节	1 0 0 0 0 1 0 1	操作数(立即数 85H)

3. 三字节指令

三字节指令格式中的第一个字节为操作码,后两个字节为操作数。例如:

```
MOV  direct,#DATA
```

以上指令将立即数 DATA 送到地址为 direct 的单元中。假设 direct=78H,DATA=80H,则“MOV 78H,#80H”指令的机器码如下:

第一字节	0 1 1 1 0 1 0 1	操作码
第二字节	0 1 1 1 1 0 0 0	第一操作数(目的地址)
第三字节	1 0 0 0 0 0 0 0	第二操作数(立即数)

用二进制编码表示的机器语言指令由于不便阅读理解和记忆,因此在微机控制系统中采用汇编语言(用助记符和专门的语言规则表示指令的功能和特征)指令来编写程序。

一条汇编语言指令中最多包含4个区段，格式如下所示：

```
[标号:] 操作码助记符 [目的操作数][,源操作数]  [;注释]
```

例如，把立即数F0H送累加器的指令如下：

```
START：  MOV   A,#0F0H  ;   立即数F0H→A
```

标号区段由用户定义的符号组成，必须以英文大写字母开头，并且可缺省。如果一条指令中有标号区段，其中的标号就代表该指令第一个字节所存放的存储器单元的地址，因此标号又称为符号地址。在汇编时，把该地址赋给标号。

操作码区段是指令要操作的数据信息。根据指令的不同功能，可以有三个、两个、一个操作数，或没有操作数。在上例中，操作数区段包含两个操作数A和#0F0H，它们之间由逗号分隔。其中，第二个操作数为立即数F0H，它是用十六进制数表示的以字母开头的数据，为区别于操作数区段中出现的字符，在以字母开头的十六进制数据前面都要加0，因此将立即数F0H写成0F0H(其中的H表示此数为十六进制数。此外，用B表示二进制数，用D或省略表示十进制数)。

注释区段可缺省，该区段对程序功能无任何影响，只用来对指令或程序段作简要的说明，便于其他人阅读，在调试程序时也会带来很多方便。

值得注意的是，汇编语言程序不能被计算机直接识别并执行，必须经过一个中间环节将其翻译成机器语言程序，这个中间过程称为汇编。汇编有两种方式：机器汇编和手工汇编。机器汇编是用专门的汇编程序在计算机上进行翻译；手工汇编是编程员把汇编语言指令通过查指令表逐条翻译成机器语言指令。现在主要使用机器汇编，但有时也要用到手工汇编。

4.2 寻址方式

在带有操作数的指令中，数据可能就在指令中，也有可能在寄存器或存储器中，甚至可能在I/O口中。如果这些设备内的数据执行正确的操作，就要在指令中指出其地址。寻找操作数地址的方法称为寻址方式，寻址方式的多少及寻址功能强弱是反映指令系统性能优劣的重要指标。

MCS-51单片机指令系统的寻址方式有下列几种。

(1) 立即寻址。

(2) 直接寻址。

(3) 寄存器寻址。

(4) 寄存器间接寻址。

(5) 基址寄存器加变址寄存器间接寻址。

(6) 相对寻址。

(7) 位寻址。

1. 立即寻址

在立即寻址方式中，操作数包含在指令字节中，指令操作码后面字节中的内容就是操作数本身。在汇编指令中，如果在一个数的前面加上"#"符号作为前缀，就表示该数为立即寻址。例如：

```
机器码          助记符                注释
74  70        MOV A,#70H           ; 70H→A
```

该指令的功能是将立即数70H送入累加器A，这条指令为双字节指令，操作数本身70H跟在操作码74H后面，以指令形式存放在程序存储器内。

另外，在MCS-51单片机指令系统中还有一条立即数为双字节的指令。具体如下：

```
机器码          助记符                注释
90 82 00      MOV  DPTR,#8200H     ; 82H→DPH,00H →DPL
```

这条指令存放在程序存储器中，占3个存储单元。

2. 直接寻址

在指令中含有操作数的直接地址，该地址指出了参与操作的数据所在的字节地址或位地址。

直接寻址方式中操作数存储的空间有3种。

(1) 数据存储器的低128位字节单元(00H～7FH)。例如：

```
MOV  A,70H                   ; (70H)→A
```

以上指令的功能是把内部RAM 70H单元中的内容送入累加器A。

(2) 位地址空间。例如：

```
MOV  C,00H                   ; 直接位 00H 内容→进位位
```

(3) 功能寄存器。特殊功能寄存器只能用直接寻址方式进行访问，例如：

```
MOV  IE,#85H                 ; 立即数 85H→中断允许寄存器 IE
```

IE为特殊功能寄存器，其字节地址为A8H。在访问SFR时，一般可在指令中直接使用该寄存器的名字来代替地址。

3. 寄存器寻址

由指令指出某一个寄存器中的内容作为操作数，这种寻址方式称为寄存器寻址。寄存器寻址按所选定的工作寄存器R0～R7进行操作，指令机器码低3位的8种组合000、001、…、110、111分别指明所用的工作寄存器R0、R1、…、R6、R7。如"MOV A,Rn(n=0～7)"，这8条指令对应的机器码分别为E8H～EFH。例如：

```
INC  R0                      ; (R0) + 1→R0
```

以上指令的功能是对寄存器R0进行操作，使其内容加1。

4. 寄存器间接寻址

由指令指出某一个寄存器的内容作为操作数的地址，这种寻址方式称为寄存器间接

寻址。需要注意的是：在寄存器间接寻址方式中，存放在寄存器中的内容不是操作数，而是操作数所在的存储器单元的地址，寄存器起地址指针的作用。寄存器间接寻址用符号“@”表示。

寄存器间接寻址只能使用寄存器 R0 或 R1 作为地址指针来寻址内部 RAM(00H～FFH)中的数据。寄存器间接寻址也适用于访问外部 RAM，此时可使用 R0、R1 或 DPTR 作为地址指针。例如：

```
MOV  A,@R0                    ;((R0))→A
```

该指令的功能是把 R0 所指出的内部 RAM 单元中的内容送入累加器 A。如果 R0 内容为 60H，而内部 RAM60H 单元中的内容是 3BH，则指令“MOV A,@R0”的功能是将 3BH 这个数送到累加器 A 中，如图 4-1 所示。

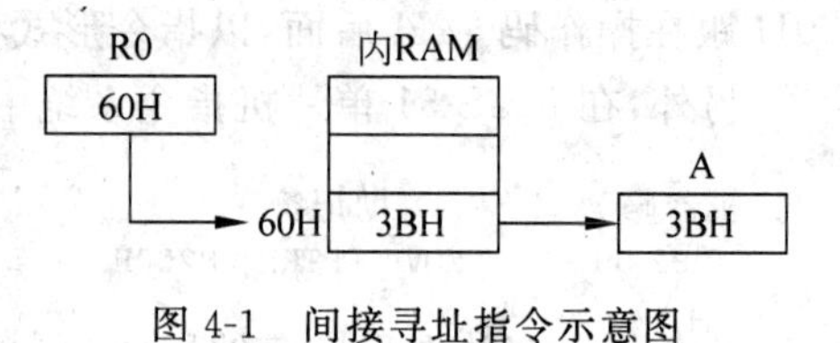

图 4-1 间接寻址指令示意图

5. 基址寄存器加变址寄存器间接寻址

这种寻址方式用于访问程序存储器中的数据表格，它把基址寄存器(DPTR 或 PC)和变址寄存器 A 的内容作为无符号数相加形成 16 位的地址，访问程序存储器中的数据表格。例如：

```
MOVC  A,@A+DPTR               ;((DPTR)+(A))→A
MOVC  A,@A+PC                 ;((PC)+(A))→A
```

A 中为无符号数，该指令的功能是将 A 的内容和 DPTR 或当前 PC 的内容相加得到程序存储器的有效地址，把该存储器地址中的内容送到 A。

6. 相对寻址

这种寻址方式是以当前 PC 的内容作为基地址，与指令中给定的偏移量相加，将得到的结果作为转移地址，它只适用于双字节转移指令。偏移量是带符号数，范围为－128～＋127，用补码表示。例如：

```
JC  rel                       ;C=1 跳转
```

第一字节为操作码，第二字节就是相对于程序计数器 PC 当前地址的偏移量 rel。如果转移指令操作码存放在 1000H 单元中，偏移量存放在 1001H 单元中，则该指令执行后，PC 为 1002H。如果偏移量 rel 为 05H，则转移到的目标地址为 1007H，即当 C＝1 时，将执行 1007H 单元中的指令。

7. 位寻址

位地址表示一个可进行位寻址的单元，它或者在内部 RAM 中(字节 20H～2FH)，或者是一个硬件的位。有两种方法在一个操作数中表示一个位地址。

用一个 DATA 类型地址规定一个含有该位的字节，并用位选择符号“.”后跟一个位识别符(0～7)来单独指出该字节中特定的位。例如，PSW0.3、21H.0 和 ACC.7 是位选择符的有效用法。可以用一个汇编时的表达式表达该字节地址或该位识别符。汇编程序会把它翻译成正确的绝对值或可重新定位值。注意，仅片内地址空间的某些字节可作位寻址。

下面将根据指令的功能特性进行分类介绍。在介绍之前，先对描述指令的一些符号作简单说明。

(1) R*n*：表示当前工作寄存器区中的工作寄存器，*n* 取 0～7，表示 R0～R7。

(2) Direct：8 位内部数据存储单元地址，它可以是一个内部数据 RAM 单元(0～127)或特殊功能寄存器地址或地址符号。

(3) @Ri：通过寄存器 R1 或 R0 间接寻址的 8 位内部数据 RAM 单元(0～255)，i=0 或 1。

(4) #data：指令中的 8 位立即数。

(5) #data16：指令中的 16 位立即数。

(6) Addr16：16 位目标地址，用于 LCALL 和 LJMP 指令，可指向 64KB 程序存储器地址空间的任何位置。

(7) Addr11：11 位目标地址，用于 ACALL 和 AJMP 指令，转至当前 PC 所在的同一个 2KB 程序存储器地址空间内。

(8) Rel：补码形式的 8 位偏移量，用于相对转移和所有条件转移指令中。偏移量相对于当前 PC 计算，在 −128～+127 范围内取值。

(9) DPTR：数据指针，用做 16 位的地址寄存器。

(10) A：累加器，累加器 A 是一个能反复使用的特殊功能寄存器。

(11) B：特殊功能寄存器，专门用于乘(MUL)和除(DIV)指令中。

(12) C：进位标志或进位位。

(13) Bit：内部数据 RAM 或部分特殊功能寄存器里的可寻址位的位地址。

(14) $\overline{\text{bit}}$：表示对该位操作数取反。

(15) (X)：X 中的内容。

(16) ((X))：表示以 X 单元的内容为地址的存储器单元内容，即(X)作为地址，该地址单元的内容用((X))表示。

4.3 数据传送类指令及仿真

数据传送指令一般的操作是把源操作数传送到指令所指定的目标地址。指令执行后，源操作数不变，目的操作数被源操作数所代替。数据传送是一种最基本的操作，而数据传送指令是编程时使用最频繁的指令，其性能对整个程序的执行效率起很大的作用。在 MCS-51 指令系统中，数据传送指令非常灵活，它可以把数据方便地传送到数据存储器和 I/O 口中。

数据传送类指令用到的助记符有 MOV、MOVX、MOVC、XCHD、PUSH 和 POP。数据传送类指令中源操作数和目的操作数的寻址方式及传送路径如图 4-2 所示。数据传送类指令如表 4-1 所示。

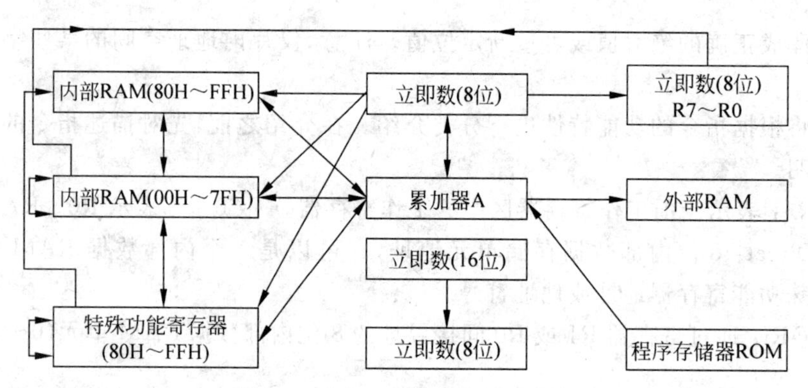

图 4-2 MCS-51 传送指令示意图

表 4-1 数据传送类指令

指令助记符（包括寻址方式）	说明		字节数	周期数
MOV A,Rn	寄存器内容送累加器	A←(Rn)	1	1
MOV A,direct	直接寻址字节内容送累加器	A←(direct)	2	1
MOV A,@Ri	间接 RAM 送累加器	A←((Ri))	1	1
MOV A,#data	立即数送累加器	A←#data	2	1
MOV Rn,A	累加器送寄存器	Rn←(A)	1	1
MOV Rn,direct	直接寻址字节送寄存器	Rn←(direct)	2	2
MOV Rn,#data	立即数送寄存器	Rn←#data	2	1
MOV direct,A	累加器送直接寻址字节	direct←A	2	1
MOV direct,Rn	寄存器送直接寻址字节	direct←(Rn)	2	2
MOV direct1,direct2	直接寻址字节送直接寻址字节	direct1←(direct2)	3	2
MOV direct,@Ri	间接 RAM 送直接寻址字节	direct←((Ri))	2	2
MOV direct,#data	立即数送直接寻址字节	direct←#data	3	2
MOV @Ri,A	累加器送片内 RAM	(Ri)←A	1	1
MOV @Ri,direct	直接寻址字节送片内 RAM	(Ri)←(direct)	2	2
MOV @Ri,#data	立即数送片内 RAM	(Ri)←#data	2	1
MOV DPTR,#data16	16 位立即数送数据指针	DPTR←#data16	3	2
MOVC A,@A+DPTR	变址寻址字节送累加器(相对 DPTR)	A←((A)+(DPTR))	1	2
MOVC A,@A+PC	变址寻址字节送累加器(相对 PC)	A←((A)+(PC))	1	2
MOVX A,@Ri	片外 RAM 送累加器(8 位地址)	A←((Ri))	1	2
MOVX A,@DPTR	片外 RAM(16 位地址)送累加器	A←((DPTR))	1	2
MOVX @Ri,A	累加器送片外 RAM(8 位地址)	((Ri))←A	1	2
MOVX @DPTR,A	累加器送片外 RAM(16 位地址)	((DPTR))←A	1	2
PUSH direct	直接寻址字节压入栈顶	SP←(SP)+1,(SP)←(direct)	2	2
POP direct	栈顶弹至直接寻址字节	direct←((SP)),SP←(SP)－1	2	2
XCH A,Rn	寄存器与累加器交换	(A)←→(Rn)	1	1
XCH A,direct	直接寻址字节与累加器交换	(A)←→(direct)	2	1
XCH A,@Ri	片内 RAM 与累加器交换	(A)←→((Ri))	1	1
XCHD A,@Ri	片内 RAM 与累加器低 4 位交换	(A)3－0←→((Ri))3－0	1	1

传送指令可以在 QTH 仿真软件中仿真。仿真方法是：建立一个新文件，将每一条指令输入文件中作为程序。仿真的目的是研究每一条指令的作用，特别是较难懂的

“MOV A,@Ri”、“MOVX DPTR,#data16”、“MOVX A,@DPTR”、“PUSH direct”、“POP direct”指令。下面通过具体仿真理解这些指令。51系列单片机数据传送指令共有28条,分为内部数据传送指令、外部数据传送指令、堆栈操作指令和数据交换指令。

4.3.1 内部数据传送指令

这类指令的源操作数和目的操作数地址都在单片机内部。按照寻址方式,内部数据传送指令又可分为寄存器寻址型、直接寻址型、寄存器间址型和立即寻址型4类。

1. 寄存器寻址型传送指令

(1) 指令功能解释

这类指令有如下3条。

```
MOV  A,Rn
MOV  Rn, A
MOV  direct ,Rn
```

第1条指令功能是将工作寄存器Rn中的数据送累加器A中。用符号表示为:A←(Rn)。

第2条指令功能是将工作寄存器中A的数据送累加器Rn中。用符号表示为:(Rn)←A。

第3条指令功能是将工作寄存器Rn中的数据送到以direct为地址的RAM单元中。用符号表示为:direct←(Rn)。

(2)“MOV A,Rn”仿真

该指令可根据Rn(n=0~7),分解成8条指令,具体分解如下。

```
MOV  A,R0
MOV  A,R1
MOV  A,R2
MOV  A,R3
MOV  A,R4
MOV  A,R5
MOV  A,R6
MOV  A,R7
```

将此8条指令作为程序,在QTH模拟调试器的程序窗口中输入,组成完整程序时,开头要用“ORG 0000H”这句指定程序在寄存器中存储的位置,用END结束程序。输入完后,进行汇编调试。调试时由于R0~R7默认值对应内存00H~07H,仿真时可以在图4-3的REG页或RAM页中输入数据,还可以在图4-3的Data页中输入数据,但只要在这3种页面中的任何一种中输入数据,其他两种中都有同样数据。这条指令的功能是将R中的数据送到A,仿真时在R0中输入01H;在R1中输入02H;在R2中输入03H;在R3中输入04H;在R4中输入05H;在R5中输入06H;在R6中输入07H;在R7中输入08H,如图4-3所示。输入后,用单步运行,观察A中的值,每运行一步,A中的值改变一次,分别由01H~08H改变。由此可见该条指令的功能是将Rn中的数据传送到A中,上述过程也是编程调试的全过程。程序编写好后不知对或错,只有通过调试才能确定程序的正确性。这是基本方法，一定要掌握。由于汇编语言每一条都有固定的机器语言对应，而且最精简，容易逐条逐句查错，也可逐条逐单元一一对照核查，有时还要计算指令运行时间，特别是运行时序要求较高的芯片，常用这些调试方法。这也是汇编语言最大的优点。

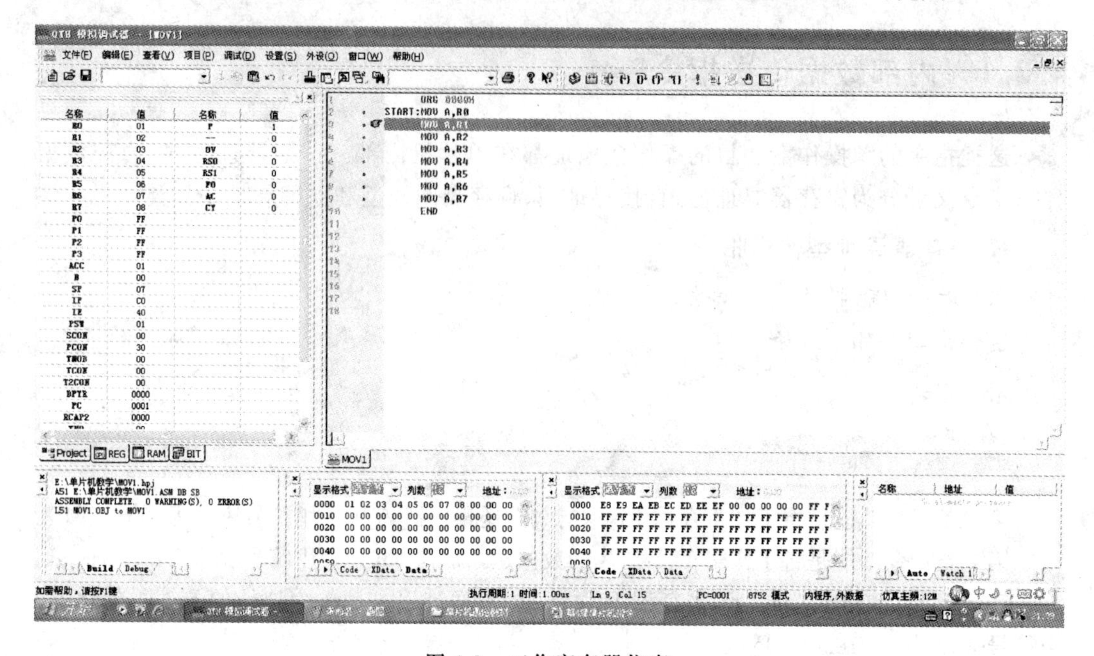

图 4-3 工作寄存器仿真

下面对“MOV A,Rn”指令进行仿真。由于 R0～R7 分为 4 组，由特殊功能寄存器 PSW 的 PSW.3、PSW.4 设定，下面程序为第 1 区。

```
ORG    0000H
SETB   PSW.3
CLR    PSW.4   ; 选定第 1 区
MOV    A,R0
MOV    A,R1
MOV    A,R2
MOV    A,R3
MOV    A,R4
MOV    A,R5
MOV    A,R6
MOV    A,R7
END
```

调试时，光带运行到第 4 条指令后，再在 08H～0FH 输入 01H～08H，单步运行，观察 A 中数据变化情况。逐次单步运行时，A 中值的应该从 01H 变到 08H。

下面程序为第 2 区。

```
ORG    0000H
SETB   PSW.4
CLR    PSW.3   ; 选定第 2 区
```

```
MOV   A,R0
MOV   A,R1
MOV   A,R2
MOV   A,R3
MOV   A,R4
MOV   A,R5
MOV   A,R6
MOV   A,R7
END
```

调试时，光带运行到第4条指令后，再在10H～17H输入01H～08H，单步运行，观察A中数据变化情况。逐次单步运行时，A中的值应该从01H变到08H。

下面程序为第3区。

```
ORG   0000H
SETB  PSW.3
SETB  PSW.4   ；选定第3区
MOV   A,R0
MOV   A,R1
MOV   A,R2
MOV   A,R3
MOV   A,R4
MOV   A,R5
MOV   A,R6
MOV   A,R7
END
```

调试时，光带运行到第4条指令后，再在18H～1FH输入01H～08H，单步运行，观察A中数据变化情况。逐次单步运行时，A中的值应该从01H变到08H。

同样可以仿真"MOV Rn,A"和"MOV direct,Rn"指令。

2. 直接寻址型传送指令

(1) 指令功能解释

这类指令有如下5条。

```
MOV  A,direct
MOV  direct,A
MOV  Rn,direct
MOV  @Ri,direct
MOV  direct,direct
```

第1条指令功能是将直接地址direct(片内RAM,00H～7FH)单元中的数据送累加器A中。用符号表示为：A←(direct)。

第2条指令功能是将累加器A中的数据送直接地址direct单元中。用符号表示为：direct←A。

第3条指令功能是将直接地址directRAM单元中的数据送到工作寄存器Rn中。用符号表示为：Rn←(direct)。

第4条指令功能是将直接地址directRAM单元中的数据送到工作寄存器Ri指定的

地址单元中。用符号表示为：(Ri)←(direct)。

第5条指令功能是将直接地址directRAM单元中的数据送到直接地址direct单元中。用符号表示为：direct←(direct)。

(2) "MOV A,direct"仿真

此指令为直接寻址方式指令，直接地址(direct)是指RAM中的00H～7FH的128个单元。通常用30H～7FH的80个单元。所以此指令可派生出80条指令，分别可表示为，"MOV A,30H"、…、"MOV A,7FH"。仿真时，在调试器的程序窗口中输入下面的程序。

```
ORG 0000H
NOP
MOV A,30H
NOP
END
```

程序中加入空操作指令NOP是为了调试时观察得更清楚，因为不加NOP调试时，光带一开始就在"MOV A,30H"指令上，加了NOP后，光带就落在NOP上，再在30H单元中输入数据，例如输入08H，单步运行，A中数据应为08H。同样可以仿真"MOV direct,A"等指令。

仿真"MOV Rn,direct"时，在调试器的程序窗口中输入"MOV R2,40H"，仿真时在40H单元中输入数值66H，仿真运行后R2中的值变为66H。同样可仿真其他指令。

3. 寄存器间址型传送指令

(1) 指令功能解释

这类指令有如下3条。

```
MOV  A,@Ri
MOV  @Ri,A
MOV  direct,@Ri
```

第1条指令功能是将工作寄存器Ri指定的地址单元中的数据送累加器A中。用符号表示为：A←((Ri))。

第2条指令功能是将累加器A中的数据送到工作寄存器Ri指定的地址单元中。用符号表示为：(Ri)←A。

第3条指令功能是将工作寄存器Ri指定的地址单元中的数据送到直接地址direct单元中。用符号表示为：direct←((Ri))。

(2) "MOV A,@Ri"仿真

"MOV A,@Ri"指令是间接寻址指令，它是将R0指定的RAM单元中的内容送到A中，所以该指令必须与"MOV Rn,#data"连用。因为i=0或1，所以"MOV A,@Ri"只能分成两条指令，即"MOV A,@R0"和"MOV A,@R1"。下面是指令使用方法。

```
ORG  0000H
NOP
MOV  R0,#30H
MOV  A,@R0
```

```
NOP
END
```

仿真时在如图 4-3 所示的调试器程序窗口中输入以上指令，在程序开头和结尾加进空操作，是为了仿真更清楚。汇编进入调试状态后，在 RAM 内存空间 30H 单元中输入 08H，单步运行程序，运行第 3 句将 30H 送入 R0 中，图 4-3 中的 R0 数据变为 30H，运行第 4 句将 30H 中的 08H 送入 A 中，图 4-3 的 REG 页中的 A 数据变为 08H。同样可以仿真“MOV @R0，A”指令。

```
ORG  0000H
NOP
MOV  R0,#30H
MOV  @R0 ,A
NOP
END
```

仿真时在 REG 页的 A 中输入数据 09H，单步运行后 30H 单元中的内容变为 09H。

4. 立即寻址型传送指令

(1) 指令功能解释

这类指令有如下 4 条。

```
MOV  A,#data
MOV  Rn,#data
MOV  @Ri,#data
MOV  direct,#data
```

第 1 条指令功能是将立即数据 #data 送到累加器 A 中。用符号表示为：A←#data。

第 2 条指令功能是将立即数据 #data 送到工作寄存器 Rn 中。用符号表示为：Rn←#data。

第 3 条指令功能是将立即数据 #data 送到工作寄存器 Ri 指定的地址单元中。用符号表示为：(Ri)←#data。

第 4 条指令功能是将立即数据 #data 送到直接地址 direct 单元中。用符号表示为：direct←#data。

(2) 指令仿真

仿真“MOV direct，#data”时，在调试器的程序窗口中输入“MOV 50H，#88H”，仿真运行后 50H 中的值变为 88H。同样可仿真其他指令。

5. 传送指令应用

(1)“读内存(RAM)”程序

有如下程序。

```
ORG  0000H
NOP
MOV  R0,#30H
```

```
MOV  A,@R0
NOP
END
```

仿真后的结果是将30H中的内容送入A中，所以常将此称为“读内存(RAM)”。读内存还可以用“MOV A, direct”指令。

```
ORG  0000H
NOP
MOV  A,40H
NOP
END
```

仿真时，在40H单元中输入数值88H，单步运行后，A中数据为88H。读内存还可以用“MOV Rn, direct”指令。

```
ORG  0000H
NOP
MOV  R4,30H
MOV  A , R4
NOP
END
```

仿真时，在30H单元中输入88H数值，单步运行后，A中数据为88H。

(2) “写内存(RAM)”程序

有如下程序。

```
ORG  0000H
NOP
MOV  R0,#30H
MOV  @R0 ,A
NOP
END
```

仿真后的结果是将A中的内容送入30H中，所以常将此称为“写内存(RAM)”。写内存还可以用“MOV direct, A”指令。

```
ORG 0000H
NOP
MOV 40H , A
NOP
END
```

仿真时，在A中输入数据88H，单步运行后，40H单元中的数值应为88H。写内存还可以用“MOV direct, Rn”指令。

```
ORG  0000H
NOP
MOV  R4 , A
MOV  30H ,R4
```

```
NOP
END
```

仿真时，在 A 中输入数据 88H，单步运行后，40H 单元中的数值应为 88H。

(3) 将内存(RAM)单元中的内容互相传递

【例 4-1】 试编写程序将内存(RAM)30H 单元中的数据传到 40H 单元中。

解：方法 1：用“MOV direct1,direct2”指令。

```
ORG  0000H
NOP
MOV  40H ,30H
NOP
END
```

方法 2：用“MOV direct,@Ri”指令。

```
ORG  0000H
NOP
MOV  R0, #30H
MOV  40H ,@R0
NOP
END
```

方法 3：用“MOV A,@Ri”指令。

```
ORG  0000H
NOP
MOV  R0, #30H
MOV  A ,@R0
MOV  R1, #40H
MOV  @R1, A
NOP
END
```

方法 4：用“MOV A,direct”指令。

```
ORG  0000H
NOP
MOV  A,30H
MOV  40H,A
NOP
END
```

方法 5：用“MOV Rn,direct”指令。

```
ORG  0000H
NOP
MOV  R4,30H
MOV  40H,R4
NOP
END
```

综上所述，将指令有机组合，完成一个任务，这就是编程。编程方法多样，没有统一的方法和规律可言，这就是程序编写的主要特征之一。

4.3.2 外部数据传送指令

这类指令解决了外部16位地址单元中的数据读入和写入问题。可分为16位数传送指令、外部ROM的字节传送指令和外部RAM的字节传送指令3类。

1. 16位数传送指令

(1) 指令功能解释

51系列单片机指令系统中，只有唯一的一条16位数据传送指令。该指令格式为：

```
MOV   DPTR,#data16
```

该指令功能是将指令码中16位立即数据#data16送入DPTR，其高8位送入DPH，低8位送入DPL。在编程时可以用“MOV DPH，#data”和“MOV DPL，#data”两条取代这一条指令。用符号表示为：DPTR←#data16。

(2) 指令仿真

仿真“MOV DPTR，#data16”时，在调试器的程序窗口中输入“MOV DPTR，#2000H”，仿真运行后DPTR中的值变为2000H。也可输入“MOV DPH，#20H”、“MOV DPL，#00H”，仿真运行后DPTR中的值变同样为2000H。

2. 外部ROM的字节传送指令

(1) 指令功能解释

这类指令可以实现外部ROM和累加器A之间的数据传送。指令格式为：

```
MOVX  A,@DPTR
MOVX  @DPTR,A
MOVX  @Ri,A
MOVX  A,@Ri
```

执行第1条指令时，P3.7引脚上输出$\overline{RD}$有效信号，用做外部数据存储器的读选通信号。DPTR所包含的16位地址信息由P0口(低8位)和P2口(高8位)输出，选中单元的数据由P0口输入到累加器，P0口作分时复用的数据总线。用符号表示为：A←((DPTR))。

执行第2条指令时，P3.6引脚上输出$\overline{WR}$有效信号，用做外部数据存储器的写选通信号。DPTR所包含的16位地址信息由P0口(低8位)和P2口(高8位)输出，累加器的内容由P0口输出，P0口作为分时复用数据总线。用符号表示为：((DPTR))←A。

执行第3条指令时，P3.6引脚上输出$\overline{WR}$有效信号，用做外部数据存储器的写选通信号。P0口分时输出由Ri指定的低8位地址及输入外部数据存储器单元的内容，高8位地址由P2口输出。用符号表示为：((Ri)+(P2))←(A)，i=0,1。

执行第4条指令时，P3.7引脚输出$\overline{RD}$有效信号，用做外部数据存储器的读选通信号。Ri所包含的低8位地址由P0口输出，而高8位地址由P2口输出。选中单元的数据由P0口输入到累加器。用符号表示为：A←((Ri)+(P2))，i=0,1。

(2) 指令仿真

仿真以上 4 条指令时，要查看外部存储器。

【例 4-2】 试编程将外部数据存储器 2097H 单元的数据读入 A 中。

解：

```
ORG   0000H
NOP
MOV   P2, #30H
MOV   R0, #10H
MOVX  A,@R0
NOP
END
```

仿真时，在 3010H 单元中输入数据，输入方法是：单击 3010 单元，弹出右键菜单，如图 4-4 所示，选择“放置相同数据”命令，弹出如图 4-5 所示数据对话框，输入 3010、3011 和数据 33H 后，单击“开始”按钮，再单击“返回”按钮，输入数据显示在对话框中，输入数据成功。注意不能单个单元输入。

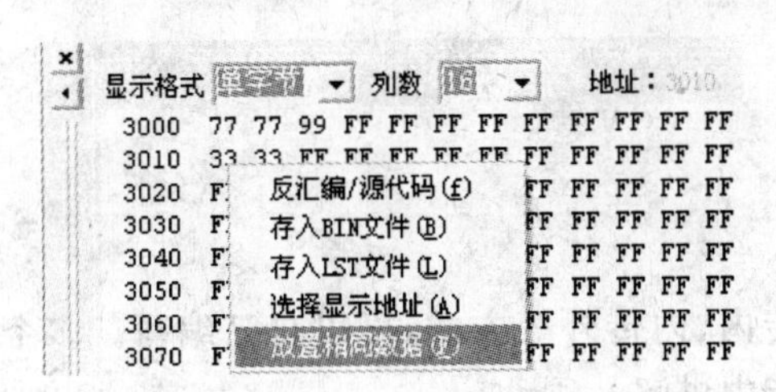

图 4-4 外存单元数据输入弹出菜单

图 4-5 放置相同数据对话框

(3) 应用举例

① 读外存。“MOV DPTR,#data16”指令，是 16 位目标地址指令，它将 16 位目标地址的数值送入 16 位地址寄存器(DPTR)中。该指令一般与“MOVX A,@DPTR”连用，组成读(读盘)外存数值指令。仿真时在如图 4-3 所示的窗口中输入“MOV DPTR,#3000H”和“MOVX A,@DPTR”指令，即：

```
ORG   0000H
NOP
MOV   DPTR, #3000H
MOVX  A,@DPTR
NOP
END
```

汇编进入调试状态后，在外存空间 XData 页中按图 4-5 的方法，在 3000H 单元中输入 08H，单步运行程序，运行第 3 句将 3000H 送入 DPTR 中，如图 4-3 所示左边窗口中 DPTR 的数据变为 3000H，运行第 4 句将 3000H 中的 08H 送入 A 中，图 4-3 左边窗口中的 A 数据变为 08H。

② 写外存。“MOVX DPTR,＃data16”指令与“MOVX @DPTR,A”连用,组成写(存盘)外存数值指令。仿真时在如图 4-3 所示的窗口中输入如下程序:

```
ORG   0000H
NOP
MOV   DPTR,＃3010H
MOVX  @DPTR , A
NOP
END
```

汇编进入调试状态后,在 A 中输入 88H,单步运行程序,A 中的 88H 送入 3010H 中。在外存空间 XData 页中查看。

③ 将外存单元中的内容互相传递。

【例 4-3】 试编写程序将外存 3000H 单元中的数据传到 3010H 单元中。

解:

```
ORG   0000H
NOP
MOV   DPTR , ＃3000H
MOVX  A  @DPTR
MOV   DPTR , ＃4000H
MOVX  @DPTR , A
NOP
END
```

一个单元中的数据传送有内传内、外传内、内传外等方式,可以自己编写。多个单元的数据传送,将在介绍有关程序编写的章节中讲解。

3. 外部 ROM 的字节传送指令

(1) 指令功能解释

该类指令有两条,都是变址寻址指令,因为专用于查表,所以又称为查表指令。该指令格式为

```
MOVC  A,@A + DPTR
MOVC  A,@A + PC
```

第 1 条指令以 DPTR 作为基址寄存器,累加器 A 的内容作为无符号数和 DPTR 的内容相加得到一个 16 位的地址,将该地址指向的程序存储器单元的内容送到累加器 A。用符号表示为: A←((A)+(DPTR))。

第 2 条指令以 PC 作为基址寄存器,累加器 A 的内容作为无符号数和 PC 内容(下一条指令第一字节地址)相加后得到一个 16 位的地址,将该地址指向的程序存储器单元的内容送到累加器 A。用符号表示为: A←((A)+(PC))。

(2) 指令仿真

查表指令用得较多,要完全掌握。

【例 4-4】 查表指令应用举例 1。

```
        ORG   0000H
        NOP
        MOV   DPTR, # TAB
        MOVC A,@A + DPTR
TAB:    DB    11H,22H,33H,44H,55H,66H,77H
        NOP
        END
```

仿真例 4-4 的程序时，运行第 1 句后，查看 DPTR，会发现与 TAB 指出的外部存储器地址一样。

运行第 2 条指令之前，在 A 中输入 00H 时，程序将表中数据 11H(在程序窗口 Code 页中查看)送入累加器 A 中。

运行第 2 条指令之前，在 A 中输入 01H 时，程序将表中数据 22H(在程序窗口 Code 页中查看)送入累加器 A 中。

运行第 2 条指令之前，在 A 中输入 02H 时，程序将表中数据 33H(在程序窗口 Code 页中查看)送入累加器 A 中。以此类推。

该查表指令的执行结果只与指针 DPTR 及累加器 A 的内容有关，与该指令存放的地址无关。表格大小和位置可在 64KB 程序存储器中任意安排，一个表格可被多个程序块公用。

【例 4-5】 查表指令应用举例 2。

```
        ORG   0000H
        NOP
        MOVC A,@A + PC
TAB:    DB    11H,22H,33H,44H,55H,66H,77H
        NOP
        END
```

仿真例 4-5 的程序时，运行第 1 句后，查看 PC，会发现与 TAB 所在处外部存储器 PC 地址一样。

运行第 2 条指令之前，在 A 中输入 00H 时，程序将表中数据 11H(在程序窗口 Code 页中查看)送入累加器 A 中。

运行第 3 条指令之前，在 A 中输入 01H 时，程序将程序存储器中的内容 22H(在程序窗口 Code 页中查看)送入累加器 A 中。

运行第 4 条指令之前，在 A 中输入 02H 时，程序将程序存储器中的内容 33H(在程序窗口 Code 页中查看)送入累加器 A 中。以此类推。

以上指令的优点是不改变特殊功能寄存器及 PC 的状态，并且能根据累加器 A 的内容取出表格中的常数。缺点是表格只能存放在该条查表指令后的 256 个单元之内，表格大小受到限制，并且表格只能被该段程序所使用。

4.3.3 堆栈操作指令

1. 指令功能解释

在 MCS-51 内部 RAM 中可以设定一个后进先出的区域(LIFO),称为堆栈。在特殊功能寄存器中有一个堆栈指针 SP,它指出栈顶的位置。在指令系统中有下列两条用于数据传送的栈操作指令。

```
PUSH direct
POP direct
```

第 1 条指令的功能是首先将栈指针 SP 的内容加 1,然后把直接地址指向的单元内容传送到栈指针 SP 所指向的内部 RAM 单元中。用符号表示为: SP←(SP)+1,(SP)←(direct)。

第 2 条指令的功能是将栈指针 SP 所指向的内部 RAM 单元内容送入直接地址指向的字节单元中,栈指针 SP 的内容减 1。用符号表示为: direct←((SP)),SP←(SP)-1。

执行“POP direct”指令不影响标志,但当直接地址为 PSW 时,可以使一些标志改变,这也是通过指令强行修改标志的一种方法。

2. 指令仿真

仿真时主要观察 SP 的值与压栈指令的关系,当不设定 SP 的值时,SP 的默认值为 07H。

【例 4-6】 栈指令使用举例。

```
ORG  0000H
NOP
MOV  SP,#40H
PUSH 30H
POP  60H
NOP
END
```

“PUSH direct”为压栈指令,“POP direct”为出栈指令。

仿真例 4-6 的程序时,输入“MOV SP,#40H”、“PUSH 30H”、“POP 60H”,进入调试状态后,在 30H 中输入 08H 后,单步运行程序,08H 被压入 41H 中,出栈时,08H 弹入 60H 单元中。

4.3.4 数据交换指令

数据交换指令共有 4 条,3 条字节交换指令、1 条半字节交换指令。

1. 指令功能解释

```
XCH A,Rn
XCH A, @Ri
```

```
XCH A,direct
XCHD A,@Ri
```

前3条指令的功能是将累加器A的内容和源操作数内容相互交换。源操作数有寄存器寻址、直接寻址和寄存器间接寻址等寻址方式。

第4条指令的功能是将A的低4位和R0或R1指定的RAM单元低4位相互交换，各自的高4位不变。用符号表示为：(A3～A0)⇌((Ri)3～(Ri)0)，i=0,1。

2. 指令仿真

【例4-7】 字节交换指令使用举例。

```
ORG 0000H
NOP
XCH A,40H
NOP
XCH A,R4
NOP
END
```

仿真例4-7的程序时，在40H单元中输入数据77H，在R4中输入数据88H，A中数据为00H，运行后，40H数据为00H，A中数据为77H，再运行后，R4中数据为77H，A中数据为88H。

【例4-8】 半字节交换指令使用举例。

```
ORG  0000H
NOP
MOV  R1,#30H
XCHD A,@R1
NOP
END
```

仿真例4-8的程序时，在30H单元中输入数据77H，在A中输入数据99H，运行后，30H数据为79H，A中数据为97H。

4.4 算术运算类指令及仿真

在MCS-51单片机指令系统中，具有单字节的加、减、乘、除法指令(见表4-2)，运算功能比较强。

算术运算指令执行的结果将影响进位(CY)、辅助进位(AC)和溢出标志位(OV)，但是加1和减1指令不影响这些标志。对标志位有影响的所有指令列于表4-3中，其中包括一些非算术运算的指令。

由表4-2所示可知，算术运算类可分为8组。

表 4-2 算术运算类指令

指令助记符（包括寻址方式）	说明		字节数	周期数
ADD A,Rn	寄存器内容送累加器	A←(A)+(Rn)	1	1
ADD A,direct	直接寻址送累加器	A←(A)+(direct)	2	1
ADD A,@Ri	间接寻址 RAM 到累加器	A←(A)+((Ri))	1	1
ADD A,#data	立即数到累加器	A←(A)+data	2	1
ADDC A,Rn	寄存器加到累加器(带进位)	A←(A)+(Rn)+CY	1	1
ADDC A,direct	直接寻址加到累加器(带进位)	A←(A)+(direct)+C+CY	2	1
ADDC A,@Ri	间接寻址 RAM 加到累加器(带进位)	A←(A)+((Ri))+CY	1	1
ADDC A,#data	立即数加到累加器(带进位)	A←(A)+data+CY	2	1
SUBB A,Rn	累加器内容减去寄存器内容(带借位)	A←(A)−(Rn)−CY	1	1
SUBB A,direct	累加器内容减去直接寻址(带借位)	A←(A)−(direct)−CY	2	1
SUBB A,@Ri	累加器内容减去间接寻址(带借位)	A←(A)−((Ri))−CY	1	1
SUBB A,#data	累加器内容减去立即数(带借位)	A←(A)−data−CY	2	1
INC A	累加器加 1	A←(A)+1	1	1
INC Rn	寄存器加 1	Rn←(Rn)+1	1	1
INC direct	直接寻址加 1	direct←(direct)+1	2	1
INC @Ri	间接寻址 RAM 加 1	(Ri)←((Ri))+1	1	1
INC DPTR	地址寄存器加 1	DPTR←DPTR+1	1	2
DEC A	累加器减 1	A←(A)−1	1	1
DEC Rn	寄存器减 1	Rn←(Rn)−1	1	1
DEC direct	直接寻址减 1	direct←(direct)−1	2	1
DEC @Ri	间接寻址 RAM 减 1	(Ri)←((Ri))−1	1	1
MUL AB	累加器 A 和寄存器 B 相乘	AB←(A)*(B)	1	4
DIV AB	累加器 A 除以寄存器 B	AB←(A)/(B)	1	4
DA A	对 A 进行十进制调整		1	1

表 4-3 影响标志的指令

指令	CY	标志 OV	AC
ADD	√	√	√
ADDC	√	√	√
SUBB	√	√	√
MUL	0	√	
DIV	0	√	
DA	√		
RRC	√		
RLC	√		
SETB C	1		
CLR C	0		
CPL C	√		
ANL C,bit	√		
ANL C,/bit	√		
ORL C,bit	√		
ORL C,/bit	√		
MOV C,bit	√		
CJNE	√		

注：“√”表示指令执行时对标志有影响(置位或复位)。

4.4.1 加法指令

1. 指令功能解释

加法指令有如下4条。

```
ADD  A, Rn      ; n = 0～7
ADD  A,direct
ADD  A, @Ri     ; i = 0,1
ADD  A, #data
```

这组加法指令的功能是把所指出的字节变量加到累加器A上，其结果放在累加器中。相加过程中，如果和的D7有进位(C=1)，则进位CY置1，否则清零；如果和的D3有进位，则辅助进位AC置1，否则清零；如果和的D6有进位而D7无进位，或者D7有进位D6无进位，则溢出标志OV置1，否则清零。源操作数有寄存器寻址、直接寻址、寄存器间接寻址和立即寻址等寻址方式。

程序状态字PSW如图4-6所示。

D7	D6	D5	D4	D3	D2	D1	D0
C	AC	F0	RS1	RS0	OV	—	P

图4-6 PSW状态字

(1) C——进位标志，该标志位还可表示为CY、PSW.7、D7、D0.7；

(2) AC——辅助进位标志；

(3) OV——溢出标志；

(4) P——奇偶标志。

2. 指令仿真

加法指令在运行后能自动改变以上4种标志位。下面以"ADD A,R2"为例仿真说明。

```
ORG  0000H
NOP
ADD  A,R2
NOP
END
```

仿真时，先看AC改变的情况，当低4位向高4位有进位时，AC改变。在A中输入08H，在R2中输入08H，单步运行后A中值变为10H，此时查看PSW的值为41H，该值为十六进制，转换为二进制为01000001B，与图4-6程序状态字PSW比较，可见AC为1，P为1。

OV改变的两种情况如下。

(1) 位6(D6)向位7(D7)有进位而位7(D7)不向C进位时，仿真时在A和R2中输入40H，运行后，A中值为80H，此时查看PSW的值为05H，该值为十六进制，转换为二进制为00000101B，与图4-6程序状态字PSW比较，可见OV为1，P为1，此时加数和被加数的位7(第8位)都为0。复位后在A和R2中输入C0H，运行后，A中值为80H，C为

1，此时查看 PSW 的值为 81H，该值为十六进制，转换为二进制为 10000001B，与图 4-6 程序状态字 PSW 比较，可见 OV 为 0，P 为 1。可见有进位时 OV 为 0。

(2) 位 6(D6)不向位 7(D7)进位而位 7(D7)向 C 进位时，仿真时在 A 中输入 80H，在 R2 中输入 C0H，运行后，A 中值为 40H，C 为 1，此时查看 PSW 的值为 85H，该值为十六进制，转换为二进制为 10000101B，与图 4-6 程序状态字 PSW 比较，可见 OV 为 1，P 为 1，此时加数和被加数的位 7(第 8 位)都为 1。结果为(A)＝40H，CY＝1，AC＝1，OV＝1。

结论：同符号的两数相加时，OV＝1。

【例 4-9】 编写计算 1＋2 的程序。

解：首先用“ADD A，Rn”指令，该指令是将寄存器 Rn 中的数与累加器 A 中的数相加，结果存于 A 中，这就要求先将 1 和 2 分别送到 A 和寄存器 Rn 中。Rn 有 4 组，每组有 8 个单元(R0～R7)，首先要知道 Rn 在哪组，默认值(不设定值)是第 0 组。在同一个程序中，同组中的 Rn 不能重复使用，否则会数据出错，而 A 可反复使用。明确以上规则后，可编写如下程序。

```
ORG   0000H      ; 指定下面这段程序在存储器中的首地址，必不可少的语句
MOV   R2, #02    ; 2 送 R2
MOV   A, #01     ; 1 送 A
ADD   A, R2      ; 相加，结果 3 存入 A 中
END              ; 程序结束标志，必不可少的语句
```

例 4-9 的程序编写完成后，在仿真软件中进行调试与验证。如果有错误，则反复修改程序，直到完全正确为止。

如果用“ADD A，direct”指令编程，可编写如下程序：

```
ORG   0000H
MOV   30H, #02
MOV   A, #01
ADD   A, 30H
END
```

如果用“ADD A，@Ri”指令编程，可编写如下程序：

```
ORG   0000H
MOV   R0, #02
MOV   A, #01
ADD   A, @R0
END
```

如果用“ADD A，# data”指令编程，可编写如下程序：

```
ORG   0000H
MOV   A, #01
ADD   A, #02
END
```

通过上面的例子可以看出，同一个程序有多种编写方法，思路不同，编写出来的程序也不同，但最后一个程序简洁，所以较好。以上加法程序是最简单的形式。

对于加法，溢出只能发生在两个加数符号相同的情况。在进行带符号数的加法运算

时，溢出标志 OV 是一个重要的编程标志，利用它可以判断两个带符号数相加和是否溢出，即和大于+127 或小于−128，当溢出时结果无意义。

4.4.2 带进位加法指令

1. 指令功能解释

带进位加法指令有如下 4 条。

```
ADDC  A, Rn      ; n = 0～7
ADDC  A, direct
ADDC  A, @Ri     ; i = 0,1
ADDC  A, #data
```

以上带进位加法指令的功能是将所指出的字节变量、进位标志与累加器 A 内容相加，结果保留在累加器中。进位标志与溢出标志的影响与 ADD 指令相同。

2. 指令仿真

仿真时与不带进位加法一样。自己仿真调试，完全掌握使用方法。

4.4.3 增量指令

1. 指令功能解释

增量指令有 5 条。

```
INC  A
INC  Rn       ; n = 0～7
INC  direct
INC  @Ri   ; i = 0,1
INC  DPTR
```

这组增量指令的功能将指定的变量加 1。如果原来的数据为 0FFH，执行后为 00H，则不影响任何标志。操作数有寄存器寻址、直接寻址和寄存器间接寻址方式。

注意：当用该指令修改输出口 Pi（即指令中的 direct 为端口 P0～P3，地址分别为 80H，90H，A0H，B0H）时，其功能是修改出口的内容。指令执行过程中，首先读入端口的内容，然后在 CPU 中加 1，继而输出到端口。此时读入端口的数据来自端口的锁存器而不是端口的引脚。

2. 指令仿真

仿真时与加法一样。自己仿真调试，完全掌握使用方法。

4.4.4 十进制调整指令

1. 指令功能解释

调整指令如下：

```
DA  A
```

这条指令是对累加器参与的BCD码加法运算所获得的8位结果(在累加器中)进行十进制调整，使累加器中的内容调整为两位BCD码数。

若(ACC.0～ACC.3)>9或(AC)=1,则(ACC.0～ACC.3)←(ACC.0～ACC.3)+06H,同时,若(ACC.44～ACC.7)>9或(C)=1,则(ACC.4～ACC.7)←(ACC.4～ACC.7)+60H。

本指令是对A的BCD码加法结果进行调整,两个压缩型BCD码按二进制数相加之后,必须经本指令调整才能得到压缩型BCD码的和数。

本指令的操作为：若累加器A的低4位数值大于9或者第3位向第4位产生进位，即AC辅助进位位为1,则需将A的低4位内容加06H调整,以产生低4位正确的BCD码值。如果加06H调整后,低4位产生进位,且高4位均为1时,则内部加法将置位C。反之,它并不清零C标志位。若累加器A的高4位数值大于9或者最高进位位为1,则需将A的高4位内容加06H调整,以产生高4位正确的BCD码值。同样,在加06H调整后产生最高进位,则置位C,反之,不清零C标志位。这时C置位,表示和数BCD码值大于等于100。这对多字节十进制加法有用,不影响OV标志。

由此可见,本指令是根据累加器A中的原始数值和PSW的状态,对累加器A进行加06H,60H或66H的操作。

必须注意,本指令不能简单地把累加器A中的十六进制数变换成BCD码,必须紧跟加法指令之后用本指令对累加器A中的和数进行BCD码调整,也不能用于二-十进制减法的调整。

2. 指令仿真

下面以实例仿真该指令使用方法。

【例4-10】 设累加器A内容为01010110B,即为56BCD码；寄存器R3的内容为01100111B,即为67BCD码；C内容为1。

解：执行下列指令。

```
ADDC  A , R3
DA    A
```

第1条指令是执行带进位的二进制数加法,相加后累加器A的内容为10111110B(BEH),且(C)=0,(AC)=0。然后执行调整指令“DA　A”。因为高4位值为11H,大于9；低4位值为14H,也大于9,所以内部需进行加66H操作,结果得124BCD码。即

```
      (A ) = 01010110          BCD:56
     (R3) = 01100111          BCD:67
+ )  (C) = 00000001          BCD:01

和        = 10111110
调整        01100110

      1     00100100         BCD:124
```

结果：(A)=24H,CY=1。

仿真例4-10的程序时，在QTH仿真系统中输入如下程序。

```
ORG   0000H
NOP
NOP
ADDC  A,R3
DA    A
NOP
END
```

首先复位单片机，单步运行前在A中输入56H，在R3中输入67H，在C中输入1。单步运行完“ADDC A,R3”后，A中值为BEH，C中值为0；单步运行“DA A”后，A中值变为24H，C中值为1。

4.4.5 带进位减法指令

1. 指令功能解释

带进位减法指令有4条。

```
SUBB A,Rn     ;n = 0～7
SUBB A,direct
SUBB A,@Ri   ;i = 0,1
SUBB A,#data
```

以上带进位减法指令的功能是从累加器中减去指定的变量和进位标志，结果存放在累加器中。进行减法过程中，如果位7需借位，则CY置1，否则清零；如果位3需借位，则AC置1，否则清零；如果位6需借位而位7不需借位或者位7需借位而位6不需借位，则溢出标志OV置1，否则清零。在带符号数运算时，只有当符号不相同的两数相减时才会发生溢出。

2. 指令仿真

计算机中用0表示正数，1表示负数，在运算过程中通过标志位来判断正数和负数。下面以“SUBB A,R2”指令为例仿真标志位的变化过程。在QTH仿真系统中输入如下程序。

```
ORG  0000H
NOP
SUBB A,R2
NOP
END
```

仿真进入调试状态后。在A中输入01H，在R2中输入02H，单步运行该指令后，差为FFH。在图4-7的项目窗口中可见PSW为C0，该值为十六进制，转换为二进制为11000000B，与图4-6中程序状态字PSW比较，可见C为1，AC为1，P为0。AC有改变，说明位3和位7有借位。复位后，在A中输入10H，在R2中输入05H，单步运行该指令后，差为0BH。在图4-7的项目窗口中可见PSW为41H，该值为十六进制，转换为二进制为01000001B，与图4-6中程序状态字PSW比较，可见C为0，AC为1，P为1。AC有改变，说明位3有借位。

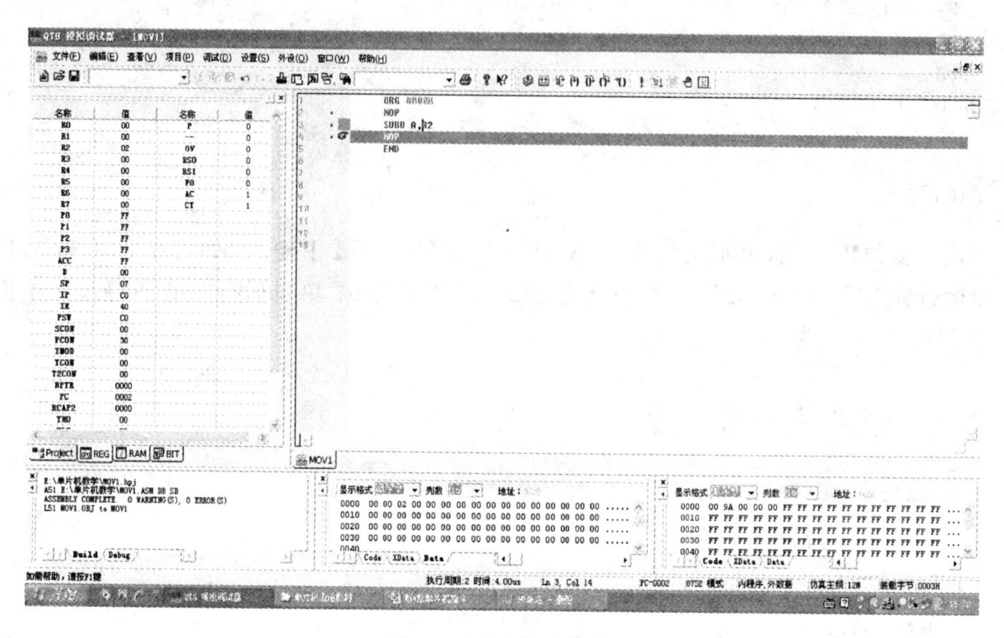

图4-7 减法指令仿真

OV改变的两种情况如下。

（1）位6（D6）需借位而位7（D7）不需借位时。仿真时在A中输入80H，在R2中输入40H，单步运行该指令后，差为40H，在图4-7的项目窗口中可见PSW为05H，该值为十六进制，转换为二进制为00000101B，与图4-6中程序状态字PSW比较，可见OV为1，C为0，AC为0，说明有溢出，保证被减数位7为1，减数位7为0，最高位为不同符号。

（2）位6（D6）不需借位而位7（D7）需借位时。仿真时在A中输入01H，在R2中输入80H，单步运行该指令后，差为81H。在图4-7的项目窗口中可见PSW为84H，该值为十六进制，转换为二进制为10000100B，与图4-6中程序状态字PSW比较，可见C为1，AC为0，OV为1，说明位7有借位，并且有溢出，保证被减数位7为0，减数位7为1，最高位为不同符号。

结论：只有不同符号的两数相减时，OV=1。

计算机中（计算器中）做减法时，用差的最高位判断正数和负数，差的补码就为数值。

4.4.6 减1指令

1. 指令功能解释

减1指令有如下4条。

```
DEC  A
DEC  Rn       ;n = 0～7
DEC  direct
DEC  @Ri      ;i = 0,1
```

以上指令的功能是将指定的变量减 1。如果原来的数据为 00H,减 1 后下溢为 0FFH,不影响标志位。

当指令中的直接地址 direct 为 P0～P3 端口(即 80H,90H,A0H,B0H)时,指令可用来修改一个输出口的内容,也是一条具有读—修改—写功能的指令。指令执行时,首先读入端口的原始数据,在 CPU 中执行减 1 操作,然后再送到端口。注意,此时读入的数据来自端口的锁存器而不是端口的引脚。

2. 指令仿真

仿真时与其他指令仿真步骤一样。自己仿真调试,可掌握使用方法。

4.4.7 乘法和除法指令

1. 指令功能解释

乘法和除法指令如下:

```
MUL  A B
DIV  A B
```

第 1 条指令的功能是把累加器 A 和寄存器 B 中的无符号 8 位整数相乘,其 16 位积的低位字节存放在累加器 A 中,高位字节存放在 B 中。如果积大于 255(0FFH),则溢出标志 OV 置 1,否则 OV 清零(进位标志总是清零)。

第 2 条指令的功能是将累加器 A 中的 8 位无符号整数除以寄存器 B 中的 8 位无符号整数,所得商的整数部分存放在累加器 A 中,余数存放在寄存器 B 中,进位 CY 和溢出标志 OV 清零。如果寄存器 B 中的内容为 0(被零除),则结果 A 和 B 中内容不定,且溢出标志 OV 置 1,在任何情况下,CY 都清零。

2. 指令仿真

仿真时与加法指令一样。自己仿真调试,可掌握使用方法。

4.4.8 算术运算类指令仿真

算术运算类指令较难理解的是标志位的改变,在仿真时主要观察程序状态字 PSW 的进位标志(C),辅助进位标志(AC)和溢出标志(OV)。下面将具体介绍仿真算术运算类指令。

【例 4-11】 试编写程序计算 4+5×8−81÷9 的值。

解: 编程时还是按常规方法,先做乘除后做加减,先计算 5×8,将结果送人 40H 单元中保存,再做 81÷9,将结果送人 R2 单元中,然后做减法,最后做加法。

```
ORG  0000H
NOP
MOV  A, #08
MOV  B, #05
MUL  AB
MOV  40H,A
```

```
MOV  A,#81
MOV  B,#09
DIV  AB
MOV  R2,A
MOV  A,40H
SUBB A,R2
MOV  R3,#04
ADDC A,R3
NOP
END
```

将例 4-11 的程序输入 QTH 仿真开发系统，汇编通过后，进入调试状态，全速或单步运行后，A 中结果为 23H，该数为十六进制，转换成十进制后为 35，与计算结果相符。

4.5 逻辑操作类指令

逻辑操作类指令共 20 条，如表 4-4 所示。

表 4-4 逻辑操作类指令

指令助记符（包括寻址方式）	说明		字节数	周期数
ANL A,Rn	寄存器“与”到累加器	A←(A)∧(Rn)	1	1
ANL A,direct	直接寻址“与”到累加器	A←(A)∧(direct)	2	1
ANL A,@Ri	间接寻址 RAM“与”到累加器	A←(A)∧((Ri))	1	1
ANL A,#data	立即数“与”到累加器	A←(A)∧data	2	1
ANL direct,A	累加器“与”到直接寻址	direct←(direct)∧(A)	2	1
ANL direct,#data	立即数“与”到直接寻址	direct←(direct)∧data	3	2
ORL A,Rn	寄存器“或”到累加器	A←(A)∨(Rn)	1	1
ORL A,direct	直接寻址“或”到累加器	A←(A)∨(direct)	2	1
ORL A,@Ri	间接寻址 RAM“或”到累加器	A←(A)∨((Ri))	1	1
ORL A,#data	立即数“或” 累加器	A←(A)∨data	2	1
ORL direct,A	累加器“或”到直接寻址	direct←(direct) ∨(A)	2	1
ORL direct,#data	立即数“或”到直接寻址	direct←(direct)∨data	3	2
XRL A,Rn	立即数“异或”到累加器	A←(A)+(Rn)	1	1
XRL A,direct	直接寻址“异或”到累加器	A←(A)+(direct)	2	1
XRL A,@Ri	间接寻址 RAM“异或”到累加器	A←(A)+((Ri))	1	1
XRL A,#data	立即数“异或”到累加器	A←(A)+data	2	1
XRL direct,A	累加器“异或”到直接寻址	direct←(direct)⊕(A)	2	1
XRL direct,#data	立即数“异或”到直接寻址	direct←(direct)⊕data	3	2
CLR A	累加器清零	A←0	1	1
CPL A	累加器求反	A←($\bar{A}$)	1	1
RL A	累加器循左移	A 循环左移一位	1	1
RLC A	经过进位位的累加器循环左移	A 带进位循环左移一位	1	1
RR A	累加器右移	A 循环右移一位	1	1
RRC A	经过进位位的累加器循环右移	A 带进位循环右移一位	1	1
SWAP A	A 半字节交换		1	1

4.5.1 逻辑运算指令

1. 累加器清零和取反指令

(1) 指令功能解释

```
CLR  A
CPL  A
```

第1条指令的功能是将累加器A清零,不影响CY,AC,OV等标志。

第2条指令的功能是将累加器A的每一位逻辑取反,原来为1的位变为0,原来为0的位变为1,不影响标志。

(2) 指令仿真

仿真时与其他指令仿真步骤一样。自己仿真调试,可掌握使用方法。

2. 逻辑与指令

(1) 指令功能解释

```
ANL  A,  Rn      ;n = 0~7
ANL  A,direct
ANL  A,@Ri       ;i = 0,1
ANL  A,#data
ANL  direct, A
ANL  direct,#data
```

以上这组指令的功能是在指出的变量之间以位为基础的逻辑与操作,结果存放到目的变量中去。当这条指令用于修改一个输出口数据时,原始数据的值将从输出口数据锁存器(P0~P3)读入,而不是从引脚读入。

(2) 指令仿真

仿真时在仿真开发系统编辑窗口中输入“ANL A,R0”指令,再在A中输入07H,在R0中输入FDH,仿真调试后,结果在A中为05H。也可如例4-12进行计算。

【例4-12】 设(A)=07H,(R0)=0FDH,执行下列指令:

```
ANL  A,R0
```

结果为

```
     0 0 0 0 0 1 1 1
  ∧) 1 1 1 1 1 1 0 1
  -------------------
     0 0 0 0 0 1 0 1
```

(A)=05H

3. 逻辑或指令

(1) 指令功能解释

```
ORL  A,  Rn     ;n = 0~7
ORL  A,direct
ORL  A,@Ri  ;i = 0,1
```

```
ORL   A,#data
ORL   direct, A
ORL   direct,#data
```

以上这组指令的功能是在指出的变量之间执行以位为基础的逻辑或操作，结果存放到目的变量中去。同 ANL 类似，用于修改输出口数据时，原始数据值将从输出口锁存器读入。

(2) 指令仿真

仿真时在仿真开发系统编辑窗口中输入“ORL P1，A”指令，再在 P1 中输入 05H，在 A 中输入 33H，仿真调试后，结果在 A 中为 37H。也可如例 4-13 进行计算。

【例 4-13】 设(P1)＝05H，(A)＝33H，执行下列指令：

```
ORL   P1,A
```

结果为

```
     0 0 0 0 0 1 0 1
 ∨)  0 0 1 1 0 0 1 1
 --------------------
     0 0 1 1 0 1 1 1
```

(P1)＝37H

4. 逻辑异或指令

(1) 指令功能解释

```
XRL   A, Rn        ; n = 0～7
XRL   A,direct
XRL   A,@Ri        ; i = 0,1
XRL   A,#data
XRL   direct, A
XRL   direct,#data
```

以上这组指令的功能是在指出的变量之间执行以位为基础的逻辑异或操作，结果存放到目的变量中去。输出口 Pi (i＝0,1,2,3)与 ANL 指令一样，是对输出口锁存器内容读出修改。

(2) 指令仿真

仿真时在仿真开发系统编辑窗口中输入“XRL A，R3”指令，再在 A 中输入 90H，在 R3 中输入 73H，仿真调试后，结果在 A 中为 E3H。也可如下例进行计算。

【例 4-14】 设(A)＝90H，(R3)＝73H，执行下列指令：

```
XRL   A, R3
```

结果为

```
     1 0 0 1 0 0 0 0
 ⊕)  0 1 1 1 0 0 1 1
 --------------------
     1 1 1 0 0 0 1 1
```

(A)＝0E3H

4.5.2 移位指令

1. 指令功能解释

```
RL    A
RLC   A
RR    A
RRC   A
SWAP  A
```

第1条指令是将累加器内容循环左移，功能是将累加器ACC的内容向左循环移1位，位7循环移入位0，不影响标志，如图4-8所示。

第2条指令是将累加器带进位左循环移位指令，功能是将累加器ACC的内容和进位标志一起向左循环移1位，ACC的位7移入进位CY，CY移入ACC的位0，不影响其他标志，如图4-9所示。

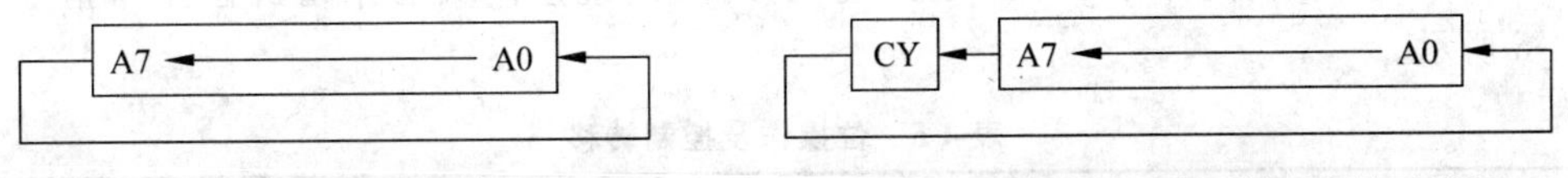

图4-8 累加器内容循环左移示意图　　图4-9 累加器带进位左循环移位示意图

第3条指令是将累加器内容循环右移，功能是将累加器ACC的内容向右循环移1位，ACC的位0循环移入ACC的位7，不影响标志，如图4-10所示。

第4条指令是将累加器带进位右循环移位指令，功能是将累加器ACC的内容和进位标志CY一起向右循环移1位，ACC的位0移入CY，CY移入ACC的位7，如图4-11所示。

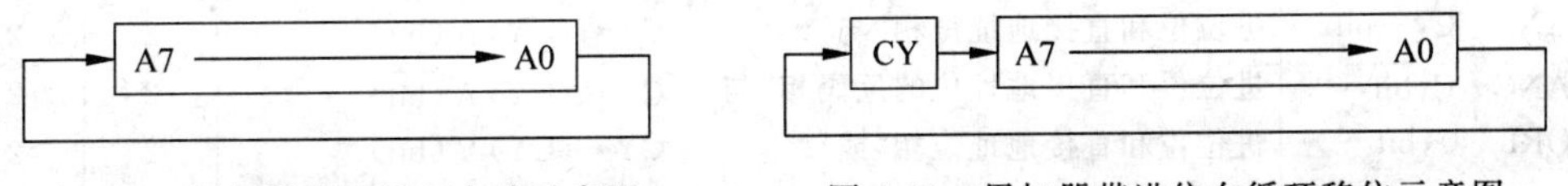

图4-10 累加器内容循环右移示意图　　图4-11 累加器带进位右循环移位示意图

第5条指令是将累加器半字节交换指令，功能是将累加器ACC的高半字节(ACC.7～ACC.4)和低半字节(ACC.3～ACC.0)互换。

2. 移位指令仿真

现讨论左移位指令仿真，其他移位指令可自己仿真调试。在QTH仿真系统中仿真“RL A”和“RLC A”指令。

在主调试窗口中输入如下程序：

```
ORG  0000H
NOP
RL   A
NOP
RLC  A
```

```
NOP
END
```

进入调试状态后，在 A 中输入 01H，单步反复运行“RL A”后，数值按 01H→02H→04H→08H→10H→20H→40H→80H→01H 循环改变；单步反复运行“RLC A”后，数值按 01H→02H→04H→08H→10H→20H→40H→80H→00H→01H 循环改变。在 A 中输入 01H，在 C 中输入 1，单步反复运行“RL A”后，数值按 01H(C=1)→02H→04H→08H→10H→20H→40H→80H→01H 循环改变；单步反复运行“RLC A”后，数值按 01H(C=1)→03H→06H→0CH→18H→30H→60H→C0H→80H(C=1)→01H(C=1)循环改变。从上面的仿真可知带进位位左移指令和不带进位位左移指令的区别。

4.6 位操作类指令

MCS-51 单片机内部有一个布尔处理机，对位地址空间具有丰富的位操作指令，如表 4-5 所示。

表 4-5 位操作及控制转移

指令助记符（包括寻址方式）	说明		字节数	周期数
CLR C	清进位位	CY←0	1	1
CLR bit	清直接地址位	bit←0	2	1
SETB C	置进位位	CY←1	1	1
SETB bit	置直接地址位	bit←1	2	1
CPL C	进位位求反	CY←$\overline{\text{CY}}$	1	1
CPL bit	直接地址位求反	bit←$\overline{\text{bit}}$	2	1
ANL C, bit	进位位和直接地址位相“与”	CY←(CY)∧(bit)	2	2
ANC C,$\overline{\text{bit}}$	进位位和直接地址位的反码相“与”	CY←(CY)∧($\overline{\text{bit}}$)	2	2
ORL C,bit	进位位和直接地址位相“或”	CY←(CY)∨(bit)	2	2
ORL C, $\overline{\text{bit}}$	进位位和直接地址位的反码相“或”	CY←(CY)∨($\overline{\text{bit}}$)	2	2
MOV C, bit	直接地址位送入进位位	CY←(bit)	2	1
MOV bit ,C	进位位送入直接地址位	bit←CY	2	2
JC rel	进位位为 1 则转移	PC←(PC)+2，若(CY)=1，则 PC←(PC)+rel	2	2
JNC rel	进位位为 0 则转移	PC←(PC)+2，若(CY)=0，则 PC←(PC)+rel	2	2
JB bit , rel	直接地址位为 1 则转移	PC←(PC)+3，若(bit)=1，则 PC←(PC)+rel	3	2
JNB bit ,rel	直接地址位为 0 则转移	PC←(PC)+3，若(bit)=0，则 PC←(PC)+rel	3	2
JBC bit , rel	直接地址位为 1 则转移，该位清 0	PC←(PC)+3，若(bit)=1，则 bit←0，PC←(PC)+rel	3	2

4.6.1 位操作指令

1. 数据位传送指令

(1) 指令功能解释

```
MOV  C,bit
MOV  bit,C
```

以上指令的功能是将由源操作数指出的布尔变量送到目的操作数指定的位中去。其中一个操作数必须为进位标志,另一个可以是任何直接寻址位,指令不影响其他寄存器和标志。

(2) 指令仿真

仿真时与其他指令仿真步骤一样。自己仿真调试,可掌握使用方法。

2. 位变量修改指令

(1) 指令功能解释

```
CLR  C
CLR  bit
CPL  C
CPL  bit
SETB  C
SETB  bit
```

这组指令将操作数指出的位清零,取反,置1,不影响其他标志。

(2) 指令仿真

仿真时与其他指令仿真步骤一样。自己仿真调试,可掌握使用方法。

3. 位变量逻辑与指令

(1) 指令功能解释

ANL C,bit

ANL C,$\overline{\text{bit}}$

以上这组指令的功能是:如果源操作数的布尔值是逻辑0,则进位标志清零,否则进位标志保持不变。操作数前斜线"/"表示取寻址位的逻辑非值,但不影响本身值,也不影响其他标志。源操作数只有直接位寻址方式。

(2) 指令仿真

仿真时与其他指令仿真步骤一样。自己仿真调试,可掌握使用方法。

4. 位变量逻辑或指令

(1) 指令功能解释

ORL C,bit

ORL C,$\overline{\text{bit}}$

以上这组指令的功能是:如果源操作数的布尔值为1,则置位进位标志,否则进位标志 CY 保持原来状态。斜线“/”表示逻辑非。

(2) 指令仿真

仿真时与其他指令仿真步骤一样。自己仿真调试,可掌握使用方法。

4.6.2 位变量条件转移指令

(1) 指令功能解释

```
JC  rel                   ; CY = 1
JNC  rel                  ; CY = 0
JB   bit,rel              ; (bit) = 1
JNB  bit,rel              ; (bit) = 0
JBC  bit,rel              ; (bit) = 1
```

以上这一组指令的功能如下。

第 1 条指令 JC 的功能是:如果进位标志 CY 为 1,则执行转移,即跳到标号 rel 处执行,为 0 就执行下一条指令。

第 2 条指令 JNC 的功能是:如果进位标志 CY 为 0,则执行转移,即跳到标号 rel 处执行,为 1 就执行下一条指令。

第 3 条指令 JB 的功能是:如果直接寻址位的值为 1,则执行转移,即跳到标号 rel 处执行,为 0 就执行下一条指令。

第 4 条指令 JNB 的功能是:如果直接寻址位的值为 0,则执行转移,即跳到标号 rel 处执行,为 1 就执行下一条指令。

第 5 条指令 JBC 的功能是:如果直接寻址位的值为 1,则执行转移,即跳到标号 rel 处执行,为 0 就执行下一条指令,然后将直接寻址位清零。

(2) 指令仿真

仿真时在仿真开发系统编辑窗口中输入“JC LOP1”和“JNC LOP2”指令。进入调试状态后,在 C 中输入 1,单步执行“JC LOP1”指令,跳到标号 LOP1 处执行,在 C 中输入 0 就执行下一条指令。指令“JNC LOP2”与“JC LOP1”正好相反,通过仿真可以明白两指令的区别和用法。

4.7 控制转移类指令

51 系列单片机的控制转移指令共 17 条,分为无条件转移指令、条件转移指令、子程序调用和返回指令、空操作指令 4 类。

4.7.1 无条件转移指令

1. 指令功能解释

```
LJMP  addr16
AJMP  addr11
```

```
SJMP  rel
JMP   @A+DPTR
```

第1条指令是64KB范围内的无条件跳转指令，执行这条指令时把指令的第二和第三字节分别装入PC的高位和低位字节中，无条件地转向指定地址。转移的目标地址可以在64KB程序存储器地址空间的任何地方，不影响任何标志。

第2条指令是2KB范围内的无条件跳转指令，执行这条指令时把程序的执行转移到指定的地址。该指令运行时在PC加2后，通过把指令中的 $a_{10} \sim a_0 \rightarrow (PC_{10\sim0})$ 得到跳转目的地址，即 $PC_{15}PC_{14}PC_{13}PC_{12}PC_{11}a_{10}a_9a_8a_7a_6a_5a_4a_3a_2a_1a_0$ 送入PC 。目标地址必须与AJMP后面一条指令的第一个字节在同一个2KB区域的存储器区内。如果把单片机64KB寻址区分成32页，每页2KB，则 $PC_{15} \sim PC_{11}$（00000B～11111B）称为页面地址（即0～31页），$a_{10} \sim a_0$ 称为页内地址。但应注意：AJMP指令的目标转移地址不是和AJMP指令地址在同一个2KB区域，而是应和AJMP指令取出后的PC地址（即PC＋2）在同一个2KB区域。例如，若AJMP指令地址为2FFEH，则PC＋2＝3000H，故目标转移地址必在3000H～37FFH这个2KB区域内。

第3条指令是无条件跳转指令，执行时在PC加2后，把指令中补码形式的偏移量值加到PC上，并计算出转向目标地址。因此，转向的目标地址可以在这条指令前128个字节到后127个字节之间。

第4条指令是把累加器中8位无符号数与数据指针DPTR中的16位数相加，将结果作为下条指令地址送入PC，不改变累加器和数据指针内容，也不影响标志。利用这条指令能实现程序的散转。

2. 指令仿真

仿真时在仿真开发系统编辑窗口中输入“SJMP LOP1”和“LOP1：MOV P1，#0FFH”指令。进入调试状态后，单步执行“SJMP LOP1”指令，跳到标号LOP1处执行。

4.7.2　条件转移指令

条件转移指令是根据某种特定条件执行转移的指令。条件满足时执行转移（相当于一条相对转移指令），条件不满足时则按顺序执行下面的指令。目的地址在下一条指令的起始地址为中心的256个字节范围中（－128～＋127）。当条件满足时，先把PC加到指向下一条指令的第一个字节地址，再把有符号的相对偏移量加到PC上，计算出转向地址。

1. 累加器A判零转移指令

(1) 指令功能解释

```
JZ    rel          ;(A)=0
JNZ   rel          ;(A)≠0
```

以上两条指令的功能分别如下。

第1条指令功能是：如果累加器ACC的内容为0，则执行转移，跳到标号rel处执行，不为0就执行下一条指令。

第2条指令功能是：如果累加器ACC的内容不为0，则执行转移，跳到标号rel处执行，为0就执行下一条指令。

(2) 指令仿真

仿真时在仿真开发系统编辑窗口中输入“JZ LOP1”和“JNZ LOP2”指令。进入调试状态后，在A中输入0，单步执行“JZ LOP1”指令，跳到标号LOP1处执行，在A中输入1就执行下一条指令。指令“JNC LOP2”与“JC LOP1”正好相反，通过仿真可以完全清楚明白两指令的区别和用法。

2. 比较不相等转移指令

(1) 指令功能解释

```
CJNE    A,direct,rel
CJNE    A,#data,rel
CJNE    Rn,#data,rel
CJNE    @R1,#data,rel
```

以上这组指令的功能是比较前面两个操作数的大小。如果它们的值不相等则转移。在PC加到下一条指令的起始地址后，通过把指令最后一个字节的有符号的相对偏移量加到PC上，并计算出转向地址。如果第一个操作数(无符号整数)小于第二个操作数则进位标志CY置1，否则CY清零，且不影响任何一个操作数的内容。

(2) 指令仿真

用仿真软件可仿真“CJNE A,direct,rel”指令，仿真时在仿真开发系统编辑窗口中输入指令“CJNE A,30H,LOP1”，进入调试状态后，在A中输入06H，在30H中输入02H，单步执行该指令后跳到标号LOP1处执行，在A中输入02H，在30H中输入02H，单步执行该指令后向下顺序执行。如果第一个操作数(无符号整数)小于第二个操作数，则进位标志CY置1；否则CY清零，且不影响任何一个操作数的内容。

3. 减1不为0转移指令

(1) 指令功能解释

```
DJNZ   Rn,rel
DJNZ   direct,rel
```

以上这组指令把源操作数减1，结果回送到源操作数中去，如果结果不为0则转移，跳到标号rel处执行，如果等于0则执行下一条指令。该指令通常用于实现循环计数。

(2) 指令仿真

仿真时与其他指令仿真步骤一样。自己仿真调试，可掌握使用方法。

4.7.3 调用及返回指令

在程序设计中，常常把具有一定功能的公用程序段编制成子程序。当主程序转至子程序时需要使用调用指令，并且在子程序的最后安排一条返回指令，使执行完子程序后再返回到主程序。为保证正确返回，每次调用子程序时，自动将下条指令地址保存到堆栈，返回时按先进后出原则再把地址弹出到 PC 中。调用及返回指令如表 4-6 所示。

表 4-6　控制程序转移指令

指令助记符（包括寻址方式）	说　明		字节数	周期数
LJMP　addr16	长转移	PC←addr16	3	2
AJMP　addr11	绝对转移	$PC_{10\sim0}$←addr11	2	2
SJMP　rel	短转移(相对偏移)	PC←(PC)＋rel	2	2
JMP　@A＋DPTR	相对 DPTR 的间接转移	PC←(A)＋(DPTR)	1	2
JZ　rel	累加器为零则转移	PC←(PC)＋2，若(A)＝0，则 PC←(PC)＋rel	2	2
JNZ　rel	累加器为非零则转移	PC←(PC)＋2，若(A)≠0，则 PC←(PC)＋rel	2	2
CJNE　A，direct，rel	比较直接寻址字节和 A 不相等则转移	PC←(PC)＋3，若(A)≠(direct)，则 PC←(PC)＋rel＊	3	2
CJNE　A，＃data，rel	比较立即数和 A 不相等则转移	PC←(PC)＋3，若(A)≠(data)，则 PC←(PC)＋rel＊	3	2
CJNE　Rn，＃data，rel	比较立即数和寄存器不相等则转移	PC←(PC)＋3，若(Rn)≠(data)，则 PC←(PC)＋rel＊	3	2
CJNE　@Ri，＃data，rel	比较立即数和间接寻址 RAM 不相等则转移	PC←(PC)＋3，若((Ri))≠(data)，则 PC←(PC)＋rel＊	3	2
DJNZ　Rn，rel	寄存器减 1 不为零则转移	PC←(PC)＋2，Rn←(Rn)－1，若(Rn)≠0，则 PC←(PC)＋rel	2	2
DJNZ　direct，rel	直接寻址字节减 1 不为零则转移	PC←(PC)＋3　direct←(direct)－1，若(direct)≠0，则 PC←(PC)＋rel	3	2
ACALL　addr11	绝对调用子程序	PC←(PC)＋2，SP←(SP)＋1 SP←$(PC)_L$，SP←(SP)＋1 (SP)←$(PC)_H$，$PC_{10\sim0}$←addr11	2	2
LCALL　addr16	长调用子程序	PC←(PC)＋3，SP←(SP)＋1 SP←$(PC)_L$，SP←(SP)＋1 (SP)←$(PC)_H$，$PC_{10\sim0}$←addr16	3	2
RET	从子程序返回	$(PC)_H$←((SP))，SP←(SP)－1 $(PC)_L$←((SP))，SP←(SP)－1	1	2
RETI	从中断返回	$(PC)_H$←((SP))，SP←(SP)－1 $(PC)_L$←((SP))，SP←(SP)－1	1	2
NOP	空操作		1	1

注：“＊”表示如果第一操作数小于第二操作数，则 CY 置位，否则 CY 清零。

1. 调用指令

(1) 指令功能解释

```
ACALL   addr11
LCALL   addr16
```

第 1 条指令将无条件地调用入口地址指定的子程序。指令执行时 PC 加 2，获得下条指令的地址，并把这 16 位地址压入堆栈，栈指针加 2，然后把指令中的 $a_{10} \sim a_0$ 值送入 PC 中的 $PC_{10} \sim PC_0$ 位，PC 的 $PC_{15} \sim PC_{11}$ 不变，获得的子程序的起始地址必须与 ACALL 后面一条指令的第一个字节在同一个 2KB 区域的存储器区内。指令的操作码与被调用的子程序的起始地址的页号有关。

在实际使用时，addr11 可用标号代替，上述过程多由汇编程序去自动完成。

第 2 条指令执行时把 PC 内容加 3 获得下一条指令首地址，并把它压入堆栈(先低字节后高字节)，然后把指令的第二、第三字节($a_{15} \sim a_8$，$a_7 \sim a_0$)装入 PC 中，转去执行该地址开始的子程序。这条调用指令可以调用存放在存储器中 64KB 范围内任何地方的子程序。指令执行后不影响任何标志。

(2) 指令仿真

仿真时与其他指令仿真步骤一样。自己仿真调试，可掌握使用方法。

2. 返回指令

(1) 指令功能解释

```
RET
RETI
NOP
```

第 1 条指令是子程序返回指令，功能是把栈顶相邻两个单元的内容弹出送到 PC，SP 的内容减 2，程序返回到 PC 值所指的指令处执行。RET 指令通常安排在子程序的末尾，使程序能从子程序返回到主程序。

第 2 条指令是中断程序返回指令，功能与 RET 指令类似，通常安排在中断服程序的最后。它的应用将在第 8 章中讨论。

第 3 条指令是空操作指令，空操作也是 CPU 控制指令，它没有使程序转移的功能，一般用于软件延时。因仅此一条，故不单独分类。

(2) 指令仿真

仿真时与其他指令仿真步骤一样。自己仿真调试，可掌握使用方法。

4.8 伪指令

4.7 节介绍的 MCS-51 指令系统中的每一条指令都是用意义明确的助记符来表示的。这是因为现代计算机一般都配备汇编语言，每一条语句就是一条指令，命令 CPU 执行一定的操作，完成规定的功能。但是用汇编语言编写的源程序，计算机不能直接执行。因为计算机只认识机器指令(二进制编码)。因此必须把汇编语言源程序通过汇编程序翻译成机器语言程序(称为目标程序)，计算机才能执行，这个翻译过程称为汇编。汇编程序对用汇编语言写的源程序进行汇编时，还要提供一些汇编用的控制指令，例如，指定程序或数据存放的起始地址，给一些连续存放的数据确定单元等。但是，这些指令在汇编时并不产生目标代码,不影响程序的执行,所以称为伪指令。常用的有下列几种伪指令。

1. ORG(Origin——起点)

(1) 指令格式及功能

ORG 伪指令总是出现在每段源程序或数据块的开始。它指明此语句后面的程序或数据块的起始地址,一般格式为:

```
ORG  nn        (绝对地址或标号)
```

汇编时由 nn 确定此语句后面第一条指令(或第一个数据)的地址。该段源程序(或数据块)就连续存放在以后的地址内,直到遇到另一个"ORG nn"语句为止。

(2) 指令仿真

仿真时在仿真开发系统编辑窗口中输入下列程序:

```
ORG       8000H
MOV       R0,#50H
MOV       A, R4
ADD       A,@R0
MOV       R3,A
```

ORG 伪指令说明其后面源程序的目标代码在存储器中存放的起始地址是 8000H,如表 4-7 所示。

表 4-7 ORG 伪指令说明

存储器地址	目标程序	存储器地址	目 标 程 序
8000H	78 50	8003H	26
8002H	EC	8004H	FB

2. DB(Define Byte——定义字节)

(1) 指令格式及功能

一般格式如下:

```
[标号: ]   DB  字节常数或字符或表达式
```

以上格式中标号区段可有可无,字节常数或字符是指一个字节数据,或用逗号分开的字节串,或用引号括起来的 ASCII 码字符串(一个 ASCII 字符相当于一个字节)。此伪指令的功能是把字节常数或字节串存入内存连续单元中。

(2) 指令仿真

仿真时在仿真开发系统编辑窗口中输入下列程序:

```
        ORG  9000H
DATA1:  DB  73H,01H,90H
DATA2:  DB  02H
```

伪指令"ORG 9000H"指定了标号 DATA1 的地址为 9000H,伪指令 DB 指定了数据 73H,01H,90H 顺序地存放在从 9000H 开始的单元中,DATA2 也是一个标号,它的地址与前一条伪指令 DB 连续，为 9003H，因此数据 02H 存放在 9003H 单元中，如表 4-8 所示。

表 4-8 伪指令 ORG 9000H

存储器地址(H)	内容(H)	存储器地址(H)	内容(H)
9000	73	9002	90
9001	01	9003	02

3. DW(Define Word——定义一个字)

(1) 指令格式及功能

一般格式如下：

```
[标号:]     DW      字或字串
```

DW 伪指令的功能与 DB 相似，其区别在于 DB 是定义一个字节，而 DW 是定义一个字(规定为两个字节，即 16 位二进制数)，所以 DW 主要用来定义地址(需要两个单元来存放一个字)。

(2) 指令仿真

仿真时在仿真开发系统编辑窗口中输入下列程序：

```
        ORG   9000H
DATA1:  DW   7300H,2101H,2090H
DATA2:  DW   2102H
```

伪指令“ORG 9000H”指定了标号 DATA1 的地址为 9000H，伪指令 DW 指定了数据 7300H，2101H，2090H 顺序地存放在从 9000H 开始的单元中。DATA2 也是一个标号，它的地址与前一条伪指令 DW 连续。

4. EQU(Equate——等值)

(1) 指令格式及功能

一般格式如下：

```
[标号] EQU  操作数
```

EQU 伪指令的功能是将操作数赋值于标号，使两边的两个量等值。

(2) 指令仿真

仿真时在仿真开发系统编辑窗口中输入下列程序：

```
AREA   EQU   1000H        ; 给标号 AREA 赋值 1000H
STK    EQU   AREA         ; 相当于 STK = AREA
```

若 AREA 已赋值为 1000H，则 STK 也为 1000H。

使用 EQU 伪指令给一个标号赋值后，这个标号在整个源程序中的值是固定的。也就是说在一个源程序中，任何一个标号只能赋值一次。

5. END(汇编结束)

(1) 指令格式及功能

一般格式如下:

```
[标号:]          END        地址或标号
```

END伪指令是一个结束标志,用来指示汇编语言源程序段在此结束。因此,在一个源程序中只允许出现一个END语句,并且它必须放在整个程序(包括伪指令)的最后面,是源程序模块的最后一个语句。如果END语句出现在中间,则汇编程序将不汇编END后面的语句。

(2) 指令仿真

仿真时在仿真开发系统编辑窗口中输入下列程序:

```
          ORG   8400H
          MOV   A,R2
          MOV   DPTR,#TBJ3
          MOVC  A,@A+DPTR
          JMP   @A+DPTR
TBJ3:     DW    PRG0
          DW    PRG1
          DW    PRG2
PRG0      EQU   8450H
PRG1      EQU   80H
PRG2      EQU   B0H
          END
```

上述程序中伪指令规定:程序存放在从8400H开始的单元中,字节数据放在标号地址从TBJ3开始的单元中,与程序区紧连。标号PRG0赋值为8450H,PRG1赋值为80H,PRG2赋值为B0H。

讨论与思考

指令分为多少类?每类多少条?每条怎样使用?

第 5 章 chapter 5

程序设计及仿真

所谓程序是为实现特定目标或解决特定问题而用计算机语言编写的命令序列的集合。程序有简有繁,复杂程序往往是由简单的基本程序构成。本章将通过一些基本程序,介绍部分常用程序的设计方法。

程序设计的过程大致可以分为以下几个步骤。

(1) 编制说明要解决问题的程序框图。

(2) 确定数据结构、算法、工作单元、变量设定。

(3) 根据所用计算机的指令系统,按照已编制的程序框图用汇编语言编制出源程序。

(4) 将编制出的程序在计算机上调试,直至实现预定的功能。

程序编写是一个较复杂的过程,要有较强的抽象思维和逻辑思维能力,学习编程一般先看程序,分析程序。程序看懂了,可以编一些短的、容易的程序,特别是一些专用语句的编程方法要记下,慢慢逐步编长程序,编多了,就会熟能生巧。编好的程序要用软件仿真或硬件仿真检验其正确性。以下程序为了学习的方便都可全软件仿真,每一个程序可在仿真软件中检验它的正确性。

5.1 简单程序设计及仿真

简单程序又称顺序程序。计算机是按指令在存储器中存放的先后次序来顺序执行程序的。除非用特殊指令让它跳转,不然它会在 PC 控制下执行。

【例 5-1】 编写算术运算 2—1 的程序。

解:首先用“SUBB A,Rn”指令,该指令是将寄存器 Rn 中的数与累加器 A 中的数相加,结果存于 A 中,这就要求先将 2 和 1 分别送到 A 中和寄存器 Rn 中,而 Rn 有 4 组,每组有 8 个单元 R0～R7,首先要知道 Rn 在哪组,默认值(不设定值)是第 0 组,在同一个程序中,同组中的 Rn 不能重复使用,不然会数据出错,唯独 A 可反复使用,不出问题。明确了这些后,可写出如下程序。

```
ORG  0000H      ; 指定下面这段程序在存储器中的首地址,必不可少的
MOV  R2,#01     ; 1 送 R2
```

```
MOV   A,#02      ; 2送A
SUBB A,R2        ; 相加,结果1存A中
END              ; 程序结束标志,必不可少的
```

例5-1的程序编写完成后，在仿真软件中调试、验证，若不对，反复修改程序，直到完全正确为止。

该程序若用“SUBB A,direct”指令编程，可写出如下程序：

```
ORG  0000H
MOV  30H,#01
MOV  A,#02
SUBB A,30H
END
```

该程序若用“SUBB A, @Ri”指令编程，可写出如下程序：

```
ORG  0000H
MOV  R0,#01
MOV  A,#02
SUBB A,@R0
END
```

注意间接寻址方式的用法，Ri(i=0,1)只有R0和R1两种形式。

该程序若用“SUBB A,#data”指令编程，可写出如下程序：

```
ORG  0000H
MOV  A,#02
SUBB A,#01
END
```

从以上例子可见，同一个程序有多种编写方法，思路不同编出来的程序不同，但结果都一样，最后一个程序较好。以上加法程序是最简单的形式。加法有多种：包括无进位加法、有进位加法、有符号加法、无符号加法，还有浮点数加法、单字节加法、双字节加法、多字节加法等。一般编写程序时，编成通用的程序。在调用通用程序之前，先判断是哪一种类型，再调用相应的子程序。如例5-1的程序，也可以这样写，先将加数和被加数分别送入40H、41H单元，加完后和送入42H单元。完整程序如下：

```
     ORG   0000H
     MOV   40H,#02H
     MOV   41H,#01H
AD1: MOV   R0,#40H          ; 设R0为数据指针
     MOV   A,@R0            ; 取N1
     INC   R0               ; 修改指针
     SUBB  A,@R0            ; N1 - N2
     INC   R0
     MOV   @R0,A            ; 存结果
     END
```

流程图如图 5-1 所示。

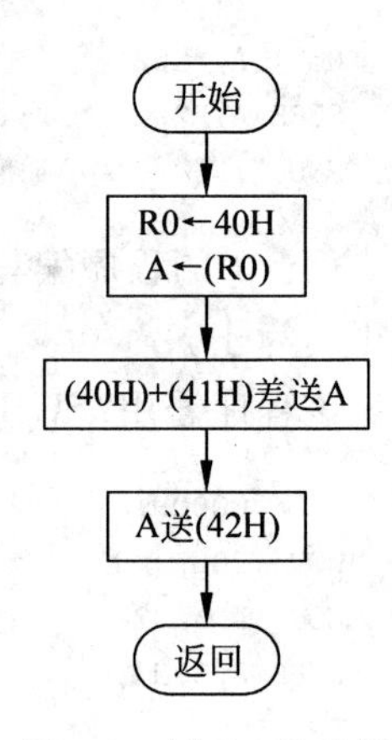

图 5-1　例 5-1 流程图

此程序也可用子程序调用的方法编写。将添加的这一部分程序写成通用程序：

```
AD1:  MOV   R0,#40H        ;设 R0 为数据指针
      MOV   A,@R0          ;取 N1
      INC   R0             ;修改指针
      SUBB  A,@R0          ;N1 - N2
      INC   R0
      MOV   @R0,A          ;存结果
      RET
```

使用这个程序之前，先将加数、被加数送入 40H、41H 单元，完整的程序如下：

```
      ORG   0000H
      MOV   40H,#02H
      MOV   41H,#01H
      ACALL AD1
AD1:  MOV   R0,#40H        ;设 R0 为数据指针
      MOV   A,@R0          ;取 N1
      INC   R0             ;修改指针
      SUBB  A,@R0          ;N1 - N2
      INC   R0
      MOV   @R0,A          ;存结果
      RET
      END
```

标号 AD1 到 RET 的这段程序就是子程序。

有时将这些专用的子程序存入 ROM 中，不可改写。也可用下面比较简单的程序：

```
ORG   0000H
MOV   40H,#02H
MOV   41H,#01H
ACALL AD1
END
```

这样使用起来很方便，向 40H、41H 单元送数，叫入口参数。将和送入 42H 单元，称为出口参数。一般的教科书讲的通用子程序，理解起来，有些困难。读者在看书的时候要适应这种思路。下面的程序都是通用子程序。

将上面程序在 QTH 中仿真，建立新文件，输入程序，汇编，进入调试状态，单步运行该程序，观察 A 中结果应与编程所得结果一致，若不一致修改程序，直到仿真成功为止。

【例 5-2】 将两个半字节数合并成一个一字节数。

解：设内部 RAM 的 40H、41H 单元中分别存放着 8 位二进制数。要求取出两个单元中的低半字节，合并成一个字节后，存在 42H 单元中。

流程图如图 5-2 所示。

程序如下：

```
        ORG   0000H
START:  MOV   R1,#40H
        MOV   A,@R1
        ANL   A,#0FH                ;取第一个半字节
        SWAP  A
        INC   R1
        XCH   A,@R1                 ;取第二个字节
        ANL   A,#0FH                ;取第二个半字节
        ORL   A,@R1                 ;拼字
        INC   R1
        MOV   @R1,A                 ;存放结果
        RET
        END
```

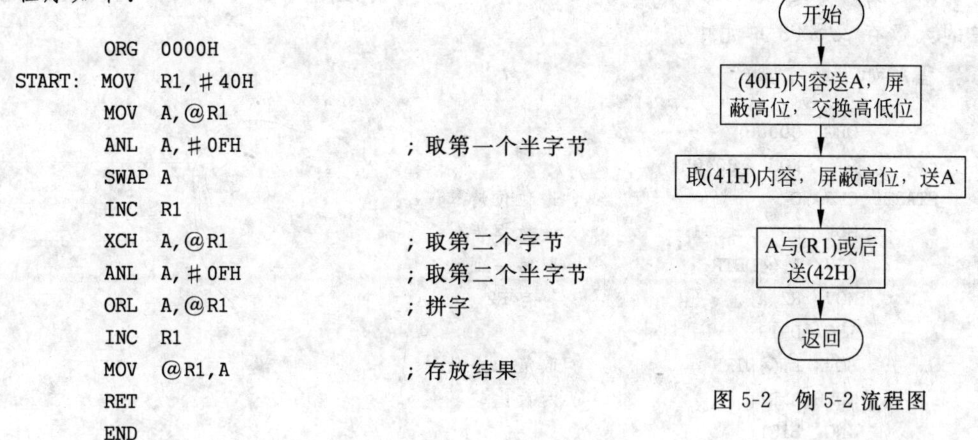

图 5-2　例 5-2 流程图

仿真例 5-2 的程序时，在 RAM 的 40H、41H 单元中输入 08H 和 06H，再看 86H 是否送入 42H 单元。

与例 5-2 相反的过程是将字节拆开分成两个半字节，例如将 40H 单元中的内容拆开后分别送 41H、42H 单元中。

【例 5-3】 拆字程序。

解：程序为

```
        ORG   0000H
START:  MOV   R1,#40H
        MOV   A,@R1
        MOV   B,A             ;暂存B中
        ANL   A,#0FH          ;取第一个半字节
        INC   R1
        MOV   @R1,A           ;存放第一个半字节
        MOV   B,A
        SWAP  A
        ANL   A,#0FH          ;取第二个半字节
        INC   R1
        MOV   @R1,A           ;存放第二个半字节
        RET
        END
```

仿真例 5-3 的程序时，在 40H 中输入 86H，再观察 06H 是否送入 41H 单元，08H 是否送入 42H 单元。

5.2　分支程序设计及仿真

在处理实际事务中，只用简单程序设计的方法是不够的。因为大部分程序总包含有判断、比较等情况，根据判断、比较的结果转向不同的分支。下面举几个分支程序的例子。

【例 5-4】 两个无符号数比较大小。

解：设两个连续外部RAM单元ST1和ST2中存放着不带符号的二进制数，找出其中的大数存入ST3单元中。

程序如下：

```
        ORG   0000H
        ST1   EQU   8040H
START1: CLR   C                      ；进位位清零
        MOV   DPTR，#ST1             ；设数据指针
        MOVX  A，@DPTR               ；取第一个数
        MOV   R2，A                  ；暂存R2
        INC   DPTR
        MOVX  A，@DTPR               ；取第二个数
        SUBB  A，R2                  ；两数比较
        JNC   BIG1
        XCH   A，R2                  ；第一个数大
BIG0:   INC   DPTR
        MOVX  @DPTR，A               ；存大数
        SJMP  $
BIG1:   MOVX  A，@DPTR               ；第二个数大
        SJMP  BIG0
        END
```

例5-4的程序中，用减法指令SUBB来比较两数的大小。由于这是一条带借位的减法指令，在执行该指令前，先把进位位清零。用减法指令通过借位(CY)的状态判两数的大小，是两个无符号数比较大小时常用的方法。设两数X、Y，当X≥Y时，X－Y结果无借位(CY)产生，反之借位为1，表示X<Y。用减法指令比较大小，会破坏累加器中的内容，故做减法前先保存累加器中的内容。执行JNC指令后，形成了分支。执行SJMP指令后，实现程序的转移。

仿真例5-4的程序时，在8040H单元中输入09H，在8041H单元中输入02H，观察最大数是否送入8042H单元中。又在8040H单元中输入01H，在8041H单元中输入08H，观察最大数是否送入8042H单元中。

【例5-5】 将ASCII码表的ASCII码转换为十六进制数，如果ASCII码不能转换成十六进制数，用户标志位置1。

解：由ASCII码表可知，30H～39H为0～9的ASCII码，41H～46H为A～F的ASCII码。在这一范围内的ASCII码减30H或37H就可以获得对应的十六进制数。设ASCII码放在累加器A中，转换结果放回A中。程序如下：

```
        ORG   0000H
START:  CLR   C
        SUBB  A，#30H
        JC    NASC          ；(A)<30H，判断A中数是不是十六进制数30H以下的数
        CJNE  A，#0AH，MM
MM:     JC    ASC           ；3AH≤(A)<40H，判断出这之间不是十六进制数
        SUBB  A，#07H       ；判断是否A中数大于46H，大于46H不是十六进制数
        CJNE  A，#0AH，NN
```

```
NN:   JC   NASC
      CJNZ A,#10H,LL
LL:   JC   ASC
NASC: SETB F0
ASC:  RET
      END
```

例 5-5 的程序很有技巧，不是十六进制数，全部置 F0，困难在于要挑出 03A～40H 这 7 个不是十六进制数的数。

仿真例 5-5 的程序时，在 A 中分别输入 29H、31H、3EH、43H、47H，观察 F0 置位情况，验证程序正确与否。

【例 5-6】 求单字节有符号二进制数的补码。

解：正数补码是其本身，负数的补码是其反码加 1。因此，程序首先判断被转换数的符号，负数进行转换，正数即为补码。设二进制数放在累加器 A 中，其补码放回到 A 中。

```
      ORG  0000H
CMPT: JNB  ACC.7,NCH        ;(A)>0,不需转换
      CPL  A
      ADD  A,#1
      SETB ACC.7            ;保存符号
NCH:  RET
      END
```

仿真例 5-6 的程序时，在 A 中分别输入 0FH、80H，观察 A 中数值，验证程序正确与否。

分支程序在实际使用中用处很大，除了用于比较数的大小之外，常用于控制子程序的转移。

5.3 循环程序设计及仿真

在程序设计中，只有简单程序和分支程序是不够的。因为简单程序的每条指令只执行一次，而分支程序则根据条件的不同，会跳过一些指令，执行另一些指令，每一条指令至多执行一次。在处理实际事务时，有时会遇到多次重复处理的问题，用循环程序的方法来解决就比较合适。循环程序中的某些指令可以反复执行多次。采用循环程序，使程序缩短，节省存储单元。重复次数越多，循环程序的优越性就越明显，但是程序的执行时间并不节省。由于要有循环准备、结束判断等指令，速度要比简单程序稍慢些。

循环程序一般由 5 部分组成。

(1) 初始化部分：为循环程序做准备。如设置循环次数计数器的初值，地址指针置初值，为循环变量赋初值等。

(2) 处理部分：为反复执行的程序段，是循环程序的实体。

(3) 修改部分：每执行一次循环体后，对指针做一次修改，使指针指向下一数据所在位置，为进入下一轮处理做准备。

(4) 控制部分：根据循环次数计数器的状态或循环条件，检查循环是否能继续进行，

若循环次数到或循环条件不满足，应控制退出循环，否则继续循环。

通常(2)、(3)、(4)部分又称为循环体。

(5) 结束部分：分析及存放执行结果。

循环程序的结构一般有两种形式。

(1) 先进入处理部分，再控制循环，即至少执行一次循环体，如图 5-3(a)所示。

(2) 先控制循环，后进入处理部分。即先根据判断结果，控制循环的执行与否，有时可以不进入循环体就退出循环程序，如图 5-3(b)所示。

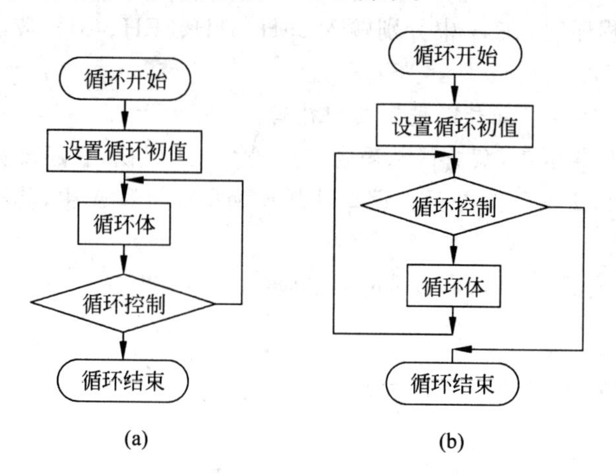

图 5-3 循环流程图

循环结构的程序，不论是先处理后判断，还是先判断后处理，其关键是控制循环的次数。根据需要解决问题的实际情况，对循环次数的控制有多种。循环次数已知的，用计数器来控制循环；循环次数未知的，可以按条件控制循环，也可以用逻辑尺控制循环。

循环程序又分单循环和多重循环。下面举例说明循环程序的使用。

1. 单循环程序

(1) 循环次数已知的循环程序

简单的单重循环程序为：

```
LOOP: MOV  R7,#08H
LOP1: DJNZ R7,LOP1
      RET
```

两重循环程序为：

```
DEL0:        MOV   R6,#2
DEL1:        MOV   R7,#6
DEL2:        DJNZ  R7,DEL2
             DJNZ  R6,DEL1
             RET
```

【例 5-7】 工作单元清零。

解： 在程序设计时，有时需要将存储器中的部分地址作为工作单元，存放程序执行的中间值和结果,此时常需要对这些工作单元清零。

如将40H为起点的8个单元清零的程序如下:

```
        ORG  0000H
CLEAR:  CLR  A              ; A清零
        MOV  R0,#40H        ; 确定清零单元起始地址
        MOV  R7,#08         ; 确定要清除的单元个数
LOOP:   MOV  @R0,A          ; 清单元
        INC  R0             ; 指向下一个单元
        DJNZ R7,LOOP        ; 控制循环
        END
```

此程序的前2～4句为设定循环初值,5～7句为循环体。

例5-7的程序是内部RAM单元清零,仿真时在RAM的40H～48H单元中输入数据,运行程序观察这8个单元是否将刚才输入的数字全部清除。同样也可清外部存储单元。

例如,设有50个外部存储单元要清零,50即为循环次数,存放在R2寄存器中,其首地址存放在DPTR中,设为2000H。

程序如下:

```
        ORG  0000H
        MOV  DPTR,#2000H
CLEAR:  CLR  A
        MOV  R2,#32H                ; 置计数值
LOOP:   MOVX @DPTR,A
        INC  DPTR                   ; 修改地址指针
        DJNZ R2,LOOP                ; 控制循环
        END
```

本例中循环次数是已知的,用R2作循环次数计数器。用DJNZ指令修改计数器值,并控制循环的结束与否。

此程序也可写成如下的通用子程序形式。

```
CLEAR:  CLR     A
LOOP:   MOVX    @DPTR,A
        INC     DPTR            ; 修改地址指针
        DJNZ    R2,LOOP         ; 控制循环
        RET
```

使用时只要给定入口参数及被清零单元个数,调用如下子程序即可。

```
        ORG     0000H
        MOV     DPTR,#2000H
        MOV     R2,#50
        ACALL   CLEAR
        SJMP    $
CLEAR:  CLR     A
LOOP:   MOVX    @DPTR,A
        INC     DPTR            ; 修改地址指针
        DJNZ    R2,LOOP         ; 控制循环
```

```
        RET
        END
```

仿真时,因外存单元中默认数值为FFH,若不是,应在2000H单元为起点的50个单元中中输入数据(一般间断输入几个),运行程序观察这50个单元中的数字是否全部被清除。

入口参数是根据实际需要而定,若要清4000H为起点的100个单元,只要改动前面两句就行。

【例5-8】 多个单字节数据求和。

解: 已知有n个单字节数据,依次存放在内部RAM的40H单元开始的连续单元中。要求把计算结果存入R2、R3中(高位存R2,低位存R3)。

程序如下:

```
        ORG  0000H
SAD:    MOV  R0,#40H        ;设数据指针
        MOV  R5,#NUN        ;计数值0AH→R5
SAD1:   MOV  R2,#0          ;和的高8位清零
        MOV  R3,#0          ;和的低8位清零
LOOP:   MOV  A,R3           ;取加数
        ADD  A,@R0
        MOV  R3,A           ;存和的低8位
        JNC  LOP1
        INC  R2             ;有进位,和的高8位加1
LOP1:   INC  R0             ;指向下一数据地址
        DJNZ R5,LOOP
        RET
NUN     EQU  0AH
        END
```

例5-8的程序中,用R0作间址寄存器,每做一次加法,R0加1,数据指针指向下一数据地址,R5为循环次数计数器,控制循环的次数。

仿真例5-8的程序时,在内部RAM以40H为起点的单元中输入02H、03H、04H、05H、06H、07H、08H、09H、06H、08H这10个数,此程序最大的十六进制数和为0FFFFH,十进制数和为65535。若要求做更大数的加法,要重新编写程序。

(2) 循环次数未知的循环程序

以上介绍的几个循环程序例子,它们的循环次数都是已知的,适合用计数器置初值的方法。而有些循环程序事先不知道循环次数,不能用以上方法。这时需要根据判断循环条件的成立与否或用建立标志的方法,控制循环程序的结果。

2. 循环程序在数据传送方面的应用

数据传送在程序编写中占有很重要的位置。编程离不开数据的处理和传送,初编程时往往是不知道数据怎么处理的。例如:一个简单的"1+2"程序,首先应将1与2传送到加法指令所规定的单元中,再执行加法指令将两数相加。加后的和存放在哪里,编写程序时要安排好存储单元。若程序运行成功,结果一定在编程时规定的那个单元中,若那个

单元被本程序使用或被其他的程序占用了,数据就不能存储或读出。传送的种类很多,数据传送指令也较多,除了用不同的寻址方式、采用不同的传送方法外,就传送的最终目的而言可分为:内部 RAM 传到内部 RAM(简称内传内)、内部 RAM 传送到外部存储器(简称内传外)、外部存储器传到内部 RAM(简称外传内)、外部存储器传到外部存储器(简称外传外)。数据传送程序的编写都离不开循环程序,下面讲解数据传送程序的编写方法。

【例 5-9】 将内部 RAM 以 40H 为起始地址的 8 个单元中的内容传到以 60H 为起始地址的 8 个单元中。

解:此程序的编写要用到间接寻址方法,它的基本编程思路是:先读取一个单元的内容,将读取的内容送到指定单元,再循环送第二个,反复送,直到送完为止。

程序如下:

```
        ORG  0000H
        MOV  R0,#40H          ; 指定内部 RAM 取数单元的起始地址
        MOV  A,@R0            ; 读出数送 A 暂存
        MOV  R1,#60H          ; 指定内部 RAM 存数单元的起始地址
        MOV  @R1,A            ; 送数到 60H 单元
        MOV  R7,#08           ; 指定送数的个数
LOOP:   INC  R0               ; 取数单元加 1,指向下一个单元
        INC  R1               ; 存数单元加 1,指向下一个单元
        MOV  A,@R0            ; 读出数送 A 暂存
        MOV  @R1,A            ; 送数到新单元
        DJNZ R7,LOOP          ; 8 个数是否送完,未完转到 LOOP 继续送
        END                   ; 送完了顺序执行,结束
```

根据程序编出程序流程图。编程开始前弄清程序要完成的任务是什么,然后安排好数据存储单元,采用什么指令,理顺思路。开始编程序要全力以赴,不让任何人打扰,不中断思路,一气呵成。编程有很大的灵活性,很高的技巧,首先应该多看实例,有些指令的用法比较特殊专一,要记下来,如以上程序,还有查表程序、散转程序等。常用的指令就那么几条,编程方法也就那么几种,掌握了编程的基本方法就可脱离书本自己编,先编简单程序,再编复杂程序,先编短程序,后编长程序。编好的程序又可作为以后程序中的子程序,持之以恒,就会成为编程高手。

编完的程序,是否正确,要在仿真软件中调试,调试方法在第 2 章中已做了全面介绍,不再多述。调试此程序时要打开 QTH 仿真软件的数据窗口,在窗口中的 40H 为起点的 8 个单元中送数。首先全速运行程序,看所有数据是否传到 60H 为起点的 8 个单元中,若不正确,单步运行程序,看程序的每一步是否正确。若还不正确,再反复修改,直到正确为止。

【例 5-10】 将内部 RAM 以 40H 为起始地址的 8 个单元中的内容传到外部存储器以 2000H 为起始地址的 8 个单元中。

解:此程序与例 5-9 中程序的区别就是传到外部存储器,注意外部存储器的地址是 16 位地址。传送 16 位地址的数有专门的指令。

读(外传内)外部存储器单元的方法是:

```
MOV  DPTR,#2000H
MOVX  A,@DPTR
```

写(内传外)外部存储器单元的方法是:

```
MOV  DPTR,#2000H
MOVX  @DPTR,A
```

以上是专用语句,固定用法。可编写程序如下:

```
        ORG  0000H
        MOV  R0,#40H            ;指定内部 RAM 取数单元的起始地址
        MOV  A,@R0              ;读出数送 A 暂存
        MOV  DPTR,#2000H        ;指定外部存储器存数单元的起始地址
        MOVX @DPTR,A            ;送数到 2000H 单元
        MOV  R7,#08             ;指定送数的个数
LOOP:   INC  R0                 ;取数单元加 1,指向下一个单元
        INC  DPTR               ;存数单元加 1,指向下一个单元
        MOV  A,@R0              ;读出数送 A 暂存
        MOVX @DPTR,A            ;送数到新单元
        DJNZ R7,LOOP            ;8 个数是否送完,未完转到 LOOP 继续送
        END                     ;数送完顺序执行,结束
```

例 5-10 的程序初步编好后,在仿真软件中调试,调试时先打开 QTH 仿真软件的数据窗口,在窗口中的 40H 为起始地址的 8 个单元中任意送数,再打开 QTH 仿真软件的外部数据窗口。首先全速运行程序,看所有数据是否传到 2000H 为起点的 8 个单元中。若不正确,调试修改程序直到程序完全正确为止。

【例 5-11】 将外部存储器以 2000H 为起始地址的 8 个单元中的内容传到内部 RAM 以 40H 为起始地址的 8 个单元中。

解:仿照例 5-10 可写出如下程序。

```
        ORG  0000H
        MOV  DPTR,#2000H        ;指定外部存储器取数单元的起始地址
        MOVX A, @DPTR           ;读出数送 A 暂存
        MOV  R0,#40H            ;指定内部 RAM 存数单元的起始地址
        MOV  @R0 ,A             ;送数到 40H 单元
        MOV  R7,#08             ;指定送数的个数
LOOP:   INC  R0                 ;取数单元加 1,指向下一个单元
        INC  DPTR               ;存数单元加 1,指向下一个单元
        MOV  A,@DPTR            ;读出数送 A 暂存
        MOVX @R0,A              ;送数到新单元
        DJNZ R7,LOOP            ;8 个数是否送完,未完转到 LOOP 继续送
        END                     ;送完了顺序执行,结束
```

例 5-11 的程序初步编好后,在仿真软件中调试。调试时先打开 QTH 仿真软件的外部数据窗口,在外部数据窗口中的 2000H 为起始地址的 8 个单元中任意送数,再打开 QTH 仿真软件的内部数据窗口。首先全速运行程序,观察所有数据是否传到 40H 为起点的 8 个单元中。若不正确,调试修改程序直到程序完全正确为止。

【例 5-12】 将外部存储器以 2000H 为起始地址的 8 个单元中的内容传到外部存储器以 4000H 为起始地址的 8 个单元中。

解：编程时可以沿用以上编程思路，但在循环时要将 DPTR 分成两个字节，即 DPH 和 DPL。

程序如下：

```
        ORG   0000H
        MOV   R2,#00H          ;指定外部存储器取数单元的起始地址低字节
        MOV   R3,#20H          ;指定外部存储器取数单元的起始地址高字节
        MOV   R4,#00H          ;指定外部存储器存数单元的起始地址低字节
        MOV   R5,#40H          ;指定外部存储器存数单元的起始地址高字节
        MOV   R7,#08           ;指定送数的个数
LOOP:   MOV   DPL,R2
        MOV   DPH,R3
        MOV   A,@DPTR          ;读出 2000H 单元的数送 A 暂存
        MOV   DPL,R4
        MOV   DPH,R5
        MOVX  @DPTR,A          ;送数到 4000H 单元
        INC   R2               ;取数单元加 1,指向下一个单元
        INC   R4               ;存数单元加 1,指向下一个单元
        DJNZ  R7,LOOP          ;8 个数是否送完,未完转到 LOOP 继续送
        END                    ;送完了顺序执行,结束
```

例 5-12 的程序初步编好后，在仿真软件中调试，调试时先打开 QTH 仿真软件的外部数据窗口，在外部数据窗口中的 2000H 为起始地址的 8 个单元中任意传送，再打开一个 QTH 仿真软件的外部数据窗口，观察数据传送是否正确。若不正确，调试修改程序直到程序完全正确为止。

此程序传送的最大个数为 0FFH 即 256 个，超过此数该程序就有问题，问题在于高字节不能改变。要使高字节也能变，程序要作如下变动：

```
        ORG   0000H
        MOV   R2,#00H          ;指定外部存储器取数单元的起始地址低字节
        MOV   R3,#20H          ;指定外部存储器取数单元的起始地址高字节
        MOV   R4,#00H          ;指定外部存储器存数单元的起始地址低字节
        MOV   R5,#40H          ;指定外部存储器存数单元的起始地址高字节
        MOV   R6,#08H          ;指定送数的个数低字节
        MOV   R7,#04H          ;指定送数的个数高字节
        MOV   A,R7
        JZ    LOP2
        JNZ   LOP              ;以上 3 句是判断一下 R7 高字节是否为 0
LOP1:   MOV   DPL,R2
        MOV   DPH,R3
        MOV   A,@DPTR          ;读出 2000H 单元的数送 A 暂存
        INC   DPTR             ;取数单元加 1,指向下一个单元
        MOV   R2,DPL
        MOV   R3,DPH           ;新地址送 R2、R3,为送下一个数做准备
        MOV   DPL,R4
        MOV   DPH,R5
```

```
        MOVX @DPTR,A            ; 送数到 4000H 单元
        INC  DPTR               ; 存数单元加 1,指向下一个单元
        MOV  R4,DPL
        MOV  R5,DPH             ; 新地址送 R4、R5,为送下一个数做准备
LOP:    DJNZ R7,LOP1            ; 高字节是否送完,未完转到 LOP1 继续送
LOP2:   DJNZ R6,LOP1            ; 未完接着转去送低字节,完了顺序执行
        END                     ; 结束程序
```

像这样的小程序是很有用的,一般将它编写成如下通用的子程序:

```
MOVE:   MOV  DPL,R2
        MOV  DPH,R3
        MOVX A,@DPTR
        MOV  DPL,R4
        MOV  DPH,R5
        MOVX A,@DPTR
        CJNE R2,#0FFH,MOV1
        INC  R3
MOV1:   INC  R2
        CJNE R2,#0FFH,MOV2
        INC  R5
MOV2:   INC  R4
        CJNE R6,#00H,MOV3
        CJNE R7,#00H,MOV4
MOV3:   DEC  R6
        SJMP MOVE
MOV4:   DEC  R6
        DEC  R7
        SJMP MOVE
        RET
```

程序中 R2、R3 指定数据块的首地址,R4、R5 指定数据块目标地址,R6 为传送多少个数的低字节,R7 为传送多少个数的高字节,使用此子程序时只要将这 6 个数送入,调用此程序就行。本章讲的所有程序都应在 QTH 仿真软件中调试,调试是研究程序、读懂程序、学习编写程序的过程。

3. 多重循环程序

如果在一个循环体中又包含了其他的循环程序,即循环中还套着循环,这种程序称为多重循环程序。

【例 5-13】 延时程序编写。

解:延时程序与 MCS-51 执行指令的时间有关,如果使用 6MHz 晶振,一个机器周期为 2μs,计算出执行一条指令以至一个循环所需要的时间,给出相应的循环次数,便能达到延时的目的。

程序如下:

```
DEL:    MOV  R5,#100
DEL0:   MOV  R6,#200
DEL1:   MOV  R7,#248
DEL2:   DJNZ R7,DEL2            ; 248*2+4
```

```
        DJNZ R6,DEL1              ; (248 * 2 + 4) * 200 + 4
        DJNZ R5,DEL0              ; ((248 * 2 + 4) * 200 + 4) * 100 + 4
        RET
```

例 5-13 的延时程序实际延时为 10.000406s。它是一个三重循环程序，利用程序嵌套的方法对时间实行延迟是程序设计中常用的方法。使用多重循环程序时，必须注意以下几点。

(1) 循环嵌套，必须层次分明，不允许产生内外层循环交叉。

(2) 外循环可以一层层向内循环进入，结束时由里往外一层层退出。

(3) 内循环体可以直接转入外循环体，实现一个循环由多个条件控制的循环结构方式。

【例 5-14】 冒泡程序。

解：设有 n 个数，它们依次存放于 LIST 地址开始的存储区域中，将 n 个数比较大小后，使它们按由小到大(或由大到小)的次序排列，存放在原存储区域中。

程序如下：

```
        ORG     8000H
        MOV     R2,#CNT-1         ; 数列个数-1
LOOP1:  MOV     A,R2              ; 外循环计数值
        MOV     R3,A              ; 内循环计数值
        MOV     R1,#01            ; 交换标志置-1
        MOV     R0, #50H
LOOP2:  MOV     A,@R0             ; 取数据
        MOV     B,A               ; 暂存 B
        INC     R0
        CLR     C
        SUBB    A,@R0             ; 两数比较
        JC      LESS              ; Xi<Xi+1 转 LESS
        MOV     A,B               ; 取大数
        XCH     A,@R0             ; 两数交换位置
        DEC     R0
        MOV     @R0,A
        INC     R0                ; 恢复数据指针
        MOV     R1,#02            ; 置交换标志为 2
LESS:   DJNZ    R3,LOOP2          ; 内循环计数减 1,判断一遍是否查完
        DJNZ    R2,LOOP3          ; 外循环计数减 1,判排序是否结束
STOP:   RET
LOOP3:  DJNZ    R1,LOOP1          ; 发生交换转移
        SJMP    STOP
CNT     EQU     07H
        END
```

编制例 5-14 的程序的方法：依次将相邻两个单元的内容作比较，即第一个数和第二个数比较，第二个数和第三个数比较……如果符合从小到大的顺序则不改变它们在内存中的位置，否则交换它们之间的位置。如此反复比较，直至数列排序完成为止。

由于在比较过程中将小数(或大数)向上冒，因此这种算法称为“冒泡法”或称排序法。它通过一轮一轮的比较实现排序。第一轮经过六次两两比较后，得到一个最大数；第二

轮经过五次两两比较后，得到次大数……每轮比较后得到本轮最大数(或最小数)，该数就不再参加下一轮的两两比较，故进入下一轮时，两两比较次数减 1。为了加快数据排序速度，程序中设置一个标志位，只要在比较过程中两数之间没有发生过交换，就表示数列已按大小顺序排列了，可以结束比较。

设数列首地址在 R0 寄存器中，R2 为外循环次数计数器，R3 为内循环次数计数器，R1 为交换标志。

程序初步编好后，在仿真软件中调试，调试时先打开 QTH 仿真软件的数据窗口，在窗口中的 50H 为起始地址的 8 个单元中任意送数。运行程序，观察数据是否按从小到大顺序排好。若没有排好，调试修改程序直到程序完全正确为止。

5.4 查表程序设计及仿真

查表程序是一种常用程序，它广泛使用于 LED 显示器控制、打印机打印以及数据补偿、计算、转换等功能程序中，具有程序简单、执行速度快等优点。

查表，就是根据变量 x 在表格中查找 y，使 $y=f(x)$。

x 有各种结构，如有时 x 可取小于 n(n 为定值)的自然数子集；有时，x 取值范围较大，并且不会取到该范围中的所有值，即对某些 x，$f(x)$无定义，例如 x 为不定长的字符串或 x 为某些 ASCII 字符。

y 也有各种结构，如有时 y 可取定字长的数，但不是所有该字长的数都有对应的 x；有时 y 可取小于 m(m 为定值)的自然数子集。

对于表格本身，也有许多不同的结构。以存放顺序分，有有序与无序表；以存放地点分，有的表格存放在存储器中(用 MOVC 指令访问)，有的表存放在数据存储器中(用 MOVX 指令访问)。表格的存放内容也各有不同，有的只存放 y 值，有的既有 x 值又有 y 值。下面介绍几种常用查表方法及程序。

1. 用 MOVC A,@A+PC 查表指令编程

【例 5-15】 用查表方法编写接于 P1 端口的 8 个指示灯控制程序，控制指示灯先顺次点亮，再逆次点亮，然后连闪 3 下，反复循环。

解：程序为

```
        ORG   0000H
START:  MOV   R0,#00H
LOOP:   CLR   A
        MOV   A,R0
        ADD   A,#0CH
        MOVC  A,@A+PC
        CJNE  A,#03H,LOOP1
        JMP   START
LOOP1:  MOV   P1,A
        ACALL DEL
```

```
        INC     R0
        JMP     LOOP
TAB:    DB      01H,02H,04H,08H,10H,20H,40H,80H
        DB      80H,40H,20H,10H,08H,04H,02H,01H
        DB      00H,0FFH,00H,0FFH,00H,0FFH,03H
DEL:    MOV     R7,#0FFH
DEL1:   MOV     R6,#0FFH
DEL2:   DJNZ    R6,DEL2
        DJNZ    R7,DEL1
        RET
        END
```

仿真例 5-15 的程序时，为了节约时间，一般将 R7、R6 中的数值改小，调试成功后再改为原值。调试时，观察主寄存器中 A 的数值变化，同时打开输出端口 P1，观察 P1 的数值变化和端口对号变化情况。若程序不正确，调试修改程序直到程序完全正确为止。

2. 用 MOVC A,@A+DPTR 查表指令编程

【例 5-16】 用查表方法编写接于 P1 端口的 8 个指示灯控制程序，控制指示灯先顺次点亮，再逆次点亮，然后连闪 3 下，反复循环。

解：程序为

```
        ORG     0000H
START:  MOV     DPTR,#TABLE
LOOP:   CLR     A
        MOVC    A,@A+DPTR
        CJNE    A,#03H,LOOP1
        JMP     START
LOOP1:  MOV     P1,A
        ACALL   DEL
        INC     DPTR
        JMP     LOOP
TAB:    DB      01H,02H,04H,08H,10H,20H,40H,80H
        DB      80H,40H,20H,10H,08H,04H,02H,01H
        DB      00H,0FFH,00H,0FFH,00H,0FFH,03H
DEL:    MOV     R7,#0FFH
DEL1:   MOV     R6,#0FFH
DEL2:   DJNZ    R6,DEL2
        DJNZ    R7,DEL1
        RET
        END
```

同例 5-15 调试例 5-16 的程序，直到完全正确为止。用此方法可编程控制多个端口的指示灯。下面以控制两个端口外接的 16 个指示灯为例加以说明。

【例 5-17】 用查表方法编写接于 P1、P2 两端口的 16 个指示灯控制程序，控制指示灯先顺次点亮，再逆次点亮，然后连闪 3 下，反复循环。

解：程序为

```
        ORG     0000H
```

```
START:  MOV    DPTR,#TABLE
LOOP:   CLR    A
        MOVC   A,@A+DPTR
        CJNE   A,#03H,LOOP1
        JMP    START
LOOP1:  MOV    P1,A
        CLR    A
        INC    DPTR
        MOVC   A,@A+DPTR
        MOV    P2,A
        ACALL  DEL
        INC    DPTR
        JMP    LOOP
TAB:    DB     01H,00H,02H,00H,04H,00H,08H,00H,10H,00H,20H,00H,40H,00H,80H,00H
        DB     00H,01H,00H,02H,00H,04H,00H,08H,00H,10H,00H,20H,00H,40H,00H,80H
        DB     80H,00H,40H,00H,20H,00H,10H,00H,08H,00H,04H,00H,02H,00H,01H,00H
        DB     00H,80H,00H,40H,00H,20H,00H,10H,00H,08H,00H,04H,00H,02H,00H,01H
        DB     00H, 00H,0FFH, 0FFH,00H, 00H,0FFH, 0FFH,00H, 00H,0FFH, 0FFH,03H
DEL:    MOV    R7,#0FFH
DEL1:   MOV    R6,#0FFH
DEL2:   DJNZ   R6,DEL2
        DJNZ   R7,DEL1
        RET
        END
```

仿真例 5-17 的程序后，指示灯先顺次点亮，再逆次点亮，然后连闪 3 下，反复循环。同样可编写程序控制 3 个端口组成的 24 个指示灯，也可编写程序控制 4 个端口组成的 32 个指示灯。

5.5 散转程序设计及仿真

散转程序是分支程序的一种。它由输入条件或运算结果来确定转入各自的处理程序。有多种方法能实现散转程序，但通常用逐次比较法，即把所有各个情况逐一进行比较，若条件符合便转向对应的处理程序。由于每一个情况都有判断和转移，如对 n 个情况，需要 n 个判断和转移，因此它的缺点是程序比较长。MCS-51 指令系统中有一条跳转指"JMP @A+DPTR"，用它可以容易地实现散转功能。该指令是把累加器 A 的 8 位无符号数(作地址的低 8 位)与 16 位数据指针的内容相加，其和送入程序计数器，作为转移指令的地址。执行"JMP @A+DPTR"指令后，累加器和 16 位数据指针的内容均不受影响。

下面介绍几种实现散转程序的方法。

1. 用转移指令表实现散转

在许多场合中，要根据某一单元的值 0、1、2、…、n 分别转向处理程序 0、处理程序 1、…、处理程序 n。这时可以用转移指令 AJMP(或 LJMP)组成一个转移表。

【例 5-18】 根据 R6 的内容，转向各个处理程序。

R6＝0，转 LOP0；R6＝1，转 LOP1；R6＝2，转 LOP2。

解：把转移标志送累加器 A，转移表首地址送 DPTR，利用"JMP @A＋DPTR"实现转移。

标号为 LOP0 的程序为由 P1 口控制的彩灯两端向中间点亮，标号为 LOP1 的程序为由 P1 口控制的彩灯左移顺次点亮，标号为 LOP2 的程序为由 P1 口控制的彩灯右移顺次点亮。

程序如下：

```
        ORG     0000H
        MOV     DPTR, #TAB1
        MOV     A,R6
        ADD     A,R6
        JNC     PAD
        INC     DPH
PAD:    JMP     @A + DPTR
TAB1:   AJMP    LOP0
        AJMP    LOP1
        AJMP    LOP2
LOP1:   MOV     A, #0FEH
LP1:    MOV     P1,A
        ACALL   DEL
        RL      A
        AJMP    LP1
        RET
LOP2:   MOV     A, #7FH
LP2:    MOV     P1,A
        ACALL   DEL
        RR      A
        AJMP    LP2
        RET
LOP0:   MOV     R0, #00H
LOOP:   CLR     A
        MOV     A,R0
        ADD     A, #0CH
        MOVC    A,@A + PC
        CJNE    A, #03H,LOOP1
        JMP     START
LOOP1:  MOV     P1,A
        ACALL   DEL
        INC     R0
        JMP     LOOP
TAB:    DB      81H,42H,24H,18H,03H
DEL:    MOV     R4, #0FFH
DEL1:   MOV     R3, #0FFH
DEL2:   DJNZ    R3,DEL2
        DJNZ    R4,DEL1
        RET
        END
```

例 5-8 仅适用于散转表首地址 TAB1 和处理程序入口地址 LOP0、LOP1、…、LOP*n* 在同一个 2KB 范围的存储区的情况。如果一个 2KB 范围的存储区内放不下所有的处理程序时，则把一些较长的处理程序放在其他存储区域，只要在该处理程序的入口地址内用 LJMP 指令即可。方法有以下两种。

(1) 例如处理程序 LOP0、LOP3 比较长，要把两个程序转至其他区域，分别把它们的入口地址用符号 LLOP0、LLOP3 表示，以实现程序的转移。

```
LOP0: LJMP   LLOP0
LOP3: LJMP   LLOP3
```

(2) 可以直接用 LJMP 指令组成转移表。由于 LJMP 是三字节的指令，在组成指令转移表时，执行"JMP @A+DPTR"指令可能出现 DPTR 低 8 位向高 8 位的进位，可通过用加法指令对 DPTR 直接修改来实现。

程序如下：

```
        ORG     0000H
PJ2:    MOV     DPTR, # TAB2
        CLR     C
        MOV     R5, # 0
        MOV     A, R6
        RLC     A                   ; R6 * 2
        JNC     AD1
        INC     R5                  ; 有进位，高 8 位加 1
AD1:    ADD     A, R6               ; R6 * 3
        JNC     AD2
        INC     R5                  ; 有进位，高 8 位加 1
AD2:    MOV     A, R5
        ADD     A, DPH              ; DPTR 高 8 位调整
        MOV     A, R6
        JMP     @A + DPTR           ; 得散转地址
TAB2:   LJMB    LOP0
        LJMP    LOP1
        …
        LJMP    LOPn
        END
```

用 AJMP 组成的散转表为双字节一项，而用 LJMP 组成的散转表则为三字节一项，根据 R6 中的内容或乘 2，或乘 3 得每一处理程序的入口地址表指针。

2. 用转移地址表实现散转

当转向范围比较大时，可直接使用转向地址表方法，即把每个处理程序的入口地址直接置于地址表内。用查表指令，找到对应的转向地址，把它装入 DPTR 中。将累加器清零后用"JMP @A+DPTR"直接转向各个处理程序的入口。

【例 5-19】 根据 R3 的内容转向对应处理程序。处理程序的入口分别是 LOP0～LOP2。

解：程序为

```
        ORG     0000H
PJ3:    MOV     DPTR, # TAB3
        MOV     A, R3
        ADD     A, R3           ; R3 * 2
        JNC     CAD
        INC     DPH             ; 有进位 DPTR 高位加 1
CAD:    MOV     R2, A           ; 暂存 R2
        MOVC    A, @A + DPTR
        XCH     A, R2           ; 处理程序入口地址高 8 位暂存 R2
        INC     A
        MOVC    A, @A + DPTR
        MOV     DPL, A          ; 处理程序入口地址低 8 位暂存 DPL
        MOV     DPH, R2
        CLR     A
        JMP     @A + DPTR
TAB3:   DW      LOP0
        DW      LOP1
        DW      LOP2
        END
```

例 5-19 的程序可实现 64KB 范围内的转移,但散转数 n 应小于 256。如大于 256 时,应采用双字节数加法运算修改 DPTR。

以上程序中标号 LOP0、LOP1、LOP2 所指的程序与例 5-18 相同,可自己完整以上程序。

还有用 RET 指令实现散转的,此法用得很少,这里就不叙述了。

5.6 综合编程及仿真

前面的章节已经编过彩灯程序控制,使接于 P1 口的红发光二极管左移顺次点亮,当时为了简单易懂,程序是用字节传送方法编的,程序较长。实际上编程很灵活,方法很多,同一个问题有很多种编程方法,没有千篇一律的格式。下面就彩灯顺序点亮的程序的两种编程方法作一比较,以便读者了解一些编程的技巧。

【例 5-20】 用左移指令 RL A 编程。

解:程序为

```
        ORG     0000H
        MOV     A, # 0FEH
LOP1:   MOV     P1, A
        ACALL   DEL
        RL      A
        AJMP    LOP1
DEL:    MOV     R4, # 0FFH
DEL1:   MOV     R3, # 0FFH
DEL2:   DJNZ    R3, DEL2
        DJNZ    R4, DEL1
        RET
        END
```

例 5-20 的程序改动两句就可变为彩灯右移程序：

```
        ORG   0000H
        MOV   A,#7FH
LOP2:   MOV   P1,A
        ACALL DEL
        RR    A
        AJMP  LOP2
DEL:    MOV   R4,#0FFH
DEL1:   MOV   R3,#0FFH
DEL2:   DJNZ  R3,DEL2
        DJNZ  R4,DEL1
        RET
        END
```

【例 5-21】 用查表方法编写彩灯左移控制程序。

解：程序为

```
        ORG   0000H
LOP0:   MOV   R0,#00H
LOOP:   CLR   A
        MOV   A,R0
        ADD   A,#0DH
        MOVC  A,@A+PC
        CJNE  A,#03H,LOOP1
        JMP   START
LOOP1:  MOV   P1,A
        CLR   A
        ACALL DEL
        INC   R0
        JMP   LOOP
TAB:    DB    01H,02H,04H,08H,10H,20H,40H,80H,03H
DEL:    MOV   R4,#0FFH
DEL1:   MOV   R3,#0FFH
DEL2:   DJNZ  R3,DEL2
        DJNZ  R4,DEL1
        RET
        END
```

chapter 6 ◇第 6 章

单片机最小系统及LED彩灯控制器制作

单片机是一门理论性、实践性和综合性都很强的学科，牵涉到硬件知识、软件编程、仿真开发系统使用、编程器使用等方面的知识。前面几章全面介绍了这些知识，本章利用这些知识设计一个小产品，将这些知识系统应用于产品开发，使读者对单片机有一个系统的了解，以便尽快入门。开发产品时的一般步骤是 Protel 设计电路原理图、设计 PCB 板图、购买元器件、焊接电路元器件、调试硬件、仿真开发系统中调试仿真程序、软硬件联调、用编程器固化程序、完善产品。

6.1 单片机最小系统电路原理图设计

电路原理图设计首要依据是单片机芯片使用说明书，说明书中至少要说明最小系统（俗称裸机）的设计方法、各元器件的参数及作用。按说明书的说明在 Protel 软件中绘制电路原理图，一般分如下几种情况。

1. 最小系统（老三件）电路设计

因为 8031 没有程序存储器，所以使用 8031 时一定要外接程序存储器。一个最小的单片机微机系统由 3 片集成块组成，它们是 CPU（8031）、8 位 3 态 D 锁存器 74LS373、ROM 或 RAM（习惯上将这 3 样称做老三件）。当然有了这三件单片机还是不能工作，还要加上一个时钟电路和复位电路，由这些基本电路组成一个完整的最小系统，用 Protel 软件作出电路原理图，如图 6-1 所示。初学者可能不明白，线为什么要这么接，那是芯片设计工程师在设计电路时就已经设计好了，在芯片使用说明书中都可查到。该电路可提供 P1 口、P3 口作为用户的输入、输出口（I/O），在图 6-1 中，最多可接 16 个指示灯，作为一个实用彩灯控制器产品。下面具体讨论每个器件的作用。

(1) 8 位 3 态 D 锁存器 74LS373 的使用方法

一般的集成块生产厂家都提供全套集成块的使用说明书，说明书中主要包括该集成块的特点、逻辑图和引脚功能图、特性和电参数、工作原理和典型应用。如图 6-2 所示为说明书中提供的引脚图和功能表。

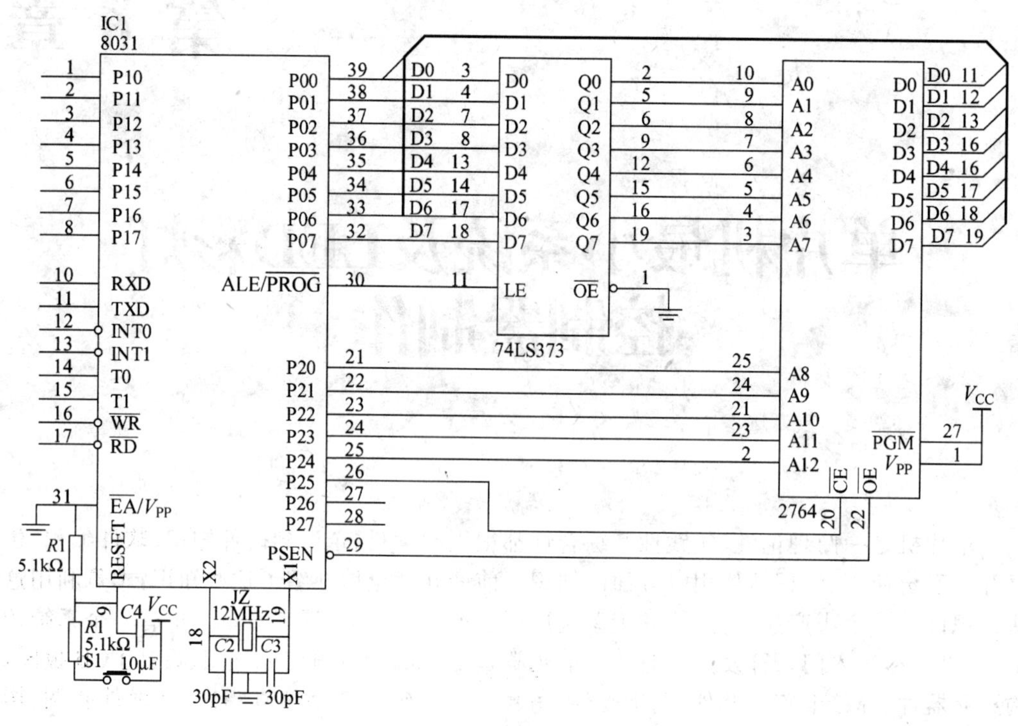

图 6-1　8031 最小系统

74LS373

D0 (3)	Q0 (2)
D1 (4)	Q1 (5)
D2 (7)	Q2 (6)
D3 (8)	Q3 (9)
D4 (13)	Q4 (12)
D5 (14)	Q5 (15)
D6 (17)	Q6 (16)
D7 (18)	Q7 (19)
LE (11)	$\overline{OE}$ (1)

(a) 引脚图

$\overline{OE}$	LE	Dn	Qn
L	H	H	H
L	H	L	L
L	L	L	L
L	L	H	H
H	×	×	Z

(b) 功能表

图 6-2　74LS373 引脚图和功能表

引脚图中 Dn 为输入端，Qn 为输出端，$\overline{OE}$、LE 为控制端。该片如何工作由功能表决定。功能表中 L 为低电平、H 为高电平、Z 为高阻抗(相当开路)、"×"为任意电平，一般将$\overline{OE}$接低电平，LE 接 ALE 就能正常工作。

(2) 程序存储器 2764 的使用

2764 是一块 8KB 的 EPROM 程序存储器，共有 28 只管脚。有关这方面的内容将在本书后面的章节中介绍。

(3) 最小系统的解释

① 分时使用的方法。硬件连接：P0 口一路直接与 2764 的数据口线相连，一路通过 373 后与 2764 的低 8 位地址线相连。在物理上将数据信号通道和地址信号通道分开。工作时与软件配合分时传送数据信号和地址信号。软件：程序在执行时是一条一条地执

行，在时间上也是分时的。

② 存储器容量的计算方法。存储器容量的计算方法如下：

$$2^{\text{地址线根数}}=\text{存储器容量}$$

2764 的存储容量：$2^{13}=2^{10}2^{3}=8$KB。

③ 片选地址的计算。将 P2.5 接片选线$\overline{\text{CE}}$，P2.6、P2.7 接低电平，则

	P2.7	P2.6	P2.5	P2.4	P2.3	P2.2	P2.1	P2.0	P0.7～P0.0
0000	0	0	0	0	0	0	0	0	0～0
1FFF	0	0	0	1	1	1	1	1	1～1

因此，存储器的地址范围为 0000H～1FFFH。

④ 指示灯。利用发光二极管(LED)，加正向电压发光，反之不发光。一般接法是阳极接高电平，即电源正极，阴极接单片机的某一输出口线，当该输出口线为低时，指示灯亮，该输出口线为高时，指示灯不亮。这样只要编程控制单片机的该输出口线，就可控制指示灯亮或灭。

2. 89C51 芯片最小系统电路设计

由于外接程序存储器使 8031 使用起来增加了体积和造价。为此，芯片设计师设计了自带程序存储器的芯片。现在这种芯片很多种类，常用的价格较便宜的有 89C51，89C51 自带 4KB 的程序闪速存储器。由 89C51 组成的最小电路系统原理图如图 6-3 所示，从图可见该电路成了实实在在的单片机。

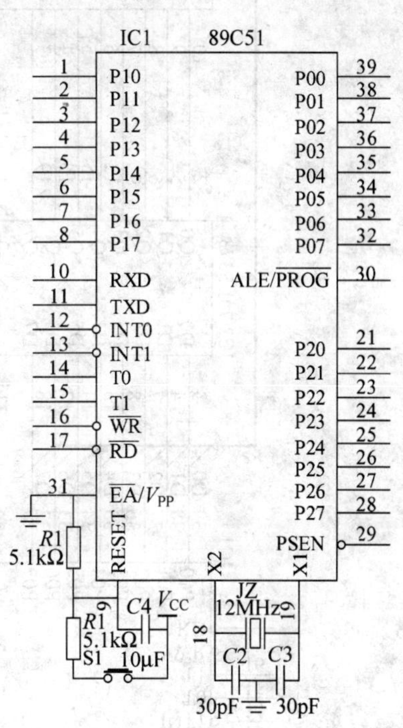

图 6-3　89C51 最小系统

6.2　LED 彩灯控制器仿真及制作

最小系统最简单的应用就是在口线上接彩灯，在实验室即可实现，对于初学者也是一个入门实验。下面将介绍设计过程。

6.2.1　LED 彩灯控制器电路设计

最小系统是固定的，其他功能可一部分一部分地扩展，对于彩灯控制器，只要在口线上加线驱动器即可。因 8031 每个口带负载的能力有限，也就是说在 P1 口的 8 根口线上同时直接接 8 个指示灯，若编程让 8 个灯同时亮，这时，8 个灯一个也不亮，直接接一两个还行。即 8031 每个口最多能接 4 个负载。8 个指示灯能同时亮的方法是：每一个口线加驱动，一般用同向放大器或反向放大器作为驱动器，对于大电流器件若驱动电流还不够，应改用三极管作驱动器件。根据以上设计思路，用 Protel 作出的设计原理图如图 6-4 所示。

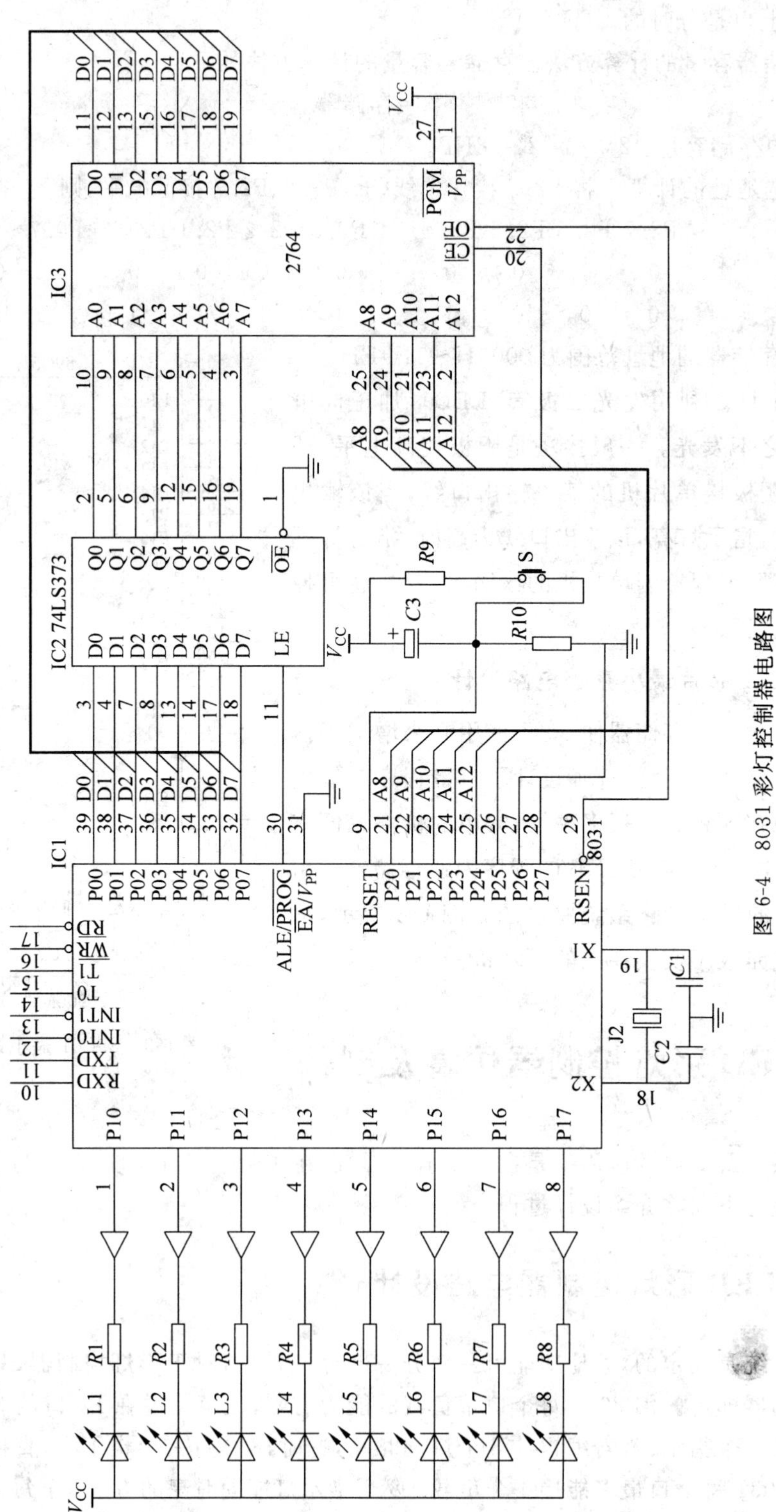

图 6-4　8031 彩灯控制器电路图

图中最小系统没变，只是加了 8 个发光二极管、8 个电阻和 8 个同向放大器(74LS244)。每一路加接电阻的目的是调节电流大小，一般是先接一个可变电阻，调整可变电阻阻值，使发光二极管最亮且电流最小，测下此时的可变电阻阻值大小，用一个固定电阻焊上。

对于小的实验设计可用 89C51 或 89C2051，其内部自带闪速存储器，可反复擦写。下面是用 89C51 设计的原理图，如图 6-5 所示，图中电路省去了 74LS373 和 2764，使体积缩小，价格降低。需要注意的是，31 脚通过一个电阻接高电平，复位电路、时钟电路不变。

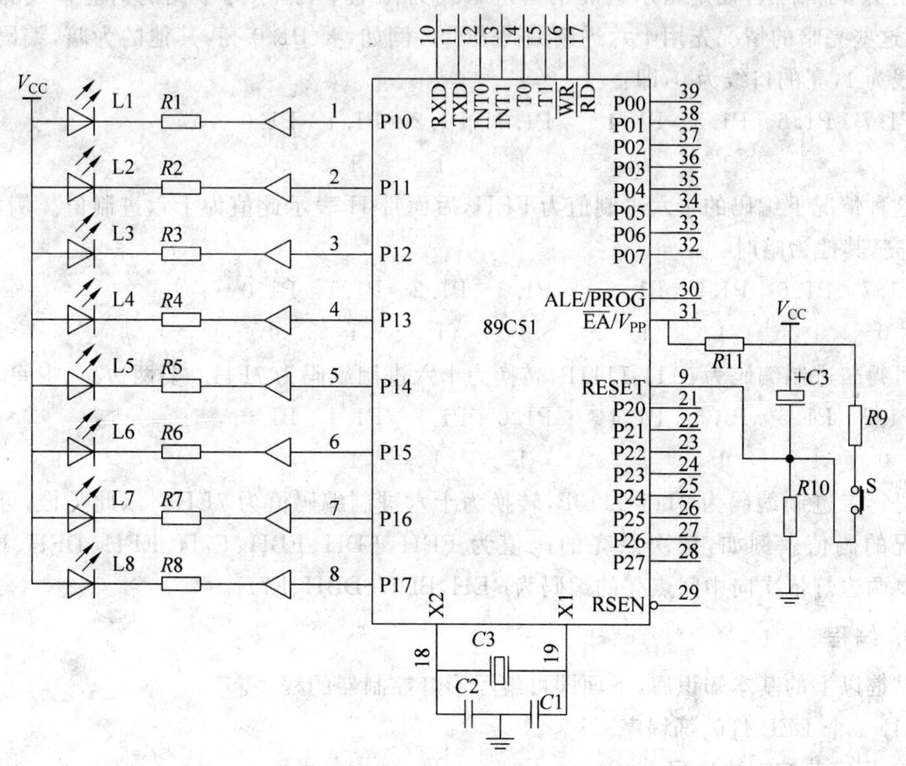

图 6-5　89C51 彩灯控制器电路图

6.2.2　程序设计

1. 延时程序

设计软件之前要考虑数据的编码和硬件的反应时间与人眼的视觉暂留时间。指示灯的闪动，即一亮一暗的延时，应在 0.5s 以上，一般定 1s，不然人的眼睛感觉不出亮暗变化。若延时太短，给人的感觉是指示灯全亮或全暗，这一点要特别注意。

编程时两次送数之间要延时，延时程序一般用循环程序编写(也可用定时器)。延时程序为：

```
DEL:    MOV R7,#0FFH
DEL1:   MOV R6,#0FFH
DEL2:   DJNZ R6,DEL2
        DJNZ R7,DEL1
        RET
```

此程序为二重循环，第一循环体为“DEL2：DJNZ R6，DEL2”，第一循环体完后再进入第二循环体“DJNZ R7，DEL1”，以此类推，可编多重循环程序（循环程序在6.3节有详细讲解）。这些常用程序都是固定格式，记下即可。

2. 数据的编码

从原理图上可以知道，P1口线为低电平时指示灯亮，为高电平时指示灯不亮。在编程时用字节操作法，设定指示灯亮的对应口线为低电平，指示灯不亮的对应口线为高电平，把这些亮暗的情况先用十六进制编码表示。例如，要P1.0亮，其他的为暗，编码时暗的口线为1，亮的口线为0，即：

P1.7	P1.6	P1.5	P1.4	P1.3	P1.2	P1.1	P1.0
1	1	1	1	1	1	1	0

这种情况下编码的十六进制值为FEH，后面带H表示此值为十六进制值。例如，要P1.7亮，其他为暗时：

P1.7	P1.6	P1.5	P1.4	P1.3	P1.2	P1.1	P1.0
0	1	1	1	1	1	1	1

可得二进制编码为0111 1111B，转换为十六进制编码为7FH。要两边亮、中间暗时：

P1.7	P1.6	P1.5	P1.4	P1.3	P1.2	P1.1	P1.0
0	1	1	1	1	1	1	0

可得二进制编码为0111 1110B，转换为十六进制编码值为7EH。以此类推，可编各种情况的码值。例如，依次点亮的码值为FEH、FDH、FBH、F7H、EFH、DFH、BFH、7FH。两边灯依次向中间点亮的编码为7EH、BDH、DBH、E7H。

3. 编程

掌握以上的基本知识后，下面即可编写彩灯控制器的程序。

(1) 1个LED灯闪烁程序。

① 用字节控制法编程。

```
LOP:  MOV   P1,#0FEH          ;第1个指示灯亮
      ACALL DEL               ;调用延时子程序延时
      MOV   P1,#0FFH          ;第1个指示灯暗
      ACALL DEL
      AJMP  LOP               ;反复循环
DEL:  MOV   R7,#0FFH
DEL1: MOV   R6,#0FFH
DEL2: DJNZ  R6,DEL2
      DJNZ  R7,DEL1
      RET
```

② 用位控制法编程。

```
LOP:  SETB  P1.0              ;第1个指示灯亮
      ACALL DEL               ;调用延时子程序延时
      CLR   P1.0              ;第1个指示暗
```

```
      ACALL DEL
      AJMP  LOP              ; 反复循环
DEL:  MOV   R7, # 0FFH
DEL1: MOV   R6, # 0FFH
DEL2: DJNZ  R6,DEL2
      DJNZ  R7,DEL1
      RET
```

(2) 程序的功能是使接于P1口的8个指示灯顺次点亮,反复循环。

```
      ORG   0000H            ; 指定下面所编的程序固化到ROM中的起始地址
LOP:  MOV   P1, # 0FEH       ; 第1个指示灯亮
      ACALL DEL              ; 调用延时子程序延时
      MOV   P1, # 0FDH       ; 第2个指示灯亮
      ACALL DEL
      MOV   P1, # 0FBH       ; 第3个指示灯亮
      ACALL DEL
      MOV   P1, # 0F7H       ; 第4个指示灯亮
      ACALL DEL
      MOV   P1, # 0EFH       ; 第5个指示灯亮
      ACALL DEL
      MOV   P1, # 0DFH       ; 第6个指示灯亮
      ACALL DEL
      MOV   P1, # 0BFH       ; 第7个指示灯亮
      ACALL DEL
      MOV   P1, # 7FH        ; 第8个指示灯亮
      ACALL DEL
      AJMP  LOP              ; 反复循环
DEL:  MOV   R7, # 0FFH
DEL1: MOV   R6, # 0FFH
DEL2: DJNZ  R6,DEL2
      DJNZ  R7,DEL1
      RET
```

将此以上程序在Keil中汇编后,产生后缀名为HEX的文件,固化到2764或89C51中,彩灯应按以上编程思路变化。可以编写各种控制彩灯变化的程序,使彩灯变换花样更多,运行后效果更好(此程序可为以后的讲解作为示范程序)。

6.2.3 Proteus软件仿真

1. 一只LED彩灯闪烁仿真

现在用Proteus仿真软件,完全可仿真硬件软件结合在一起的全过程。该软件首先在Proteus软件中输入原理图电路,再导入在Keil中产生的HEX文件,全速运行后,就可观察到软硬件联调时的结果。下面具体讨论。

在Proteus软件中输入如图6-6所示原理图,然后装载程序,方法是:双击CPU芯片弹出图6-7所示对话框。在Program File文本框中单击文件夹,选中HEX文件所在的文

件夹，选中 HEX 文件，单击图 6-7 中 OK 按钮，程序装载完成。在菜单 Debug 下，单击 Execute 命令，全速运行程序，可观察到硬件联调结果。一只 LED 灯闪烁。

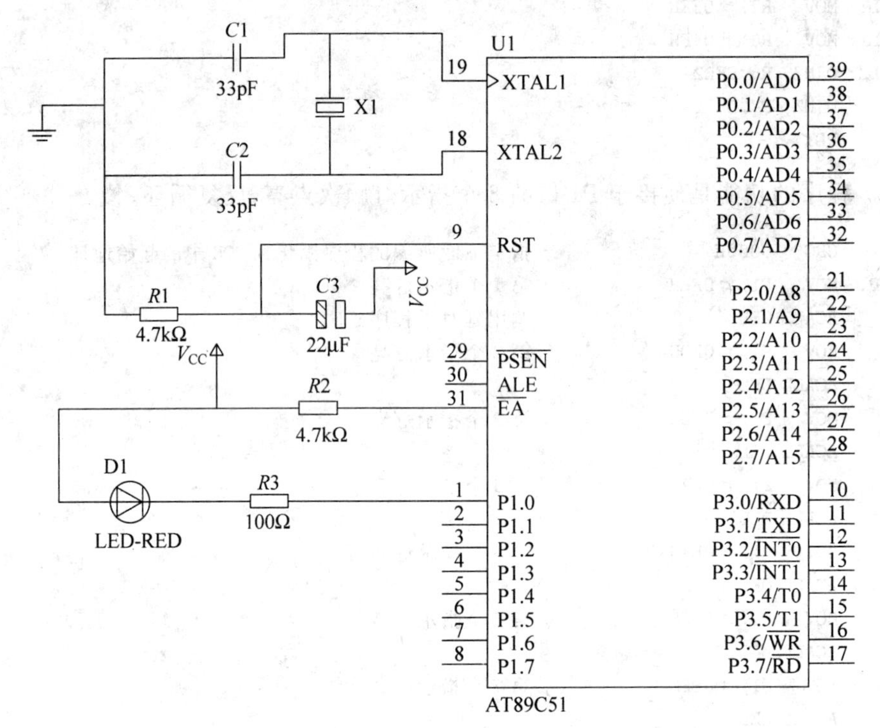

图 6-6 一只 LED 灯 Proteus 软件仿真图

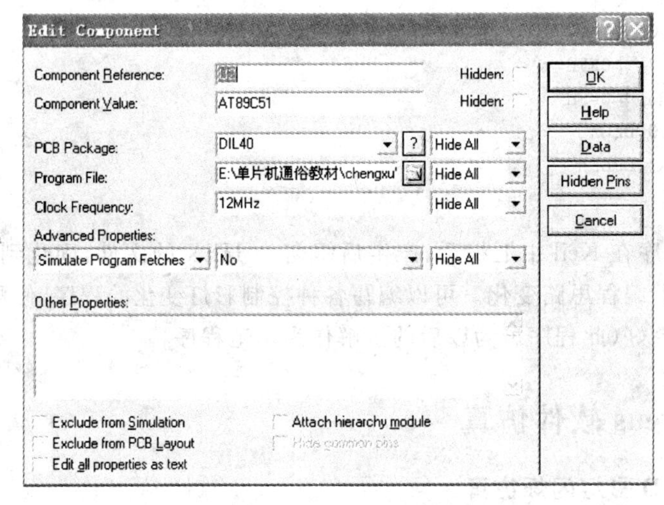

图 6-7 Proteus 软件仿真图

2. 8 只 LED 彩灯花样控制仿真

有了一只彩灯控制的经验后，就可仿真 8 只彩灯的控制技术。同理可在 Proteus 软件中输入如图 2-29 所示原理图，然后装载程序，全速运行程序，可观察到硬件联调结果，

LED灯从上到下依次点亮。还可编写两端彩灯向中间依次点亮、中间向两端依次点亮等花样程序。

6.3 LED彩灯控制器电路板图设计

在实际应用中还要根据原理图设计出印制板图。原理图和印制板图在专用绘图软件Protel下制作，然后将印制板图送到印制板厂加工出印制板，印制板加工好后，再到无线电元器件市场按原理图中的设计要求购买元器件，按原理图焊接元件，最后调试硬件。

6.3.1 印制电路板设计

1. 印制电路图(板)设计的一般常识

印制电路板设计包括：确定印制板尺寸、形状、材料、外部连接和安装方法、布设导线和元器件位置、确定印制导线的宽度、间距和焊盘的直径和孔径等。印制电路板必须符合电路原理图的电气连接和电气、机械性能要求，合理选择板面尺寸。印制电路板的面积大小应适中，若电路板面积过大，印制线条长，阻抗增加，抗噪声能力降低，成本亦高；若电路板面积过小，则散热不好，并在线条间产生干扰。

2. 印制电路板元器件布局与布线

(1) 元器件布局的一般方法和要求

① 元器件在印制电路板上的分布应尽量均匀，密度一致。无论是单面印制电路板还是双面印制电路板，所有元器件都尽可能安装在板的同一面，以便加工、安装和维护。

② 印制电路板上元器件的排列应整齐美观，一般应做到横平竖直，并力求电路安装紧凑、密集，尽量缩短引线。如果装配工艺要求需将整个电路分割成几块安装时，应使每块装配好的印制电路板成为独立的功能电路，以便单独调试、检验和维护。

③ 元器件安装的位置应避免互相影响，元器件间不允许立体交叉和重叠排列，元器件的方向应与相邻印制导线交叉，电感器件要注意防电磁干扰，发热元件要放在有利于散热的位置，必要时可单独放置或装散热器，以降温和减小对邻近元器件的影响。

④ 大而笨重的元件如变压器、扼流圈、大电容器、继电器等，可安装在主印制板之外的辅助底板上，利用附件将它们紧固，以利于加工和装配。也可将上述元件安置在印制板靠近固定端的位置上，并降低重心，以提高机械强度和耐振、耐冲击力，减小印制板的负荷和变形。

⑤ 元器件的跨距(即元器件成型后两引线脚之间的距离)最大不应该大于元件本体长度的2倍以上；单向引线的跨距，不应超过本体直径(或长度)的4/5，如图6-8所示。

⑥ 元器件的间距，最小间距 d 等于相邻元件的半径(或厚度的一半)之和再加上安全间隙 b(b 为1mm/(200V))，如图6-9所示。

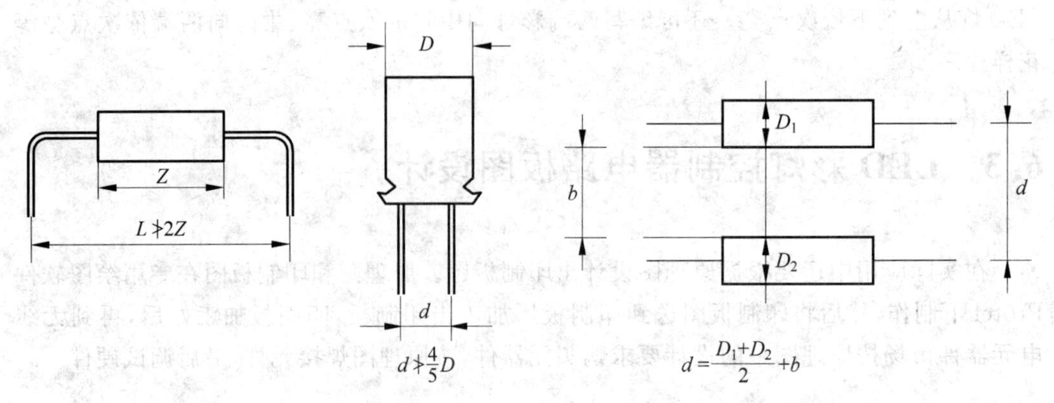

图 6-8 元器件的跨距和单向引线的跨距

图 6-9 元器件的间距

(2) 布设导线的一般方法和要求

① 公共地线应尽可能布置在印制电路板的最边缘，便于印制电路板安装以及与地相连。同时导线与印制板边缘应留有一定的距离，以便进行机械加工和提高绝缘性能。

② 为减小导线间的寄生耦合，布线时应按信号的顺序进行排列，尽可能将输入线和输出线的位置远离，并最好采用地线将两端隔开。输入线和电源线的距离应大于 1mm，以减小寄生耦合，另外输入电路的印制导线应尽量短，以减小感应现象及分布参数的影响。

③ 提供大信号的供电线和提供小信号的供电线应分开，特别是地线，最好是一点共地。

④ 高频电路中的高频导线、三极管各电极引线及信号输入输出线应尽量做到短而直，易引起自激的导线应避免互相平行，宜采取垂直或斜交布线，若交叉的线较多，则最好采用双面板，将交叉的导线布设在印制板的两面。双面板的布线，应避免基板两面的印制导线平行，以减小寄生耦合，最好使印制板的两面导线成垂直或斜交布置。

(3) 印制导线的尺寸和图形

① 印制导线的宽度。同一块印制电路板上的印制导线宽度应尽可能保持均匀一致(地线除外)，印制导线的宽度主要与流过其电流的大小有关，印制导线的宽度一般选择 1～2mm。一些要流过大电流的电路，线宽要适当加宽，可宽至 2～3mm，公共地线和电源线在布线允许的情况下可为 4～5mm。

② 印制导线的间距。印制导线的间距一般不小于 1mm，当线间电压高或通过高频信号时，其间距应相应增大，避免相对绝缘强度下降，分布电容增大。

③ 印制导线的形状。印制导线的形状如图 6-10 所示，应简洁美观，在设计印制导线时应遵循以下几点。

a. 除地线外，同一印制板上导线的宽度尽可能保持一致。

b. 印制导线的走向应平直，不应出现急剧的拐弯或尖角。

c. 应尽量避免印制导线出现分支。

(4) 印制接点(焊盘)的形状和尺寸

为了增加在焊接元件与机械加工时印制导线与基板的粘贴强度，必须将导线加工成

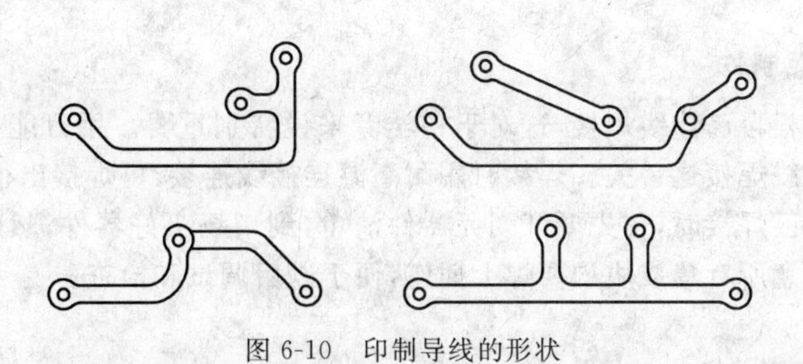

图 6-10 印制导线的形状

圆形或岛形，如图 6-11 所示。环外径应略大于其相交的印制导线的宽度，通常取 2～3mm。而在单个焊盘或连接较短的两个接点加一条辅助线，增加接点的牢固。

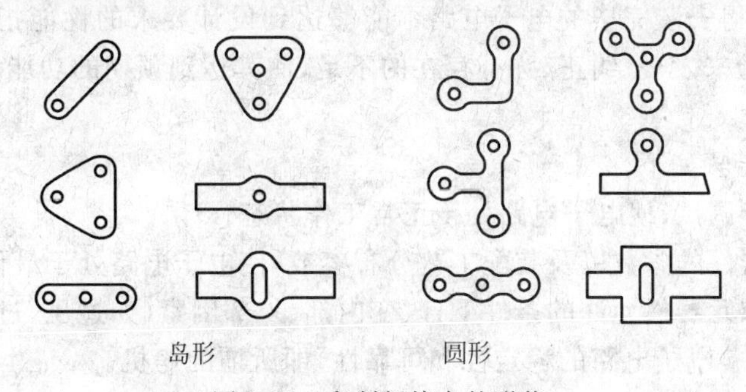

图 6-11 印制板接点的形状

6.3.2 电路板(PCB)制作

电路板设计好后要用覆铜板制作成电路板，制作电路板的方法，一般有如下几种。

1. 专门 PCB 板制作厂家制作

这种方法制作时只要将在 Protel 软件中制作的 PCB 板图文件发到制作厂家，厂家就会按你设计的内容做好板子，使用者拿来直接焊接元器件就行。但是 PCB 板小批量制作价格较贵，而且制作时间较长，最低要一周时间，一般是集体提前制作。

2. 用雕刻机制作印刷电路图

若有雕刻机，首先把在 Protel 软件中绘制成的印刷电路转换成雕刻机所需的软件，并准备好如雕刻头及铜覆板等工具，进行雕刻。雕刻好后打孔，上锡处理，最后制成能用的电路板。

3. 自己手工制作

自己手工制作电路板，这也是基本技能之一。一般方法是先买好覆铜板(到电子元器件市场购买，最好买边角料板能省钱)、三氯化铁、油漆或透明胶带。制作方法如下。

(1) 对于单面板，将透明胶带贴满覆铜板有铜的那面，再用小刀将要腐蚀的部分刻掉，保留不需腐蚀的部分。

(2) 将刻好的覆铜板放入三氯化铁中进行腐蚀，腐蚀完后冲洗干净晾干。

(3) 对腐蚀好的板子进行打孔，上锡处理，电路板制作成功。

4. 用万能板制作

最好买万能板自己连线焊接，这对于初学者来说特别重要。用万能板制作电路板首先必须过手工连线焊接这一关。焊接时用耐高温连接线连接，可焊接出很美观的电路。

用万能板自己焊接时，首先要开列元器件清单，到市场买好器件，然后自己按电路图焊接好。特别注意所有集成块均要焊上插座，便于以后调试和检查。

6.3.3 电路调试

由于元器件特性参数的分散性、装配工艺的影响以及其他如元器件缺陷和干扰等各种因素的影响，使得安装完毕的电子电路不能够达到设计要求的性能指标。通过对电子电路的调整和试验来发现、纠正、弥补存在的不足，使其达到预期的功能和技术指标，这就是电子电路的调试。

调试的一般步骤如下。

(1) 经过初步调试，使电子电路处于正常工作状态。

(2) 调整元器件的参数以及装配工艺分布参数，使电子电路处于最佳工作状态。

(3) 在设计和元器件允许的条件下，改变内部、外部因素(如过压、过流、高温、连续长时间运行等)以检验电子电路的稳定性和可靠性，即所谓的烤机。

调试的一般原则是先静态调试后动态调试。

对于简单的电子电路，首先在电路未加输入信号的直流状态下测试和调整各项技术性能指标，然后再输入适当的信号测试和调整各项技术性能指标。

对于复杂的电子电路，需要将复杂电路按各部分完成的功能而分解成一些功能块(即单元电路)，然后按照信号流程，按其功能原理进行功能检查，逐级进行调试。对具有精度要求的各项技术性能指标，必须用标准仪器仪表来检定，这就是所谓的分调。在分调的基础上再对电路整体的技术性能指标、波形参数进行测试调整，使之达到设计的要求，即所谓的总调。

该电路调试的方法是：先用万用表对照原理图逐根线逐点检查，应特别注意电源不能接反。反复检查没错后拔掉 8031，将 P1 口的每个脚对地短路，观察指示是否亮(亮为好)。如灯不亮，检查发光管是否完好，方向是否接反，接下来查电阻是否开路，阻值是否太大，再查同向放大器是否完好。如果有问题，可以换一个芯片试试，检查无误后，最后调试限流电阻，调整阻值使发光管最亮，电流为最小。至此一个实用的彩灯控制器的硬件算设计成功。

6.3.4 程序烧写及试用

上面已经讲过，不管哪种单片机，厂家都要配套提供编程器(固化程序)。由于厂家很多，芯片很多，不可能一种芯片一个编程器，有些公司研究出通用编程器。常见的通用编程器有南京西尔特电子有限公司的 SUPERPRO 通用编程器等。下面介绍 SUPERPRO 通用编程器。

1. 简介

SUPERPRO 是一种可靠性高，速度快，具有高性能价格比的高级通用编程器系列。

SUPERPRO 适用于 IBM PC 386,486,PENTIUM 及其兼容系列。其菜单驱动接口软件使装入、编辑和保存文件极其方便。支持数十个厂家生产的 EPLD、E(E)PROM、FLASH、BPROM、MCU 等数千种可编程器。

2. 编程器的使用

(1) 按说明书安装好硬件和软件

(2) 编程

将器件插入编程器插座,然后锁紧。从主显执行 Device→Select by Manufacturer 命令或执行 Device→Select by Device 命令,选择正确器件。

单击 Select by MFG(根据厂家选择器件)菜单完成器件选择。该功能是通过器件选择对话框来完成的。器件选择对话框由两个列表窗口和一个类型选择组成。用户在选择器件时,应首先确定器件类型(Type)。SPⅢ 支持 5 类器件的编程,这 5 类器件是:E(E)PROM、BPROM、DRAM/SRAM、PLD/EPLD、MPU/MCU。

当编程器件的类型确定之后,用户便可以利用列表窗口进行器件选择,左边的列表窗口显示器件生产厂家(Manufacturer),右边的列表窗口显示不同厂家所对应的器件。选择一个器件的方法是:先选厂家,后选器件。在对话框的底部,有一个信息栏,其中显示当前所选器件的厂家名(Manufacturer)、器件(Device Name)、器件类型(Device Type)、芯片容量(Chip Size)、最大管脚(Max Pin)、编程算法名(Algo Name),可供用户在选择器件时参考。

Select by Device(根据型号选择器件)菜单提供了另一种器件选择方法,即先选器件,后选厂家,其余的选择方法与上一个菜单相同。首先单击"文件(File)"菜单,把文件调入缓冲区或者从器件读入缓冲区。然后单击"缓冲区(Buffer)"菜单,检查、修改数据文件(非必要步骤)。最后执行 Device→Function Select 命令,选择并执行所需功能。

① Program 编程。将缓冲区内的数据烧写至芯片。编程过程中或编程完毕将执行 Verify 功能,如程序有错误,显示出错信息和出错地址,其他结果则显示在 Message 窗口。如果芯片为 ROM,当芯片进行编程和校验时,Address 窗口中 Current Address 窗口显示编程地址增加。缓冲区的起始地址和结束地址可以在 Address 窗口中的 Buffer Start 和 Buffer End 输入行进行修改。Program Address 为缓冲区编程开始地址。如果芯片为 PLD,当芯片进行编程和校验时,Address 窗口中 Current Address 窗口显示编程地址增加。

② Read 读。从芯片读其内容到缓冲区。读完之后,Environment 窗口显示数据的校验和。如果芯片是 PAL 或 GAL,Blow count 同时显示计数值。当 GAL 编程时,将首先检查其器件电子标签,如果读出的厂家名的器件型号与所选的不符,将显示错误信息,芯片不能编程也不能读。如果 PAL 或 GAL 的安全熔丝断了,则不管芯片内容是什么,读出的数据要么全"1"要么全"0"。如果芯片为 ROM 或单片微控制器,芯片将把起始地址和结束地址中的数据读入缓冲区。Address 窗口中的 Current address 将显示编程地址;Message 窗口显示编程信息。

③ Verify 检验。本功能是对缓冲区内容芯片内容进行比较。如果出现错误,显示错误信息和出错地址。如果为 ROM 或单片微控制器,将对起始地址和结束地址进行比较。Current address 显示比较的地址。

④ Blank Check 空检查。本功能是读芯片内容并与空字符比较。如果芯片不空,将

显示不空地址。如果芯片为ROM或单片微控制器，则在指定起始地址和结束地址进行部分空比较。

⑤ Data Compare 数据比较。本功能仅用于ROM和单片微控制器，功能与Verify相同，但将产生包含芯片数据和缓冲区数据有差异的文件。文件名即为所选择器件名，“.cmp”作为扩展名。例如，如果选择的器件为AMD 27256，则产生的文件为“27256.cmp”。此文件可在一般编辑器中浏览，它包含了芯片数据与缓冲区数据之间的差异。与Verify功能不同，当遇到第一个不同数据时，它不会停下来。

⑥ Auto 自动操作。本功能将顺序执行一些功能。如果芯片是PAL或GAL，它将执行Erase(擦除)、Blank Check(空检查)、Program(编程)、Verify(校验)功能。如果其中任何一个功能由于出现错误而中断，则下面的步骤也不可以执行。如果芯片是ROM或单片微控制器，它将顺序执行Blank Check、Program和Verify功能。对87单片微控制器系列，还可进行加密。

⑦ Security 加密。如果进行了加密编程，插入芯片的数据将不能读出。对可擦除器件，要进行加密部分编程，必须首先执行Erase功能。不同的器件，此功能的名称可能不同。如MEM、PROTECT等，但含义都一样。

注意：加密芯片可以通过Blank Check功能。

⑧ Encryption Program 加密位表编程。仅用于带加密位表的单片机。本操作将密码表编进芯片。加密表的内容可以装入、保存和编辑。芯片一旦写入密码数据，缓冲区中的数据就与密码表中的数据进行“异或”操作，若有错，将显示错误信息。

注意：对ROM或单片微控制器编程，将显示以下条目(当前地址和组数也同时显示出来)。

a. Chip Start Address 芯片起始地址：编程芯片的起始地址。

b. Chip End Address 芯片结束地址：编程芯片的结束地址。输入十六进制数或地址大于芯片地址的最大值，将显示错误信息。

c. Program Start Address 缓冲区起始地址：指定编程缓冲区起始地址。

d. Buffer Start Address 缓冲区起始地址：指定缓冲区的起始地址。改变这个值，选择自动操作后，编程器就自动执行所有操作，并显示操作情况。

编程器还有其他功能，请看使用说明书。

3. 试用

将烧写好的程序芯片插入已经焊好的插座中，通电试用。若一切正常，指示灯应该与程序设计的要求一样，顺序点亮，反复循环。

讨论与思考

总结归纳制作控制器的方法和步骤，各工具使用要点。

提高篇

chapter 7 ◇ 第 7 章

定时器方法制作LED彩灯控制器

定时器的应用较多。一般延时较长时都不用程序延时而用定时器延时，定时器延时占用较少 CPU 时间。下面具体讨论定时器/计数器的使用方法。

7.1 定时器/计数器的使用方法

定时器的使用与日常用手机定时一样，要设定时间数值、启动定时器、时间到响铃、关掉定时器。单片机定时器设定时间数值是通过计算初值来得到，启动定时器、时间到响铃、关掉定时器是通过 TCON 特殊功能寄存器实现的。单片机的时间到响铃是通过溢出位 TF0(1)置 1 来实现的。由于定时器/计数器是一个部件做两用，即功能多，工作方式也多，其功能和工作方式通过 TMOD 特殊寄存器来设定。这样定时器/计数器的使用可归结为两个特殊功能寄存器的使用和初值计算。综上所述，定时器/计数器内容归纳为两个特殊功能寄存器的使用、初值计算和定时器初始化 3 个问题。下面分别讨论。

7.1.1 特殊功能寄存器

MCS-51 单片机内部有两个 16 位可编程的定时器/计数器，即定时器 T0 和定时器 T1(8052 提供 3 个，第 3 个称定时器 T2)。它们既可用做定时器方式，又可用做计数器方式。

定时器/计数器由两个 8 位的计数器(其中 TH1、TL1 是 T1 的计数器，TH0、TL0 是 T0 的计数器)拼装而成。

(1) 当用做定时器时，输入的时钟脉冲是由晶体振荡器的输出经 12 分频后得到的，所以定时器也可看做是对计算机机器周期的计数器(因为每个机器周期包含 12 个振荡周期，故每一个机器周期定时器加 1，可以把输入的时钟脉冲看成机器周期信号)，其频率为晶振频率的 1/12。如果晶振频率为 12MHz，则定时器每接收一个输入脉冲的时间为 1μs。

(2) 当用做对外部事件计数时，接相应的外部输入引脚 T0(P3.4)或 T1(P3.5)。在这种情况下，当检测到输入引脚上的电平由高跳变到低时，计数器就加1(它在每个机器周期的S5P2时采样外部输入，当采样值在这个机器周期为高，在下一个机器周期为低时，则计数器加1)。加1操作发生在检测到这种跳变后的一个机器周期中的S3P1，因此需要两个机器周期来识别一个从1到0的跳变信号，故最高计数频率为晶振频率的1/24。这就要求输入信号的电平在跳变后至少应在一个机器周期内保持不变，以保证在给定的电平再次变化前至少被采样一次。

定时器/计数器工作方式的选择及控制都由两个特殊功能寄存器(TMOD和TCON)的内容来决定。可通过指令设定TMOD或TCON的内容，下面具体讨论这两个特殊功能寄存器。

1. 定时器的方式寄存器TMOD

特殊功能寄存器TMOD为定时器的方式控制寄存器，寄存器中每位的定义如图7-1所示。高4位用于定时器1，低4位用于定时器0。其中M1、M0用来确定所选的工作方式，如表7-1所示。

D7	D6	D5	D4	D3	D2	D1	D0
GATE	$C/\overline{T}$	M1	M0	GATE	$C/\overline{T}$	M1	M0
T1方式控制字				T0方式控制字			

图7-1　TMOD寄存器各位定义

表7-1　工作方式选择表

M1	M0	方式	说　明
0	0	0	13位定时器/计数器
0	1	1	16位定时器/计数器
1	0	2	自动装入时间常数的8位定时器/计数器
1	1	3	对T0分为两个8位独立计数器；对T1置方式3时停止工作(无中断重装8位计数器)

① $C/\overline{T}$：定时器方式或计数器方式选择位。$C/\overline{T}=1$时，用做计数器方式；$C/\overline{T}=0$时，用做定时器方式。

② GATE：定时器/计数器运行控制位，用来确定对应的外部中断请求引脚($\overline{\text{INT0}}$，$\overline{\text{INT1}}$)是否参与T0或T1的操作控制。当GATE=0时，只要定时器控制寄存器TCON中的TR0(或TR1)被置1，T0(或T1)则被允许开始计数(TCON各位含义见后面叙述)；当GATE=1时，不仅要TCON中的TR0或TR1置位，还需要P3口的$\overline{\text{INT0}}$或$\overline{\text{INT1}}$引脚为高电平，才允许计数。

综上所述，MCS-51单片机内的定时器/计数器可以通过对特殊功能寄存器TMOD中的控制位$C/\overline{T}$的设置来选择定时器方式或计数器方式。可以通过对M1M0两位进行设置得到4种工作方式，下面以T0为例加以说明。

(1) 方式0

当M1M0设置为00时，定时器选定方式0工作。在这种方式下，16位寄存器只用了13位，TL0的高3位未用。由TH0的8位和TL0的低5位组成一个13位计数器。

当 GATE=0 时，只要 TCON 中的 TR0 为 1，TL0 及 TH0 组成的 13 位计数器就开始计数；当 GATE=1 时，仅 TR0=1 仍不能使计数器计数，还需要$\overline{\text{INT0}}$引脚为 1 才能使计数器工作。由此可知，当 GATE=1 和 TR0=1 时，TH0 和 TL0 是否计数取决于$\overline{\text{INT0}}$引脚的信号，当$\overline{\text{INT0}}$由 0 变 1 时，开始计数，当$\overline{\text{INT0}}$由 1 变 0 时，停止计数，这样就可以用来测量在$\overline{\text{INT0}}$端出现的脉冲宽度。

当 13 位计数器从 0 或设定的初值加 1 到全 1 以后，再加 1 就产生溢出。这时 TCON 的 TF0 位自动置为 1，同时把计数器的值 FF1F 变为 0000。

(2) 方式 1

方式 1 和方式 0 的工作方式相同，唯一的差别是 TH0 和 TL0 组成一个 16 位计数器。当 16 位计数器从 0 或设定的初值加 1 到全 1 以后，再加 1 就产生溢出。这时 TCON 的 TF0 位自动置为 1，同时把计数器的值 FFFF 变为全 0000。

(3) 方式 2

方式 2 把 TL0 配置成一个可以自动恢复初值(初始常数自动重新装入)的 8 位计数器，TH0 作为常数缓冲器，由软件预置值。当 TL0 产生溢出时，一方面使溢出标志 TF0 置 1，同时把 TH0 中的 8 位数据重新装入 TL0 中。

方式 2 常用于定时控制。例如，希望每隔 250μs 产生一个定时控制脉冲，则可以采用 12MHz 的振荡器，把 TH0 预置为 6，并使 C/$\overline{\text{T}}$=0 就能实现。方式 2 不用做串行口波特率发生器。

(4) 方式 3

方式 3 对定时器 T0 和定时器 T1 是不相同的。如果 T1 设置为方式 3，则停止工作(其效果与 TR1=0 相同)，所以方式 3 只适用于 T0。

方式 3 使 MCS-51 单片机具有 3 个定时器/计数器(增加了一个附加的 8 位定时器/计数器)。当 T0 设置为方式 3 时，将使 TL0 和 TH0 成为两个相互独立的 8 位计数器，TL0 利用了 T0 本身的一些控制(C/$\overline{\text{T}}$、GATE、TR0、$\overline{\text{INT0}}$和 TF0)方式，与方式 0 和方式 1 类似。而 TH0 被规定用做定时器功能，对机器周期计数，并借用了 T1 的控制位 TR1 和 TF1。在这种情况下，TH0 控制了 T1 的中断，这时 T1 还可以设置为方式 0～2，用于任何不需要中断控制的场合，或用做串行口的波特率发生器。通常，当 T1 用做串行口波特率发生器时，T0 才定义为方式 3，以增加一个 8 位计数器。

从上可见，此寄存器完成了以下 3 个任务。

① 设定该定时器/计数器是用做定时器还是用做计数器。

② 设定工作方式：决定每次工作时的具体工作方式。

③ 门控位：决定是否要求外部信号参与启动和停止计数。

在使用定时器/计数器时要进行设置，即计算 TMOD 之值，称为控制字的计算。控制字的计算不能出错，出错后定时器/计数器不能正常工作。下面举例说明。

【例 7-1】 用 T1 定时器，工作于方式 1，试计算控制字。

解：因为只使用 T1，TMOD 的低 4 位全部置为 0，高 4 位的 GATE 位没有要求也置为 0，因作定时器用 C/$\overline{\text{T}}$ 位置为 0，因工作于方式 1，M1M0 为 01，填于 TMOD 中，则该寄存器变成如下形式：

0	0	0	1	0	0	0	0

将此组成二进制数为00010000B,将此二进制数转换成十六进制数为10H。

【例7-2】 用T0作为计数器,工作于方式1,试计算控制字。

解:因为只使用T0,TMOD的高4位全部置为0,低4位的GATE位没有要求也置为0,因作计数器用C/T位置为1,因工作于方式1,M1M0为01,填于TMOD中,则该寄存器变成如下形式:

0	0	0	0	0	1	0	1

将此组成二进制数为00000101B,将此二进制数转换成十六进制数为05H。

2. 定时器控制寄存器TCON

特殊功能寄存器TCON用于控制定时器的操作和控制定时器的中断,其各位定义如图7-2所示(其中D0～D3位与外部中断有关,已在中断系统一节中介绍)。

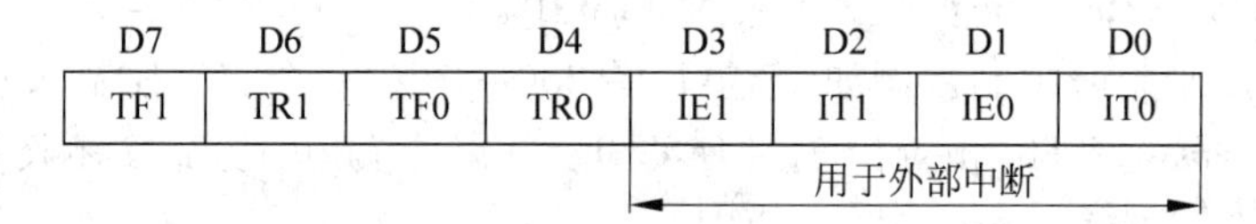

图7-2 TCON寄存器各位定义

(1) TR0:T0的运行控制位。该位置1或清零用来实现启动计数或停止计数。

(2) TF0:T0的溢出中断标志位。当T0计数溢出时由硬件自动置1,在CPU中断处理时由硬件清为0。

(3) TR1:T1的运行控制位,其功能同TR0。

(4) TF1:T1的溢出中断标志位,功能同TF0。

可见启动定时器/计数器只要用指令将TR0(1)置为1,停止定时器/计数器只要指令将TR0(1)置为0,定时/计数时间到溢出位TF0(1)自动置1,否则溢出位TF0(1)自动置0。

7.1.2 定时器/计数器的初值计算

定时器/计数器可用软件随时随地启动和关闭,启动时它自动加1计数,一直到计数器计到满,即计数器的值全为1,如果不停止,计数值从全1变为全0,同时将计数溢出位置1,并向CPU发出定时器溢出中断申请。对于各种不同的工作方式,其最大的定时时间(定时器模值)和最大计数次数(计数器模值)有所不同。

1. 计数器初值计算

当做计数器使用时,设计数器从初值开始作加1计数到计满(为全1)所需要的计数

值设定为C，计数初值设定为N，它们之间的关系如图7-3所示。由此可得到如下的计算公式

$$N = M - C \tag{7-1}$$

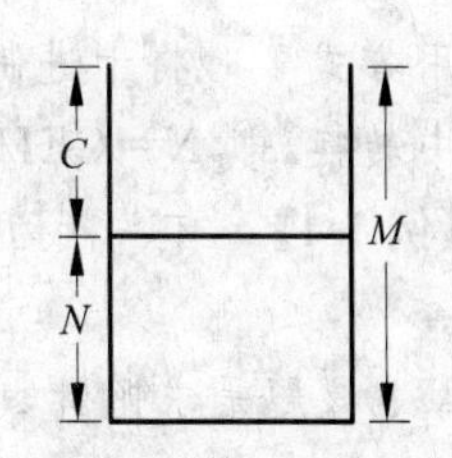

图7-3 计数器初值关系

式(7-1)中，M为计数器模值，该值和计数器工作方式有关。

方式0时，$M=2^{13}=8192\mathrm{D}$。

方式1时，$M=2^{16}=65536\mathrm{D}$。

方式2和方式3时，$M=2^{8}=256\mathrm{D}$。

计算初值时会出现下面两种情况。

(1) 求比计数器模值还要小的计数次数时的初值。

(2) 求比计数器模值还要大的计数次数时的初值。

解决第一个问题只要给计数器一个非零初值。开启计数器时，计数器不从0开始，而是从初值开始，这样就可得到比计数器模值还要小的计数次数。

解决第二个问题用多次循环方法。例如，要求计到1万个数停止的初值，计数时可先用计数器产生5000的计数，再循环2次即可，也可用其他的组合。有时也可采用中断来实现。

【例7-3】 有一打包机，每50个为一包，在使用计数器时，试计算计数器初值。

解法1：该题是求比计数器模值还要小的计数次数时的初值，用方式0时，$M=8192$，$C=50$，据式(7-1)可得

$$N = 8192 - 50 = 8142\mathrm{D}$$

用方式0时将十进制数转换成十六进制数时的方法如下。

① 先将8142转换成二进制数$N=8142\mathrm{D}=1111111001110\mathrm{B}$(在计算机附件中的计算器中转换)。

② 根据定时器/计数器特性，定时器工作在方式0时是13位，其中高字节8位，低字节5位，所以还要进行适当的变换，一般将TL0的高3位置0，即在二进制数第5位前插入3个0，此时二进制数变为1111111000001110B。

③ 将此二进制数转换成十六进制数为：1111111000001110B=FE0EH。

在进行初始化时，高8位F0H送至TH0，组合后的低8位0CH送TL0，可用下列指令实现：

```
MOV  TH0,#0F0H
MOV  TL0,#0CH
```

解法2：用方式1时，$M=65536$，$C=50$，据式(7-1)可得

$$N = 65536 - 50 = 65486\mathrm{D}$$

用方式1时将十进制数转换成十六进制数的方法很简单，直接在计算机附件中的计算器中转换，即$N=\mathrm{FFCEH}$。

解法3：用方式2时，$M=256$，$C=50$，据式(7-1)可得

$$N = 256 - 50 = 206\mathrm{D}$$

用方式 2 时将十进制数转换成十六进制数的方法很简单，直接在计算机附件中的计算器中转换，即 N=CEH。

【例 7-4】 有一自动机，每工作 10 万次停机检修，在使用计数器时，试计算计数器初值。

解：该题是求比计数器模值还要大的计数次数时的初值。

用方式 0 时，M=8192，C=100000，据式(7-1)可得

$$N = 8192 - 100000 = -91808$$

出现负数肯定不合题意，解决此问题用多次循环方法。现在是计数计到 10 万个数停止的初值。计数器一次最大计数由模数决定，最大模数为方式 1，为 65536，也不足 10 万，解决方法是用组合方式，先用计数器产生 50000 的计数，再循环 2 次，50000×2=100000 就可满足要求。也可用其他的组合，例如 5000×20=100000 也满足要求。还有其他很多组合，最佳组合是循环次数最小，以免占用 CPU 较多时间。所以此题最佳答案是用方式 1 先计数 50000 次，再循环 2 次。则

$$N = 65536 - 50000 = 15536\text{D} = \text{3CB0H}$$

2. 定时器初值的计算

在定时器模式下，计数器由单片机脉冲经 12 分频后计数。由图 7-4，再乘时间系数 $12/f_{\text{OSC}}$，定时器定时时间 T 的计算公式为

$$T = (TM - TC)12/f_{\text{OSC}} \tag{7-2}$$

式中，T 为计数器从初值开始作加 1 计数到计满为全 1 所需要的时间，单位为 μs；f_{OSC} 是单片机晶体振荡器的频率；TC 为定时器的定时初值。它们之间的关系如图 7-4 所示。

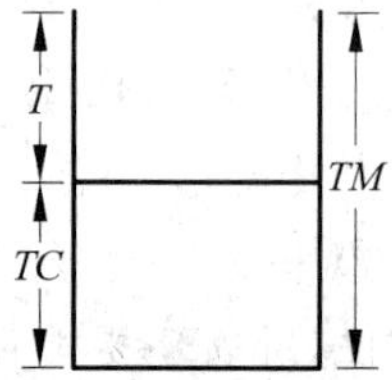

在式(7-2)中，如果设 TC=0，则定时器定时时间为最大，将此最大数定义为定时器模值，符号为 TM。由于 TM 的值和定时器工作方式有关，因此不同工作方式下定时器的最大定时时间也不一样。例如，设单片机主脉冲晶体振荡器频率 f_{OSC} 为 12MHz，则定时器模值为：

图 7-4 定时器初值关系

方式 0 时：$TM=2^{13}\times 1\mu s=8.192$ms。

方式 1 时：$TM=2^{16}\times 1\mu s=65.536$ms。

方式 2 和方式 3 时：$TM=2^{8}\times 1\mu s=0.256$ms。

计算初值时会出现下面两种情况。

(1) 求比计数器模值还要小的计数次数时的初值。

(2) 求比计数器模值还要大的计数次数时的初值。

解决第一个问题只要给定时器一个非零初值。开启定时器时，定时器不从 0 开始，而是从初值开始，这样就可得到比定时器模值还要小的定时时间。

解决第二个问题用多次循环方法。例如，要产生 1s 的定时可先用定时器产生 50ms 的定时，再循环 20 次即可，因为 1s=1000ms，也可用其他的组合。有时也可采用中断来实现。

【例 7-5】 如果单片机时钟频率 f_{OSC}为 12MHz，计算定时 2ms 所需的定时器初值。

解法 1：用定时器 T0 方式 0。

由于定时器工作在方式 2 和方式 3 下时的最大定时时间只有 0.256ms，因此要想获得 2ms 的定时时间定时器必须工作在方式 0 或方式 1 下。

如果采用方式 0，则根据式(7-2)可得定时器初值为

$$TC = 2^{13} - 2\text{ms}/1\mu\text{s} = 6192\text{D}$$

用方式 0 时将十进制数转换成十六进制数时的方法如下。

① 先将 6192 转换成二进制数 N=6192D=1100000110000B(在计算机附件中的计算器中转换)。

② 根据定时器/计数器特性，定时器工作在方式 0 时是 13 位，其中高字节 8 位，低字节 5 位，所以还要进行适当的变换，一般将 TL0 的高 3 位置 0，即在二进制数第 5 位前插入 3 个 0，此时二进制数变为 1100000100010000。

③ 将此二进制数转换成十六进制数为：1100000100010000B=C110H，这样就得到定时器工作在方式 0 时的初值，即 TH0 应装 C1H，TL0 应装 10H。

解法 2：用定时器 T0 方式 1。

根据式(7-2)可得定时器初值为

$$TC = 2^{16} - 2\text{ms}/1\mu\text{s} = 63536\text{D} = \text{F830H}$$

用计算机附件中的计算器可将 63536 转换为十六进制数 F830H，即 TH0 应装 F8H，TL0 应装 30H。可见用方式 1 计算初值时比较容易。

7.1.3　定时器/计数器的初始化

MCS-51 单片机内部定时器/计数器是可编程序的，其工作方式和工作过程均可由 MCS-51 通过程序对它进行设定和控制。因此，MCS-51 单片机在定时器/计数器工作前必须先对其进行初始化，不然定时器/计数器不能工作，初始化步骤如下。

(1) 根据题目要求先给定时器方式寄存器 TMOD 送一个方式控制字，以设定定时器/计数器的相应工作方式。

(2) 根据实际需要给定时器/计数器选送定时器初值或计数器初值，以确实需要定时的时间和需要计数的初值。

(3) 根据需要给中断允许寄存器 IE 选送中断控制字和给中断优先级寄存器 IP 选送中断优先级字，以开放相应中断和设定中断优先级。

(4) 给定时器控制寄存器 TCON 送命令字，以启动或禁止定时器/计数器的运行。

【例 7-6】 设定时器 T0 为方式 0 工作时，定时时间为 1ms，试求初值(时钟振荡频率为 6MHz)，并编写定时 1ms 的程序。

解：将数据代入式(7-2)得

$$(2^{13} - TC)12/6\mu\text{s} = 1\text{ms} = 1000\mu\text{s}$$

$$TC = 2^{13} - 500 = 7692\text{D}$$

将十进制数 7692 转换成二进制数为 TC=1111000001100B。

方式0时将二进制数转换成十六进制数要进行适当的变换，一般将TL0的高3位置0，即在二进制数第5位前插入3个0，此时二进制数变为1111000000001100B，将此二进制数转换成十六进制数为F00CH。在进行初始化时，高8位F0H送至TH0，组合后的低8位0CH送TL0，可用下列指令实现：

```
MOV   TL0,#0CH;    5位送TL0寄存器
MOV   TH0,#0F0H;   8位送TH0寄存器
```

根据题意可算得控制字TCON=00(H)。

有了以上设定后可编写程序如下：

```
        ORG  0000H
        MOV  TMOD,#00H
TIME:   MOV  TL0,#0CH
        MOV  TH0,#0F0H
        SETB TR0
LOOP1:  JBC  TF0,LOOP1
        CLR  TR0
        RET
        END
```

【例7-7】 设定时器T0，以方式1工作，试编写一个延时1s的子程序。

解：如果主频频率为6MHz，可求得T0的最大定时时间为

$$TM_{\max} = 2^{16} \times 2\mu s = 131.072ms$$

用定时器获得100ms的定时时间再加10次循环得到1s的延时，可算得100ms定时的定时初值如下：

$$(2^{16} - TC) \times 2\mu s = 100ms = 100000\mu s$$

$$TC = 2^{16} - 50000 = 15536$$

$$TC = 3CB0H$$

根据题意可算得控制字TCON=00(H)。

编写程序如下：

```
        ORG  0000H
        MOV  TMOD,#01H
        MOV  R7,#10
TIME:   MOV  TL0,#0B0H
        MOV  TH0,#3CH
        SETB TR0
LOOP1:  JBC  TF0,LOOP2
        JMP  LOOP1
LOOP2:  DJNZ R7,TIME
        CLR  TR0
        RET
        END
```

调试时打开定时器T0，单步运行程序，观察每一个标志位和数据的变化情况，如果数

据初值较小，则单步调试的时间较长，此时可以将初值加大快速看到溢出现象的发生。仿真时将 TH0 改为 FFH，TL0 改为 B0H，则将很快看到溢出现象发生，溢出发生时TF0＝1（小框中为“√”符号），调试窗口如图 7-5 所示。

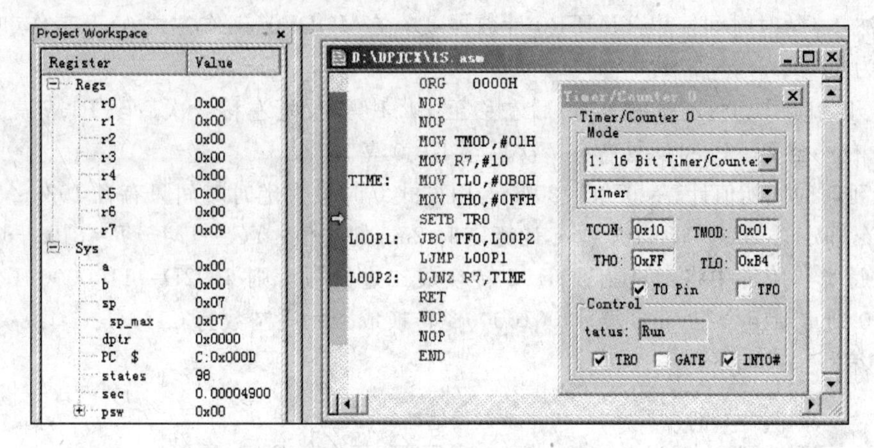

图 7-5　秒定时器调试图示

在调试成功的基础上，可用定时器 T0 方式 0、1、2、3 仿真，接着用定时器 T1 方式 0、1、2、3 仿真，认真观察每一个标志位和数据的变化情况，归纳总结规律。

有了 1s 定时器程序后，第 5 章的延时程序可用定时器程序取代。就可组成用定时器延时的彩灯控制程序。

7.2　定时器法 LED 彩灯控制器制作与仿真

7.2.1　定时器法 LED 彩灯控制器制作与仿真

1. 仿真原理图绘制

LED 彩灯定时器延时控制器的设计、电路原理和硬件与第 6 章相同，只是程序中的延时部分用定时器延时。仿真时在 Proteus 软件中输入如图 6-6 所示原理图，然后装载程序，方法是：双击 CPU 芯片弹出图 6-7 所示对话框。在 Program File 文本框中单击文件夹，选中 HEX 文件所在的文件夹，选中 HEX 文件，单击图 6-7 中 OK 按钮，程序装载完成。在菜单 Debug 下，单击 Execute 命令，全速运行程序，可观察到硬件联调结果，1 只 LED 灯闪烁。

2. 硬件制作

本实验硬件使用第 6 章焊接的硬件。

3. 程序编写

延时技术在现场控制时非常重要，延时多少要由硬件情况而定，因为每一种硬件对电压控制时的反应时间是不同的，对于彩灯控制器而言还要考虑人眼“视觉暂留”时间

(1/8s),若延时太短,人眼分辨不出LED彩灯亮暗变化情况。实验发现彩灯控制延时时间最低在0.2s以上,这么长的延时时间,绝对不允许用软件延时(占用CPU时间太多)。所以较长时间延时都是用定时器来完成。

方法1:延时时间使用TIMER0计数器T0在MODE0(工作方式0)下工作(时钟频率f_{OSC}为12MHz)。

① 开始时P1.0亮,延时0.2s后左移至P1.1亮,反复左移7次后至P1.7亮;再延时0.2s右移至P1.6亮,反复右移7次后至P1.0亮。

② 延时时间初值计算:0.2s=200ms,用方式0时最大定时时间只有8.192ms,用2×100组合,即定时2ms,循环100次。计算定时2ms的初值:$TC=TM-T=8192-2000=6192$,在计算机附件中将十进制数6192转换成二进制数。则6192D=1100000110000B。按方法0则重新组合得110000100010000B转换成十六进制数为C110H。

③ 编写程序如下:

```
        ORG   00H                  ; 起始地址
        MOV   TMOD,#00H            ; 设定 TIMER0 工作在 MODE0
START:  CLR   C                    ; C = 0
        MOV   A,#0FFH              ; ACC = FFH,左移初值
        MOV   R2,#08               ; R2 = 08,设左移 8 次
LOOP:   RLC   A                    ; 左移一位
        MOV   P1,A                 ; 输出至 P1
        MOV   R3,#100              ; 0.2s
        ACALL DELAY                ; 2000μs
        DJNZ  R2,LOOP              ; 左移 8 次
        MOV   R2,#07               ; R2 = 07,设右移 7 次
LOOP1:  RRC   A                    ; 右移一位
        MOV   P1,A                 ; 输出至 P1
        MOV   R3,#100              ; 0.2s
        ACALL DELAY                ; 2000μs
        DJNZ  R2,LOOP1             ; 右移 7 次
        JMP   START
DELAY:  SETB  TR0                  ; 启动 TIMER0 开始计时
AGAIN:  MOV   TL0,#10H             ; 设定 TL0 的值
        MOV   TH0,#0C1H            ; 设定 TH0 的值
LOOP2:  JBC   TF0,LOOP3            ; TF0 是否为 1,是则跳至 LOOP3,并清 TF0
        JMP   LOOP2                ; 不是则跳到 LOOP1
LOOP3:  DJNZ  R3,AGAIN             ; R3 是否为 0,不是则跳到 AGAIN
        CLR   TR0                  ; 是则停止 TIMER0 计数
        RET
        END
```

方法2:延时时间0.2s,使用TIMER0在MODE1(工作方式1)下工作。

用10ms×20,即定时10ms,循环20次。

将方法1的程序改动以下几句即可:

```
        MOV   TMOD,#01H            ; 设定 TIMER0 工作在 MODE1
```

```
        MOV   R3,#20                ; 0.2s
        ACALL DELAY                 ; 10000μs
AGAIN:  MOV   TL0,#0F0H             ; 设定 TL0 的值
        MOV   TH0,#0D8H             ; 设定 TH0 的值
```

方法 3：延时时间 0.2s，使用 TIMER0 在 MODE2(工作方式 2)下工作。

将方法 1 的程序改动以下几句即可：

```
        MOV   TMOD,#02H             ; 设定 TIMER0 工作在 MODE2
        MOV   R4,#04                ; 200ms
A1:     MOV   R3,#200               ; 50ms
        ACALL DELAY                 ; 250μs
AGAIN:  MOV   TL0,#6                ; 设定 TL0 的值
        MOV   TH0,#6                ; 设定 TH0 的值
```

方法 4：延时时间 0.2s，使用 TIMER0 在 MODE3(工作方式 3)下工作。

将方法 1 的程序改动以下几句即可：

```
        MOV     TMOD,#03H           ; 设定 TIMER0 工作在 MODE3
        MOV     R4,#04              ; 200ms
A1:     MOV     R3,#200             ; 50ms
        ACALL   DELAY               ; 250μs
        AGAIN:  MOV TL0,#6          ; 设定 TL0 的值
```

7.2.2 计数器(TIMER0)制作

1. 电路原理图设计

在 7.2.1 小节的基础上在 T0 端口增加一个按键，电路原理图如图 7-6 所示。

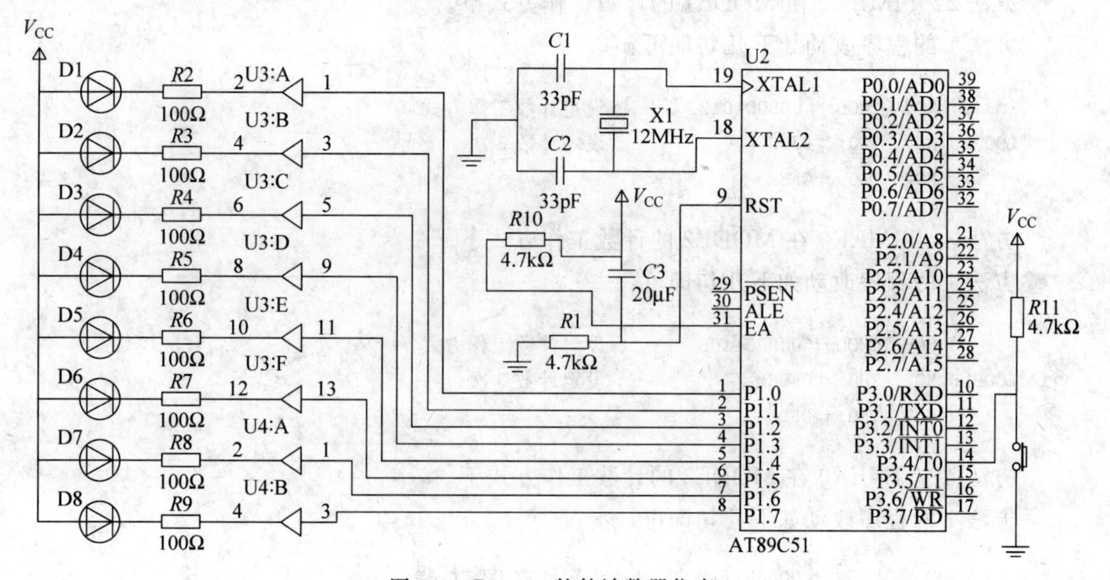

图 7-6 Proteus 软件计数器仿真

2. 硬件制作

本项目硬件是在7.2.1小节的硬件基础上，多焊接一个按键。

3. 程序编写

方法1：TIMER0在MODE0的计数工作方式下。

(1) 功能说明：T0每输入脉冲3次则P1的LED会做BCD码加1的变化，P1.3～P1.0为个位(8421码)，P1.7～P1.4为十位(8421码)。当按动按键3次时BCD码加1。

(2) 编写程序如下：

```
        ORG   0000H
START:  MOV   R2,#00H            ;计数指针
        MOV   TMOD,#00000100B    ;设定计数工作方式
LOOP1:  MOV   TH0,#0FFH          ;设定计数3次
        MOV   TL0,#1DH
SETB    TR0                      ;启动计数器
LOP1:   JBC   TF0,LOOP3          ;是否溢出,是则跳LOOP3
        JMP   LOP1               ;不是则跳LOP1
LOOP3:  MOV   A,R2               ;计数指针加1
        ADD   A,#01H
        DA    A                  ;作BCD码调整
        MOV   R2,A               ;存入R2
        CPL   A                  ;反相以作LO输出
        MOV   P1,A               ;输出至P1
        JMP   LOOP1
        END
```

方法2：TIMER0在MODE1的计数工作方式下。

方法1的程序改动如下几句即可：

```
        MOV   TMOD,#00000101B    ;设定计数工作方式
LOOP1:  MOV   TH0,#0FDH          ;设定计数3次
        MOV   TL0,#0FFH
```

方法3：TIMER0在MODE2的计数工作方式下。

方法1的程序改动如下几句即可：

```
        MOV   TMOD,#00000110B    ;设定计数工作方式
LOOP1:  MOV   TH0,#0FDH          ;设定计数3次
        MOV   TL0,#0FDH
```

方法4：TIMER0在MODE3的计数工作方式下。

方法1的程序改动如下几句即可：

```
        MOV   TMOD,#00000111B    ;设定计数工作方式
LOOP1:  MOV   TH0,#0FDH          ;设定计数3次
```

应用定时器 T0、T1 来进行定时或对外部事件计数，以及利用 MCS-51 的中断功能，即可使 CPU 并行地执行多种操作，提高 CPU 的工作效率。

讨论与思考

各特殊功能寄存器的设置方法和初值计算方法。

第 8 章 chapter 8

中断方法制作LED彩灯控制器

在 CPU 与外设交换信息时，快速的 CPU 与慢速的外设间存在矛盾。为解决这个问题，计算机采用了中断技术。良好的中断系统能提高计算机实时处理的能力，实现 CPU 与外设分时操作和自动处理故障，从而扩大了计算机的应用范围。本章具体讨论中断技术。

8.1 中断概述

中断之事在日常事物中也常见，例如在做某工作的时候，来了电话（响铃），有时接电话，有时不接电话，接电话时将周边东西安置好，再去接电话，接完电话后恢复原状继续工作。这是一个典型中断过程。用书面语言定义中断就是：当 CPU 正在处理某项事务时，如果外界或内部发生了紧急事件，要求 CPU 暂停正在处理的工作转而去处理这个紧急事件，待处理完以后再回到原来被中断的地方，继续执行原来被中断了的程序，这样的过程称为中断。分析中断全过程可知，一个中断全过程有如下几个内容：做某工作（程序结构中的主程序）、响铃（程序结构中的中断源）、保护现场（程序结构中的关键数据压栈）、中断响应（程序结构中的开各级中断）、执行中断（程序结构中的中断子程序）、恢复现场（程序结构中的关键数据出栈）、中断返回（程序结构中的 RETI 指令），中断系统整体图如图 8-1 所示。

图 8-1 左边为 5 个中断源，其中 $\overline{\text{INT0}}$ 和 $\overline{\text{INT1}}$ 有两种触发方式选择，接着是 TCON、SCON、IE、IP 4 个特殊功能寄存器，它们分别为中断标志寄存器 TCON 和 SCON、中断允许寄存器 IE、中断优先级寄存器 IP，最后是中断执行电路。下面分别讨论。

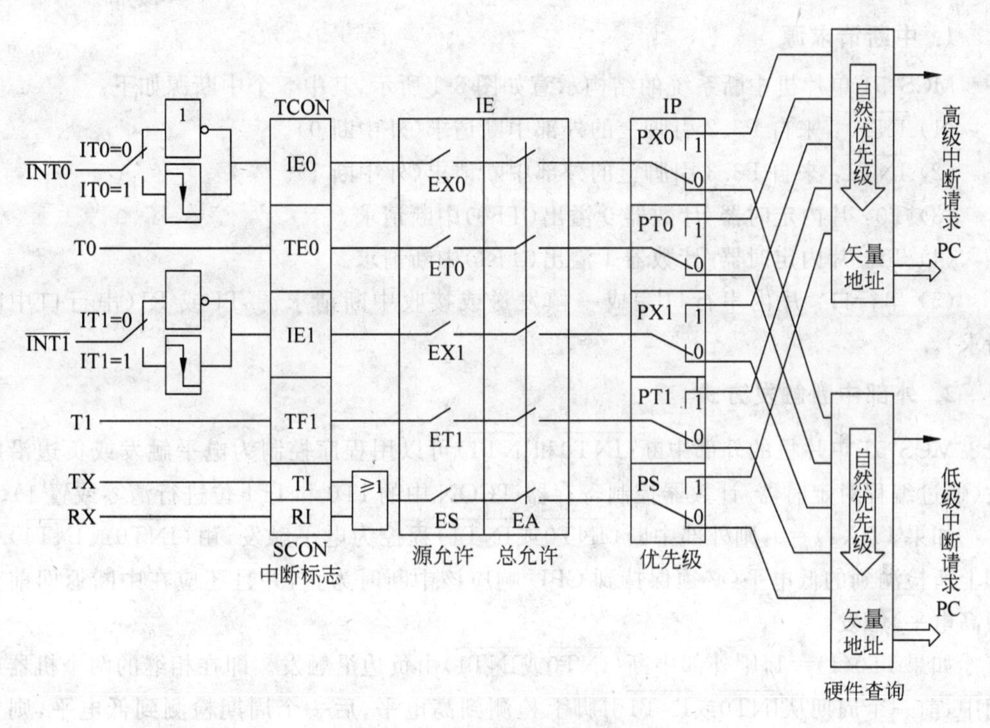

图 8-1　中断系统结构示意

8.2　中断请求源及中断标志

向 CPU 提出中断请求的源称为中断源。微型计算机一般允许有多个中断源。当几个中断源同时向 CPU 发出中断请求时，CPU 应优先响应最需紧急处理的中断请求。为此，需要规定各个中断源的优先级，使 CPU 在多个中断源同时发出中断请求时能找到优先级最高的中断源，响应它的中断请求。在优先级高的中断请求处理完以后，再响应优先级低的中断请求。

当 CPU 正在处理一个优先级低的中断请求时，如果发生另一个优先级比它高的中断请求，CPU 能暂停正在处理的中断源的处理程序，转去处理优先级高的中断请求，待处理完以后，再回到原来正在处理的低级中断程序，这种高级中断源能中断低级中断源的中断处理称为中断嵌套。

MCS-51 系列单片机允许有 5 个中断源，提供两个中断优先级（能实现二级中断嵌套）。每一个中断源优先级的高低都可以通过编程来设定。中断源的中断请求是否能得到响应，受中断允许寄存器 IE 的控制；各个中断源的优先级可以由中断优先级寄存器 IP 中的各位来确定；同一优先级中的各中断源同时请求中断时，由内部的查询逻辑来确定响应的次序。这些内容都将在本节中介绍。

1. 中断请求源

MCS-51单片机中断系统的结构示意如图8-1所示，其中5个中断源如下。

(1) $\overline{\text{INT0}}$：来自P3.2引脚上的外部中断请求(外中断0)。

(2) $\overline{\text{INT1}}$：来自P3.3引脚上的外部中断请求(外中断1)。

(3) T0：片内定时器/计数器0溢出(TF0)中断请求。

(4) T1：片内定时器/计数器1溢出(TF1)中断请求。

(5) 串行口：片内串行口完成一帧发送或接收中断请求源TI或RI(串行口中断请求)。

2. 外部中断触发方式

MCS-51单片机的外部中断($\overline{\text{INT0}}$和$\overline{\text{INT1}}$)可以用程序控制为电平触发或负边沿触发(通过编程对定时器/计数器控制寄存器TCON中的IT0和IT1位进行清零或置1)。

如果IT0(1)=0，则外部中断($\overline{\text{INT0}}$或$\overline{\text{INT1}}$)程控为电平触发，由($\overline{\text{INT0}}$或$\overline{\text{INT1}}$)引脚上所检测到的低电平(必须保持到CPU响应该中断时为止，并且还应在中断返回前变为高电平)触发。

如果IT0(1)=1，则外部中断($\overline{\text{INT0}}$或$\overline{\text{INT1}}$)由负边沿触发。即在相继的两个机器周期中，前一个周期从$\overline{\text{INT0}}$或$\overline{\text{INT1}}$引脚上检测到高电平，后一个周期检测到低电平，则置位TCON寄存器中的中断请求标志IE0(1)=1，由IE0(1)发出中断请求。

由于外部中断引脚在每个机器周期内被采样一次，所以中断引脚上的电平应至少保持12个振荡周期，以保证电平信号能被采样到。对于负边沿触发方式的外部中断，要求输入的负脉冲宽度至少保持12个振荡周期(若晶振频率为6MHz，则宽度为$2\mu s$)，以确保检测到引脚上的电平跳变而使中断请求标志IE0置位。

对于电平触发的外部中断源，要求在中断返回前撤销中断请求(使引脚上的电平变高)，这是为了避免在中断返回后又再次响应该中断。电平触发方式适用于外部中断输入为低电平，而且能在中断服务程序中撤销外部中断请求源的情况。

电平触发，8051每执行完一个指令都将$\overline{\text{INT0}}$或$\overline{\text{INT1}}$的信号读入IE0或IE1，因此IE的中断请求信号随着$\overline{\text{INT0}}$或$\overline{\text{INT1}}$变化。如果8051未能即时检查到送入$\overline{\text{INT0}}$或$\overline{\text{INT1}}$的中断请求信号，而$\overline{\text{INT0}}$或$\overline{\text{INT1}}$的信号产生变化，IE0(1)的信号也发生变化，这样就会漏掉$\overline{\text{INT0}}$或$\overline{\text{INT1}}$的中断请求。

负边沿触发，只要检测到送至$\overline{\text{INT0}}$或$\overline{\text{INT1}}$上的信号由1变成0，中断请求标志位IE0(1)就被设定为1，并且一直维持着1，直到中断请求被接收为止，且必须用软件来清除IE0(1)，如“JBC IE1,LOOP”。

3. 中断标志

(1) 定时器控制寄存器TCON

TCON是定时器/计数器0和1(T0、T1)的控制寄存器，它同时也用来锁存T0、T1的溢出中断请求源和外部中断请求源。TCON寄存器中与中断有关的位如图8-2所示。

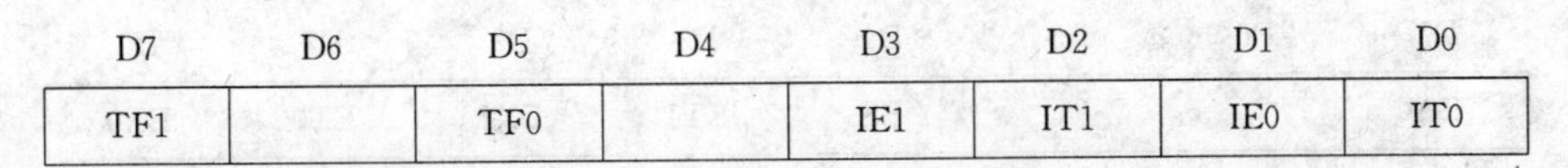

D7	D6	D5	D4	D3	D2	D1	D0
TF1		TF0		IE1	IT1	IE0	IT0

图 8-2　TCON 中的中断标志位

各控制位的含义与作用如下。

① TF1：定时器/计数器 1(T1)的溢出中断标志。当 T1 从初值开始加 1 计数到计数满，产生溢出时，由硬件使 TF1 置 1，直到 CPU 响应中断时由硬件复位。

② TF0：定时器/计数器 0(T0)的溢出中断标志。其作用与 TF1 相同。

③ IE1：外中断 1 中断请求标志。如果 IT1=1，则当外中断 1 引脚$\overline{\text{INT1}}$上的电平由 1 变 0 时，IE1 由硬件置位，外中断 1 请求中断。在 CPU 响应该中断时由硬件清零。

④ IT1：外部中断 1($\overline{\text{INT1}}$)触发方式控制位。如果 IT1=1，则外中断 1 为负边沿触发方式。CPU 在每个机器周期的 S5P2 采样$\overline{\text{INT1}}$脚的输入电平，如果在一个周期中采样到高电平，在下个周期中采样到低电平，则硬件使 IE1 置 1，向 CPU 请求中断。

如果 IT1=0，则外中断 1 为电平触发方式。此时外部中断是通过检测$\overline{\text{INT1}}$端的输入电平(低电平)来触发的。采用电平触发时，输入到$\overline{\text{INT1}}$的外部中断源必须保持低电平有效，直到该中断被响应。同时在中断返回前必须使电平变高，否则将会再次产生中断。

⑤ IE0：外中断 0 中断请求标志。如果 IT0 置 1，则当$\overline{\text{INT0}}$上的电平由 1 变 0 时，IE0 由硬件置位。在 CPU 把控制转到中断服务程序时由硬件使 IE0 复位。

⑥ IT0：外部中断源 0 触发方式控制位。其含义同 IT1。

(2) 串行口控制寄存器 SCON

串行口控制寄存器 SCON 中的低 2 位用做串行口中断标志，如图 8-3 所示。

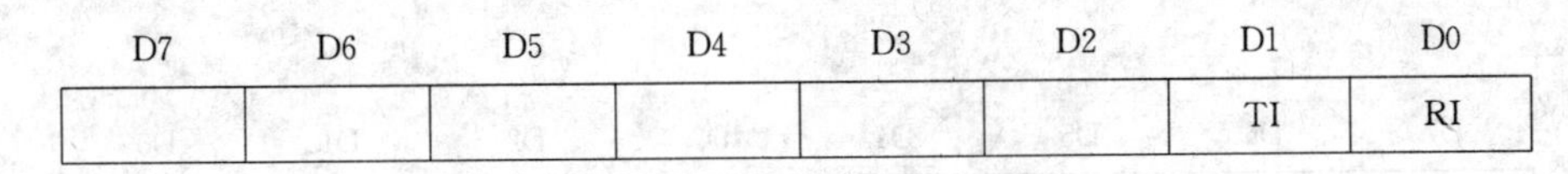

D7	D6	D5	D4	D3	D2	D1	D0
						TI	RI

图 8-3　SCON 中的中断标志位

各控制位的含义与作用如下。

① RI：串行口接收中断标志，在串行口方式 0 中，每当接收到第 8 位数据时，由硬件置位 RI，在其他方式中，当接收到停止位的中间位置时置位 RI。注意，当 CPU 转入串行口中断服务程序入口时，不复位 RI，必须由用户用软件来使 RI 清零。

② TI：串行口发送中断标志，在方式 0 中，每当发送完 8 位数据时，由硬件置位 TI，在其他方式中于停止位开始时置位，TI 也必须由软件来复位。

8.3　中断控制

1. 中断允许和禁止

在 MCS-51 中断系统中，中断允许或禁止是由片内的中断允许寄存器 IE(IE 为特殊功能寄存器)控制的，IE 寄存器中各位的功能如图 8-4 所示。

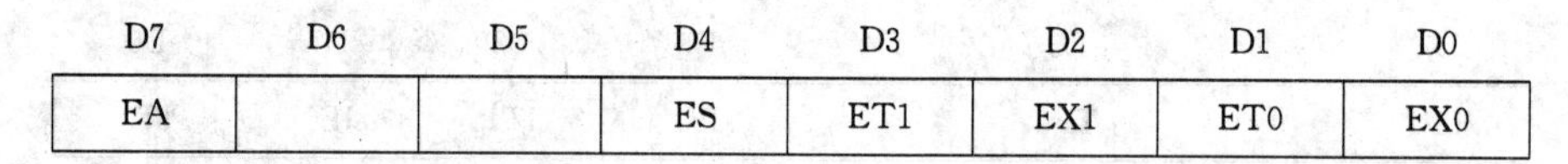

D7	D6	D5	D4	D3	D2	D1	D0
EA			ES	ET1	EX1	ET0	EX0

图 8-4 IE 中各位的功能

IE 中各位功能与作用如下。

(1) EA：CPU 中断允许标志。EA=0,CPU 禁止所有中断,即 CPU 屏蔽所有的中断请求；EA=1,CPU 开放中断。每个中断源的中断请求是允许还是被禁止,需由各自的允许位确定(参见 D4～D0 位说明)。

(2) ES：串行口中断允许位。ES=1,允许串行口中断；ES=0,禁止串行口中断。

(3) ET1：定时器/计数器 1(T1)的溢出中断允许位。ET1=1,允许 T1 中断；ET1=0,禁止 T1 中断。

(4) EX1：外部中断 1 中断允许位。EX1=1,允许外部中断 1 中断；EX1=0,禁止外部中断 1 中断。

(5) ET0：定时器/计数器 0(T0)的溢出中断允许位。ET0=1,允许 T0 中断；ET0=0,禁止 T0 中断。

(6) EX0：外部中断 0 中断允许位。EX0=1,允许外部中断 0 中断；EX0=0,禁止外部中断 0 中断。

2. 中断优先级控制

MCS-51 单片机中断系统提供两个中断优先级,对于每一个中断请求源都可以编程为高优先级中断源或低优先级中断源,以便实现二级中断嵌套。中断优先级是由片内的中断优先级寄存器 IP(特殊功能寄存器)控制的。IP 寄存器中各位的功能如图 8-5 所示。

D7	D6	D5	D4	D3	D2	D1	D0
			PS	PT1	PX1	PT0	PX0

图 8-5 IP 寄存器中各位的功能

图 8-5 中各位的功能说明如下。

(1) PS：串行口中断优先级控制位。PS=1,串行口定义为高优先级中断源；PS=0,串行口定义为低优先级中断源。

(2) PT1：T1 中断优先级控制位。PT1=1,定时器/计数器 1 定义为高优先级中断源；PT1=0,定时器/计数器 1 定义为低优先级中断源。

(3) PX1：外部中断 1 中断优先级控制位。PX1=1,外中断 1 定义为高优先级中断源；PX1=0,外中断 1 定义为低优先级中断源。

(4) PT0：定时器/计数器 0(T0)中断优先级控制位。功能同 PT1。

(5) PX0：外部中断 0 中断优先级控制位。功能同 PX1。

当同时收到几个同一优先级的中断时,响应哪一个中断源取决于内部查询顺序,其优先级排列顺序如下：

中断源	同级内的中断优先级
外部中断 0	最高
定时器/计数器 0 溢出中断	↓
外部中断 1	
定时器/计数器 1 溢出中断	
串行口中断	最低

中断响应后，从各自的中断入口地址进入中断服务程序。5 个中断源服务程序的入口地址如表 8-1 所示。

表 8-1　中断源服务程序入口地址

中　断　源	入口地址	对应的端口线(管脚)
外部中断 0	0003H	P3.2 (12)
外部中断 1	0013H	P3.3 (13)
定时器 0 溢出	000BH	P3.4(14)
定时器 1 溢出	001BH	P3.5 (15)
串行口中断	0023H	

中断服务程序的最后一条指令必须是中断返回指令 RETI。CPU 执行完这条指令后，把响应中断时所置位的优先级激活触发器清零，然后从堆栈中弹出两个字节内容(断点地址)装入程序计数器 PC 中，CPU 就从原来被中断处重新执行被中断的程序。

8.4　MCS-51 中断系统的初始化

MCS-51 中断系统功能，是可以通过上述特殊功能寄存器统一管理的。中断系统初始化是指用户对这些特殊功能寄存器中的各控制位进行赋值，如果不初始化或赋值不正确，中断就不能正常工作。

1. 中断系统初始化

中断系统初始化步骤如下。

(1) 开相应中断源的中断。

(2) 设定所用中断源的中断优先级。

(3) 如果为外部中断，则应规定是低电平还是负边沿的中断触发方式。

【例 8-1】 写出$\overline{\text{INT1}}$为低电平触发且为最高优先级的中断系统初始化程序。

解：方法 1：采用位操作指令。

```
SETB    EA
SETB    EX1          ; 开INT1中断
SETB    PX1          ; 令INT1为高优先级
CLR     IT1          ; 令INT1为电平触发
```

方法 2：采用字节型指令。在用字节时，首先要计算 IE、IP、TCON 的值。

① 计算 IE，根据题意要开放中断特殊功能寄存器 IE 中总允许即 EA 要置 1，因使用 $\overline{\text{INT1}}$ 中断，所以特殊功能寄存器 IE 中 EX1 要置 1，其他各位没提及全置 0。此时 IE 各位的值为：

1	0	0	0	0	1	0	0

写成二进制为 10000100B，转换成十六进制数为 84H。

② 计算 IP，根据题意外部中断 $\overline{\text{INT1}}$ 为最高优先级，所以特殊功能寄存器 IP 中 PX1 要置 1，其他各位没提及全置 0。此时 IP 各位的值为：

0	0	0	0	0	1	0	0

写成二进制为 00000100B，转换成十六进制数为 04H。

③ 计算 TCON，根据题意外部中断 $\overline{\text{INT1}}$ 为低电平触发，所以特殊功能寄存器 TCON 的 IT1 要置 0，IE1 置 1，其他各位没提及全置 0。此时 TCON 各位的值为：

0	0	0	0	1	0	0	0

写成二进制为 00001000B，转换成十六进制数为 08H。

根据以上各寄存器的值可写出程序如下：

```
MOV   IE, #84H       ; 开INT1中断
MOV   IP, #04H       ; 令为INT1高优先级
MOV   TCON, #08H     ; 令为INT1电平触发
```

【例 8-2】 写出允许串行口和定时器 1 中断，且串口为最高优先级的中断系统初始化程序。

解：方法 1：采用位操作指令。

```
SETB   EA
SETB   ET1           ; 开定时器 1 中断
SETB   PS            ; 令串行口为最高优先级
SETB   ES            ; 开串行口中断
```

方法 2：采用字节型指令。在用字节时，首先要计算 IE、IP、TCON 的值。

① 计算 IE，根据题意要开放中断特殊功能寄存器 IE 中总允许即 EA 要置 1，因使用串口中断，所以特殊功能寄存器 IE 中 ES 要置 1，因使用定时器 1 中断，所以特殊功能寄存器 IE 中 ET1 要置 1，其他各位没提及全置 0。此时 IE 各位的值为：

1	0	0	1	1	0	0	0

写成二进制为 10011000B，转换成十六进制数为 98H。

② 计算 IP，根据题意串口中断为最高优先级，所以特殊功能寄存器 IP 中 PS 要置 1，其他各位没提及全置 0。此时 IP 各位的值为：

0	0	0	1	0	0	0	0

写成二进制数为 00010000B，转换成十六进制数为 10H。

根据以上各寄存器的值可写出程序如下：

```
MOV   IE,＃84H          ；开中断
MOV   IP,＃04H          ；设定最高优先级
```

2. 外部中断设定的步骤

外部中断设定的步骤如下。

(1) 设定入口地址：常用下面两句指令“ORG 0003H(0013H)”和“AJMP EXT”设定中断入口地址。0003H(0013H)是$\overline{INT0}$($\overline{INT1}$)外部中断的起始地址，中断时跳至中断子程序 EXT。

(2) 设定各个特殊功能寄存器 IE、IP、TCON。

3. TIMER0 或 TIMER1(定时/计数器 1)的中断设定的步骤

当计数溢出时，会设定 TF0(1)=1，并对 8051 提出中断请求。TIMER0 或 TIMER1 中断请求设定的步骤如下。

(1) 定中断起始地址

```
ORG   000BH            ；TIMER0
ORG   001BH            ；TIMER1
```

(2) 定工作方式

```
MOV   TMOD，＃XXXXXXXXB
```

(3) 设定计数值

```
MOV   THX,＃XXXX
MOV   TLX,＃XXXX
```

(4) 设定中断功能

```
MOV  IE,＃1000X0X0
```

为了理解中断的全过程，可在软件仿真中调试如下程序。调试时打开硬件 P1、P3 口仿真图，置 P3.2 为低电平时，才能进入中断服务程序，P1 口指示灯移位程序，中断一次指示灯移动一位。若不变低，程序就不向下执行。

```
        ORG  0000H
        AJMP MAIN
        ORG  0003H
```

```
        AJMP WINT
        ORG  0100H
MAIN:   MOV  A,#01H
        SETB IT0
        SETB EX0
        SETB EA
LOOP:   AJMP LOOP
        ORG  0200H
WINT:   PUSH ACC
        PUSH PSW
        MOV  P1,A
        RL   A
        MOV  0BH,A
        POP  PSW
        POP  ACC
        RETI
        END
```

以上是一个完整的中断程序,从上面程序可知道中断程序结构。

(1) 分配好主程序和中断服务程序的任务,主程序开头定中断起始地址,设定各个特殊功能寄存器的值。

(2) 中断服务程序中,除完成中断任务之外,还要安排保护现场和恢复现场。

下面通过仿真全面了解中断程序运行情况。

仿真时,进入调试状态单步运行,程序在 LOOP 标号处等待中断(不向下运行)。当将 P3.2 设置为低电平(单击去掉"√"标记)时,程序进入中断服务程序,P1 端口指示灯左移一位;当将 P3.2 设置为高电平(单击输入"√"标记)时,程序在 LOOP 标号处等待中断。该程序运行后,中断一次,指示灯左移一位。当在 P3.2 口线接一个按钮(按钮的一端接地,一端接 P3.2),按动一次按钮指示灯左移一次,这就将输入和输出联系在一起,完成输入对输出的控制。调试效果如图 8-6 所示。

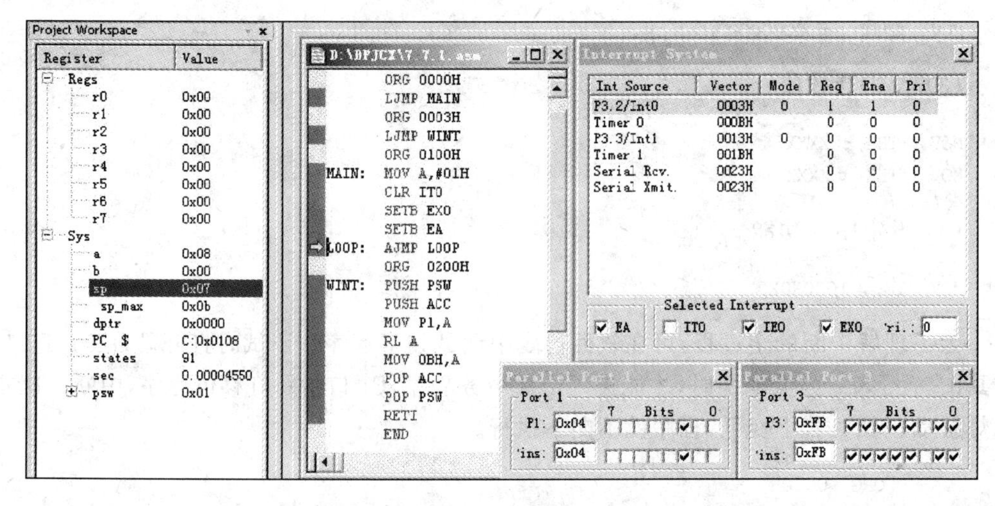

图 8-6 中断调试图

8.5　中断法 LED 彩灯控制器制作与仿真

8.5.1　外部中断($\overline{\text{INT0}}$/$\overline{\text{INT1}}$)

1. 功能说明

主程序将 P1 的 8 个 LED 做左移右移，中断时(按$\overline{\text{INT0}}$时)使 P1 的 8 个 LED 闪烁 5 次。

2. 硬件

在第 6 章的基础上在外部中断引脚多加 2 个按键，组成外部中断控制设备，如图 8-7 所示。

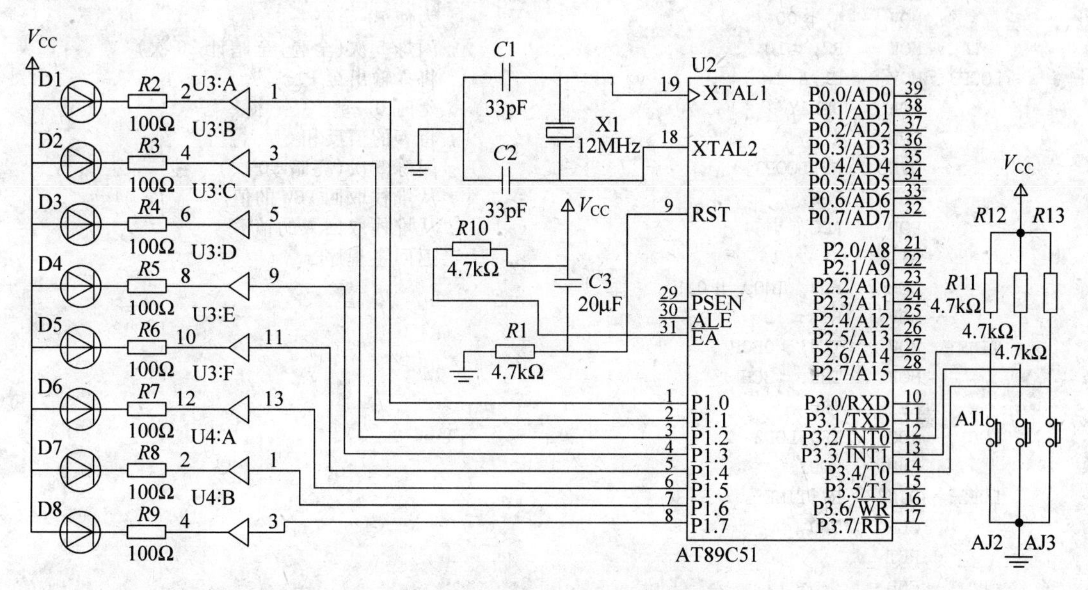

图 8-7　Proteus 中断仿真图

3. 编写程序

具体程序如下：

```
        ORG     0000H                   ; 起始地址
        JMP     START                   ; 跳到主程序 START
        ORG     0003H                   ; INT0中断子程序起始地址
        JMP     EXT0                    ; 中断子程序
START:  MOV     IE, ＃10000001B         ; INT0中断功能
        MOV     IP, ＃00000001B         ; INT0中断优先
        MOV     TCON, ＃00000010B       ; INT0为电平触发
        MOV     SP, ＃70H               ; 设定堆栈指针
LOOP:   MOV     A, ＃0FFH               ; 左移初值
```

```
          CLR     C                                ; c = 0
          MOV     R2, #08                          ; 设定左移 8 次
LOOP1:    RLC     A                                ; 含 C 左移一位
          MOV     P1,A                             ; 输出至 P1
          ACALL   DELAY                            ; 延时 0.2s
          DJNZ    R2,LOOP1                         ; 左移 8 次
          MOV     R2, #07                          ; 设定右移 7 次
LOOP2:    RRC     A                                ; 含 C 右移 1 位
          MOV     P1,A                             ; 输出至 P1
          ACALL   DELAY                            ; 延时 0.2s
          DJNZ    R2,LOOP2                         ; 左移 7 次
          JMP     LOOP                             ; 重复
EXT0:     PUSH    ACC                              ; 将累加器的值压入堆栈保存
          PUSH    PSW                              ; 将 PSW 的值压入堆栈保存
          SETB    RS0                              ; 设定工作寄存器组 1
          CLR     RS1
          MOV     A, #00                           ; 为使 P1 全亮
          MOV     R2, #10                          ; 闪烁 5 次(全亮,全暗计 10 次)
LOOP3:    MOV     P1,A                             ; 将 A 输出至 P1
          ACALL   DELAY                            ; 延时 0.2s
          CPL     A                                ; 将 A 的值反相
          DJNZ    R2,LOOP3                         ; 闪烁 5 次(亮暗 10 次)
          POP     PSW                              ; 从堆栈取回 PSW 的值
          POP     ACC                              ; 从堆栈取回 A 的值
          RETI                                     ; 返回主程序
          DELAY:  MOV   TMOD, #01H
          MOV     R7, #10
TIME:     MOV     TL0, #0B0H
          MOV     TH0, #3CH
          SETB    TR0
LOP1:     JBC     TF0,LOP2
          JMP     LOP1
LOP2:     DJNZ    R7,TIME
          CLR     TR0
          RET
          END
```

8.5.2 两个中断($\overline{\text{INT0}}$、$\overline{\text{INT1}}$)同时使用

1. 两个中断同时存在时,设置 IP 寄存器(中断优先)的两种方法

(1) 同一层中断:IP=00000000B,先按键者先中断,后按键者后中断,不分高低中断优先。

(2) 高低优先中断:如$\overline{\text{INT1}}$为高优先,而$\overline{\text{INT0}}$为低优先,IP=00000100B,两个中断同时产生(或即使$\overline{\text{INT0}}$已产生中断)。$\overline{\text{INT1}}$先中断($\overline{\text{INT0}}$停止中断),执行中断子程序后,再产生$\overline{\text{INT0}}$中断。$\overline{\text{INT0}}$中断必须为负边沿触发。

2. TCON 的不同设定

TCON 的设定不同,也会造成不同的结果,说明如下。

(1) TCON=00001010B,$\overline{\text{INT0}}$、$\overline{\text{INT1}}$均为电平触发。

① INT0和INT1同时产生中断，则跳至 EXT1 中断子程序，执行后返回主程序。

② INT0中断期间INT1产生中断，则INT0中断暂停，跳至 EXT1 中断子程序，执行后再跳至 EXT0 中断子程序继续执行未完的程序，最后返回主程序。

③ INT1中断期间INT0产生中断，此时INT1中断不受影响，执行 EXT1 中断后返回主程序。

(2) TCON＝00001011B，INT1为电平触发，INT0为负边沿触发。

① INT0和INT1同时中断，则跳至 EXT1 中断子程序，执行后再跳至 EXT0 中断子程序继续执行，最后返回主程序。

② INT0中断期间INT1产生中断，则INT0中断暂停，跳至 EXT1 中断子程序，执行后再跳至 EXT0 中断子程序执行未完的程序，最后返回主程序。

③ INT1中断期间INT0产生中断，此时INT1中断不受影响，继续执行 EXT1 中断子程序，再跳至 EXT0 中断子程序执行，最后返回主程序。

3. 功能说明

实例功能说明如下。

(1) 主程序：P1 接 8 个 LED，使 8 个 LED 闪烁。

(2) INT0 控制的中断要求：使 P1 口的 8 个 LED 做一个灯的左移右移 3 次。

(3) INT1 控制的中断要求：使 P1 口的 8 个 LED 做两个灯的左移右移 3 次。

4. 硬件

与 8.5.1 小节的硬件相同。

5. 编写程序

具体程序如下：

```
        ORG    0000H                  ; 主程序起始地址
        JMP    START                  ; 跳至主程序 START
        ORG    0003H                  ; INT0中断子程序起始地址
        JMP    EXT0                   ; 跳至INT0中断子程序 EXT0
        ORG    0013H                  ; INT1中断子程序起始地址
        JMP    EXT1                   ; 跳至INT1中断子程序 EXT1
START:  MOV    IE, #10000101B         ; INT0、INT1中断功能
        MOV    IP, #00000100B         ; INT1 中断优先
        MOV    TCON, #00001010B       ; INT0、INT1为电平触发
        MOV    SP, #70H               ; 设定堆栈在 70H
        MOV    A, #00
        MOV    P1,A
        MOV    A, #00                 ; 使 P1 闪烁
LOOP:   MOV    P1,A
        ACALL  DELAY                  ; 延时 0.2s
        CPL    A                      ; 将 A 反相(使全亮)
        JMP    LOOP                   ; 重复循环
EXT0:   PUSH   ACC                    ; 将 A 压入堆栈暂时保存
        PUSH   PSW                    ; 将 PSW 压入堆栈暂时保存
```

```
        SETB   RS0                    ; 设定工作寄存器组 1,RS1 = 0,RS0 = 1
        CLR    RS1
        MOV    R3, #03                ; 左右移 3 次
LOOP1:  MOV    A, #0FFH               ; 左移初值
        CLR    C                      ; c = 0
        MOV    R2, #08                ; 设定左移 8 次
LOOP2:  RLC    A                      ; 含 C 左移一位
        MOV    P1,A                   ; 输出至 P1
        ACALL  DALAY                  ; 延时 0.2s
        DJNZ   R2,LOOP2               ; 左移 8 次
        MOV    R2, #07                ; 设定右移 7 次
LOOP3:  RRC    A                      ; 含 C 右移一位
        MOV    P1,A                   ; 输出至 P1
        ACALL  DELAY                  ; 延时 0.2s
        DJNZ   R2,LOOP3               ; 左移 7 次
        DJNZ   R3,LOOP1               ; 左右移 3 次
        POP    PSW                    ; 至堆栈取回 PSW 的值
        POP    ACC                    ; 至堆栈取回 A 的值
        RETI                          ; 返回主程序
EXT1:   PUSH   ACC                    ; 将 A 压入堆栈暂时保存
        PUSH   PSW                    ; 将 PSW 压入堆栈暂时保存
        SETB   RS                     ; 设定工作寄存器组 2,RS1 = 1,RS0 = 0
        CLR    RS0
        MOV    R3, #03                ; 左右移 3 次
LOOP4:  MOV    A, #0FCH               ; 左移初值
        MOV    R2, #06                ; 设定左移 6 次
LOOP5:  RL     A                      ; 左移一位
        MOV    P1,A                   ; 输出至 P1
        ACALL  DELAY                  ; 延时 0.2s
        DJNZ   R2,LOOP5               ; 左移 6 次
        MOV    R2, #06                ; 设定右移 6 次
LOOP6:  RR     A                      ; 右移一位
        MOV    P1,A                   ; 输出至 P1
        ACALL  DELAY                  ; 延时 0.2s
        DJNZ   R2,LOOP6
        DJNZ   R3,LOOP4
        POP    PSW
        POP    ACC
        RETI
DELAY:  MOV    TMOD, #01H
        MOV    R7, #10
TIME:   MOV    TL0, #0B0H
        MOV    TH0, #3CH
        SETB   TR0
LOP1:   JBC    TF0,LOP2
        JMP    LOP1
LOP2:   DJNZ   R7,TIME
        CLR    TR0
        RET
        END
```

8.5.3 广告灯左移(计时中断法)

1. 功能说明

(1) 令 P1 的 8 个 LED 每隔 1s 左移 1 次。

(2) 令 TIMER0 工作在 MODE1(16bit 定时器),每隔 10000μs 产生一次中断,中断 100 次就是 1s。

(3) 定时器在 FFFFH 时,加 1 会变成 0000H 而产生溢出,设定中断标志位 TF0 为 1,以对 CPU 提出中断要求。在中断产生时,定时器内部的 16bit 全部为 0,如果此时不重新设定定时器的计数值,则定时器就从 0000H 开始计数,当下次溢出产生时,共计数 $2^{16}=65536$ 个脉冲(即 65536μs),所以在定时器溢出时,必须重新设计数值(如例为 10000μs)。另一个问题是,如果从定时器提出中断请求,必须经“POP A”、“MOV TH0,#HIGH(65536～10000)”、“MOV TL0,#LOW(65536～10000)”3 个指令 6 个机器周期后才开始计时,即有 6μs 的计时误差,这是 8051 的 TIMER 在 MODE0、MODE1、MODE3 的缺点。将此 6μs 计入,即可改进此缺点,如本例重新设计的计数值可为 9996(10000)。另外可由 MODE2 来改进这一缺点,因为 MODE2 在溢出时可以将预存在 THX 的计数值载入定时器 TLX,这样可以不受软件的影响。

2. 硬件

硬件同 8.5.1 小节。

3. 编写程序

具体程序如下:

```
        ORG     0000H
        JMP     START
        ORG     000BH
        JMP     TIM0
START:  MOV     TMOD,#00000001B
        MOV     TH0,#LOW(65536～10000)
        MOV     TL0,#HIGH(65536～10000)
        SETB    TR0
        MOV     IE,#1000010B
        MOV     R5,#100
        MOV     P1.#0FEH
        JMP     $
TIM0:   PUSH    ACC
        MOV     TH0,#HIGH(65536～10000)
        MOV     TL0,#LOW(65536～10000)
        DJNZ    R5,LOOP
        MOV     R5,#100
        MOV     A,P1
        RL      A
        MOV     P1,A
```

```
LOOP:   POP     ACC
        RETI
        END
```

8.5.4 计时中断与外部中断同时存在

1. 功能说明

(1) 令 P1 的 8 个 LED 每隔 1s 左移 1 次。

(2) 按 INT0 时，8 个 LED 闪烁 5 次。

2. 硬件

硬件同 8.5.2 小节。

3. 编写程序

具体程序如下：

```
        ORG     0000H                               ;主程序起始地址
        JMP     START                               ;跳至主程序
        ORG     0003H
        JMP     EXT0
        ORG     000BH                               ;TIMER0 中断起始地址
        JMP     TIM0                                ;跳至 TIMER0 中断子程序 TIM0
START:  MOV     SP,#70H                             ;设堆栈
        MOV     TMOD,#00000001B                     ;设定 TIMER0 工作在 MODE1
        MOV     TH0,#HIGH(65536～10000)             ;10000μs
        MOV     TL0,#LOW(65536～10000)
        SETB    TR0                                 ;启动 TIMER0
        MOV     IE,#10000011B                       ;TIMER0 中断使能,INT0 外部中断
        MOV     IP,#00000001B
        MOV     R5,#100                             ;设中断 100 次即 1s
        MOV     R1,#0FEH                            ;左移初值
        JMP     $                                   ;无穷循环
TIM0:   PUSH    ACC                                 ;将 A 的值暂存于堆栈
        PUSH    PSW
        MOV     TH0,#HIGH(65536～10000)             ;重设计时次数
        MOV     TL0,#LOW(65536～10000)
        DJNZ    R5,LOOP                             ;是否中断 100 次,不是则跳到 LOOP
        MOV     R5,#100                             ;是则重设 R5 = 100
        MOV     A,R1                                ;读入 P1 的数据至 A
        MOV     P1,A
        RL      A                                   ;将 A 左移一位
        MOV     R1,A                                ;存入左移初值
LOOP:   POP     PSW                                 ;至堆栈取回 A 的值
        POP     ACC
        RETI                                        ;返回主程序
EXT0:   PUSH    ACC                                 ;将累加器的值存入堆栈保存
        PUSH    PSW                                 ;将 PSW 的值存入堆栈保存
```

```
        MOV     A,#00               ; 为使 P1 全亮
        MOV     R2,#10              ; 闪烁 5 次(全亮,全灭计 10 次)
LOOP3:  MOV     P1,A                ; 将 A 输出至 P1
        CALL    DELAY               ; 延时 0.2s
        CPL     A                   ; 将 A 的值反相
        DJNZ    R2,LOOP3            ; 闪烁 5 次(亮减 10 次)
        POP     PSW                 ; 至堆栈取回 PSW 的值
        POP     ACC                 ; 至堆栈取回 A 的值
        RETI                        ; 返回主程序
DELAY:  MOV     TMOD,#10H
        MOV     R7,#10
TIME:   MOV     TL1,#0B0H
        MOV     TH1,#3CH
        SETB    TR1
LOP1:   JBC     TF1,LOP2
        JMP     LOP1
LOP2:   DJNZ    R7,TIME
        CLR     TR1
        RET
        END
```

讨论与思考

各特殊功能寄存器的设置方法和中断程序结构。

第 9 章 chapter 9

串行方法制作LED彩灯控制器

近距离数据传送大多采用并行方式，一些计算机系统(例如 IBM 系列计算机)，由于其磁盘机、CRT、打印机与主机系统的距离有限，所以使用多条电缆线以提高数据传送速度。但是，计算机之间、计算机与其终端之间的距离有时非常远，此时，如果使用电缆线过多则费用较高，因此通常需要使用串行通信。串行通信只用一条数据线传送数据，即使需要增加几条通信联络控制线，也只需要 3～4 根数据线即可，因此串行通信适合远距离数据传送。下面具体讨论 MCS-51 单片机内部的串行接口技术。

9.1 串行通信的基本知识

在实际工作中，计算机的 CPU 与外部设备之间常常要进行信息交换，一台计算机与其他计算机之间也经常需要交换信息，所有这些信息交换均可称为通信。通信有多种形式，下面具体讨论。

9.1.1 并行通信与串行通信

通信方式有并行通信和串行通信两种。具体工作中采用哪种通信方式，通常根据信息传送的距离与实际要求来决定。例如，普通计算机与外部设备(如打印机等)通信时，如果距离小于 30m，可采用并行通信方式；当距离大于 30m，则采用串行通信方式。同样，MCS-51 单片机也具有并行和串行两种通信方式。并行通信和串行通信的含义如下。

(1) 并行通信指的是数据的各位同时进行传送(发送或接收)的通信方式。并行通信的优点是传送速度快，缺点是传输线比较多，数据有多少位，就需要多少根传输线。通常情况下，MCS-51 单片机与打印机之间的数据传送就采用并行通信。

(2) 串行通信指的是数据一位一位按顺序传送的通信方式。串行通信的突出特点是只需一对传输线，可以大大降低传送成本，特别适用于远距离通信。其缺点是传送速度较低，假设并行传送 N 位数据所需时间为 T，那么串行传送所需时间为 NT，并且实际上要大于 NT，因为串行通信还需加控制、校验等字符。

9.1.2 串行通信的传输方式

串行通信根据数据的传送方向通常可分为单工、半双工和全双工3种，如图9-1所示。

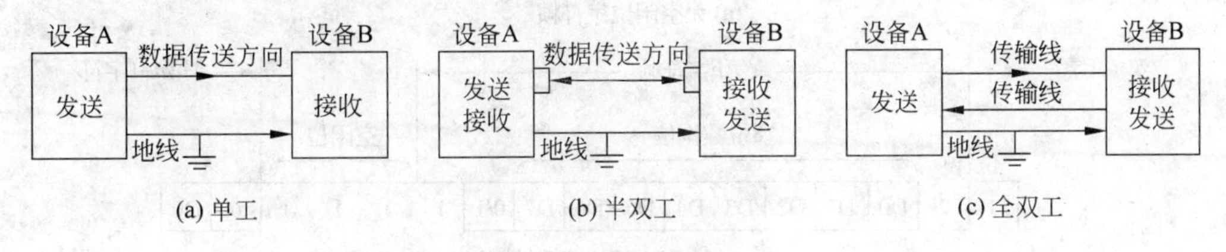

图9-1 串行通信传输方式

(1) 单工：只允许数据向一个方向传送。

(2) 半双工：允许数据向两个方向中的任一方向传送，但每次只能有一个站点发送。

(3) 全双工：允许同时双向传送数据，因此，全双工需配置两根传输线，并要求两端的通信设备都具有独立的发送和接收能力。

9.1.3 异步通信和同步通信

串行通信可分为同步通信和异步通信两种不同的基本通信方式，本节将分别针对其特点作详细介绍。

1. 异步通信

在异步通信中，数据通常以字符(或字节)为单位组成数据帧传送，如图9-2所示，每一帧数据包括以下几个部分。

(1) 起始位：位于数据帧开头，占一位，始终为低电平，标志传送数据的开始，用于向接收设备发送端开始发送一帧数据。

(2) 数据位：要传送的字符(或字节)，紧跟在起始位之后，其位数依实际情况而定，如果所传数据为ASCII字符，则通常取7位，并且由低位到高位依次前后传送。

(3) 奇偶校验位：位于数据位之后，占一位，用于校验串行发送数据的正确性，可根据需要采用奇校验或偶校验。

(4) 停止位：位于数据帧末尾，占一位、一位半或两位，为高电平，用于向接收端表示一帧数据已发送完毕。

在串行通信中，有时为了使收发双方有一定的操作间隙，可以根据需要在相邻数据帧之间插入若干空闲位，空闲位和停止位一样是高电平，表示线路处于等待状态。存在空闲位是异步通信的特征之一。

由于以上介绍的数据帧的格式规定，发送端和接收端可以连续协调地传送数据，也就是说，接收端会知道发送端何时开始发送和结束发送。平时，传输线为高电平，每当接收端检测到传输线上发送过来的低电平时就知道发送端已开始发送，每当接收端接收到数据帧中的停止位时就知道一帧数据已发送完毕。因为每帧数据都有起始位和停止位，所以

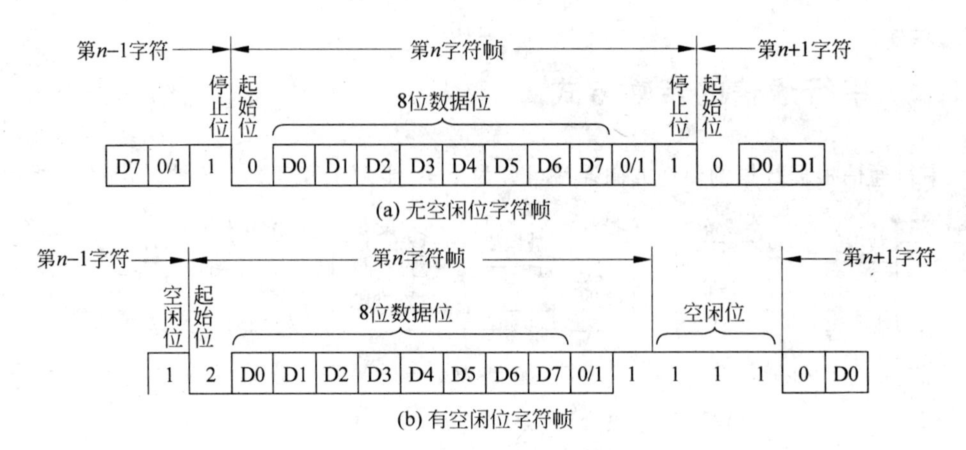

图 9-2 异步通信的字符帧格式

异步通信传送数据的速率受到限制(一般在 50～9600bps 之间)。但异步通信对硬件要求较低,因而其数据传送量并不很大,在传送速率要求不高的远距离通信场合得到了广泛应用。

2. 同步通信

在同步通信中,每个数据块传送开始时,采用一个或两个同步字符作为起始标志。接收端不断对传送线采样,并把采样到的字符和双方约定的同步字符比较,只有比较成功后才会把后面接收到的数据加以存储。数据在同步字符之后,个数不受限制,由所需传送的数据块长度确定,其格式如图 9-3 所示。

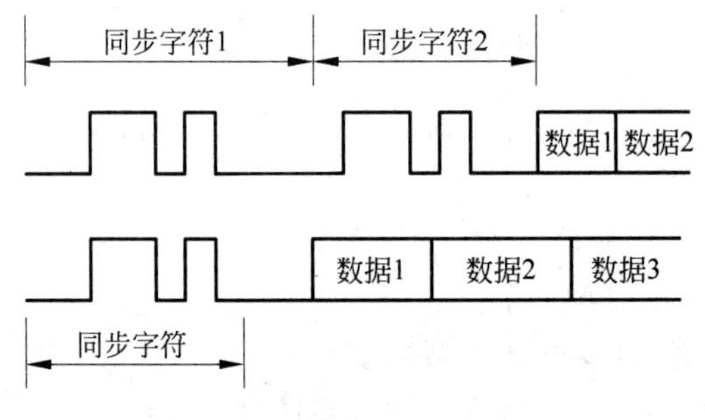

图 9-3 同步传送的数据格式

同步通信一次可以连续传送几个数据,每个数据不需要起始位和停止位,数据之间不留间隙,因而数据传输速率高于异步通信(通常可达 56000bps)。但同步通信要求用准确的时钟来实现发送端与接收端之间的严格同步,为了保证数据传输正确无误,发送方除了发送数据外,还要同时把时钟传送到接收端。同步通信常用于传送数据量大、传送速率要求较高的场合。

9.1.4 串行通信协议

通信协议是对数据传送方式的规定,包括数据格式定义和数据位定义等,通信双方必须遵守统一的通信协议。下面将介绍异步串行通信协议和所规定的数据传送格式。

1. 起始位

通信线上没有数据被传送时处于逻辑 1 状态。当发送设备要发送一个字符数据时，首先发出一个逻辑 0 信号，这个逻辑低电平就是起始位。起始位通过通信线传向接收设备，接收设备检测到这个逻辑低电平后，就开始准备接受数据位信号。起始位所起的作用就是设备同步，通信双方必须在传送数据位前协调同步。

2. 数据位

当接收设备收到起始位后，紧接着就会收到数据位。数据位的个数根据系统的不同而异。IBM 系列计算机中经常采用 7 位或 8 位数据传送，MCS-51 单片机串行口则采用 8 位或 9 位数据传送。在数据传送过程中，数据位从最低有效位开始发送，而到了接收方，将依顺序在接收设备中被转换为并行数据。

3. 奇偶校验位

在数据位之后通常接着发送奇偶校验位。奇偶校验用于差错检测，通信双方需约定一致的奇偶校验方式。如果选择偶校验，那么组成数据位和奇偶位的逻辑 1 的个数必须是偶数；如果选择奇校检，那么逻辑 1 的个数必须是奇数。

4. 停止位

在奇偶位或数据位(当无奇偶校验时)之后发送的是停止位。停止位是一个字符数据的结束标志，可以是一位、一位半或二位的高电平。接收设备收到停止位之后，通信线路上便又恢复逻辑 1 状态，直至下一个字符数据的起始位到来。

9.2 串行口控制寄存器

MCS-51 单片机内部的串行接口是全双工的，即能同时发送和接收数据。发送缓冲器只能写入不能读出，接收缓冲器只能读出不能写入。串行口还有接收缓冲作用，即从接收寄存器中读出前一个已收到的字节之前就能开始接收第二字节。

两个串行口数据缓冲器(实际上是两个寄存器)通过特殊功能寄存器 SBUF 来访问。写入 SBUF 的数据储存在发送缓冲器，用于串行发送，从 SBUF 读出的数据来自接收缓冲器。两个缓冲器共用一个地址 99H(特殊功能寄存器 SBUF 的地址)。

控制串行口的寄存器有两个特殊功能寄存器，即串行口控制寄存器 SCON 和电源控制器 PCON。下面将分别对其进行介绍。

1. PCON 中的波特率选择位

电源控制器 PCON 是一个特殊功能寄存器，如图 9-4 所示。PCON 没有位寻址功能，字节地址为 87H。

如图 9-4 中所示 D7 位(SMOD)为波特率选择位(波特率定义可参见本书相应的章节)，其他位均无意义。复位时的 SMOD 值为“0”，可用“MOV PCON，# 80H”或“MOV 87H，# 80H”指令使该位置“1”。当 SMOD＝1 时，在串行口方式 1、方式 2 或方式 3 情况下，波特率将提高一倍。

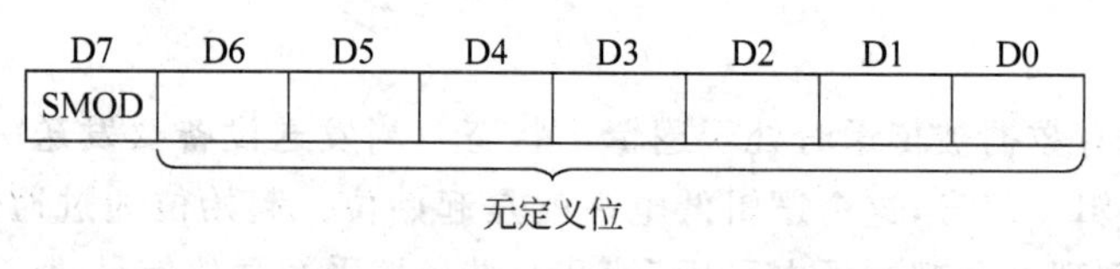

图 9-4 PCON 寄存器

2. 串行口控制寄存器 SCON

串行口控制寄存器 SCON 用于定义串行口的操作方式和控制它的某些功能，其字节地址为 98H。寄存器中各位的内容如图 9-5 所示。

D7	D6	D5	D4	D3	D2	D1	D0
SM0	SM1	SM2	REN	TB8	RB8	TI	RI

图 9-5 寄存器中各位的内容

(1) SM0、SM1：串行口操作方式选择位，两个选择位对应于 4 种状态，所以串行口能以 4 种方式工作，如表 9-1 所示。

表 9-1 串行口方式选择

SM0	SM1	方式	功能说明	波特率
0	0	0	移位寄存器方式	$f_{OSC}/12$
0	1	1	8 位 UART	可变
1	0	2	9 位 UART	$f_{OSC}/64$ 或 $f_{OSC}/32$
1	1	3	9 位 UART	可变

(2) SM2：允许方式 2 和 3 的多机通信使能位。在方式 2 或 3 中，如果 SM2 置为 1，且接收到的第 9 位数据(RB8)为 0，则接收中断标志 RI 不会被激活。在方式 1 中，如果 SM2＝1，则只有收到有效的停止位时才会激活 RI。在方式 0 中，SM2 必须置为 0。

(3) REN：允许串行接收位。由软件置位或清零，使允许接收或禁止接收。

(4) TB8：是在方式 2 和 3 中要发送的第 9 位数据，可按需要由软件置位或复位。

(5) RB8：是方式 2 和 3 中已接收到的第 9 位数据。在方式 1 中，如果 SM2＝0，RB8 是接收到的停止位。在方式 0 中，不使用 RB8 位。

(6) TI：发送中断标志。在方式 0 中，当串行发送完第 8 位数据时由硬件置位。其他方式中，在发送停止位的开始时刻由硬件置位。当 TI＝1 时，申请中断，CPU 响应中断后，发送下一帧数据。在任何方式中，该位都必须由软件清零。

(7) RI：接收中断标志。在方式 0 中，串行接收到第 8 位结束时由硬件置位。其他方式中，在接收到停止位的中间时刻由硬件置位。RI＝1 时申请中断，要求 CPU 取走数据。但在方式 1 中，当 SM2＝1 时，如果未接收到有效的停止位，则不会对 RI 置位。在任何工作方式中，该位都必须由软件清零。在系统复位时，SCON 中的所有位都被清零。

9.3 串行接口工作方式

串行口的操作方式由 SM0、SM1 定义,编码与功能如表 9-1 所示,下面将针对方式 0、方式 1、方式 2、方式 3 进行介绍。

1. 方式 0

串行口的工作方式 0 为移位寄存器输入输出方式,可外接移位寄存器,以扩展 I/O 口,也可外接同步输入输出设备。

(1) 方式 0 输出(发送)

串行数据通过 RXD 引脚输出,而在 TXD 引脚输出移位时钟,作移位脉冲输出端。

当一个数据写入串行口数据缓冲器时,就开始发送数据。在此期间,发送控制器送出移位信号,使发送移位寄存器的内容右移一位,直至最高位(D7 位)数据移出后,停止发送数据和移位时钟脉冲。完成发送一帧数据的过程,置 TI 为 1,申请中断,如果 CPU 响应中断,则从 0023H 单元开始执行串行口中断服务程序。

(2) 方式 0 输入(接收)

当串行口定义为方式 0 时,RXD 端为数据输入端,TXD 端为同步脉冲信号输出端。接收器以振荡频率的 1/12 的波特率接收 TXD 端输入的数据信息。

REN(SCON.4)为串行口接收器允许接收控制位。当 REN=0 时,禁止接收;当 REN=1 时,允许接收。当串行口置为方式 0,且满足 REN=1 和 RI(SCON.0)=0 的条件时,就会启动一次接收过程。在机器周期的 S6P2 时刻,接收控制器向输入移位寄存器写入 11111110B,并使移位时钟由 TXD 端输出。从 RXD 端(P3.0 引脚)输入数据,同时使输入移位寄存器的内容左移一位,在其右端补上刚由 RXD 引脚输入的数据。这样,原先在输入移位寄存器中的 1 就逐位从左端移出,而在 RXD 引脚上的数据就逐位从右端移入。当写入移位寄存器中的最右端的一个 0 移到最左端时,其右边已经接收了 7 位数据。这时,将通知接收控制器进行最后一次移位,并把所接收的数据装入 SBUF。在启动接收过程开始后的第 10 个机器周期的 S1P1 时刻,SCON 中的 RI 位被置位,从而发出中断申请。至此,完成了一帧数据的接收过程,如果 CPU 响应中断,则去执行由 0023H 作为入口地址的中断服务程序。

MCS-51 单片机串行口可以外接串行输入并行输出移位寄存器作为输出口,也可以外接并行输入串行输出移位寄存器作为输入口。

方式 0 发送或接收完 8 位数据后由硬件置位,并发送中断标志 TI 或接收中断标志 RI。但 CPU 响应中断请求转入中断服务程序时并不将 TI 或 RI 清零。因此,中断标志 TI 或 RI 必须由用户在程序中清零,可用“CLR TI”或“CLR RI”指令,也可以用“ANL SCON,#0FEH”或“ANL SCON,#0FDH”等指令。

2. 方式 1

串行口工作于方式 1 时,被控制为波特率可变的 8 位异步通信接口。传送一帧信息为 10 位，即 1 位起始位(0)，8 位数据位(低位在先)和 1 位停止位(1)。数据位由 TXD 发送，由 RXD 接收。波特率是可变的，取决于定时器 1 或 2 的溢出速率。

(1) 方式 1 发送

CPU 执行任何一条以 SBUF 为目标寄存器的指令时，就启动发送。先把起始位输出到 TXD，然后把移位寄存器的输出位送到 TXD，接着发出第一个移位脉冲(SHIFT)，使数据右移一位，并从左端补入 0。此后数据将逐位由 TXD 端送出，而其左端不断补入 0。当发送完数据位时，置位中断标志位 TI。

(2) 方式 1 接收

串行口以方式 1 输入时，当检测到 RXD 引脚上由 1 到 0 的跳变时开始接收过程，并复位内部 16 分频计数器以实现同步。计数器的 16 个状态把 1 位时间等分成 16 份，并在第 7、8、9 个计数状态时采样 RXD 的电平，因此每位数值采样 3 次，当接收到的 3 个值中至少有两个值相同时，这两个相同的值才被确认接收，这样可排除噪声干扰。如果检测到起始位的值不是 0，则复位接收电路，并重新寻找另一个 1 到 0 的跳变。当检测到起始位有效时，才把它移入移位寄存器并开始接收本帧的其余部分。一帧信息也是 10 位，即 1 位起始位，8 位数据位(先低位)，1 位停止位。在起始位到达移位寄存器的最左位时，它使控制电路进行最后一次移位。在产生最后一次移位脉冲时能满足下列两个条件：①RI=0；②接收到的停止位为 1 或 SM2=0 时，停止位进入 RB8，8 位数据进入 SBUF，且置位中断标志 RI。

3. 方式 2 和方式 3

串行口工作于方式 2 和方式 3 时，被自定义为 9 位的异步通信接口，发送(通过 TXD)和接收(通过 RXD)一帧信息都是 11 位，1 位起始位(0)、8 位数据位(低位在先)、1 位可编程位(即第 9 位数据)和 1 位停止位(1)。方式 2 和方式 3 的工作原理相似，唯一的差别是方式 2 的波特率是固定的，为 $f_{OSC}/32$ 或 $f_{OSC}/64$。方式 3 的波特率是可变的，利用定时器 T1 或定时器 T2 作波特率发生器。

(1) 方式 2 和方式 3 发送

方式 2 和方式 3 的发送过程是由执行任何一条以 SBUF 作为目的寄存器的指令来启动的。由“写入 SBUF”信号把 8 位数据装入 SBUF，同时还把 TB8 装到发送移位寄存器的第 9 位位置上(可由软件把 TB8 赋予 0 或 1)，并通知发送控制器要求进行一次发送。发送开始后，把一个起始位(0)放到 TXD 端，经过一位时间后，数据由移位寄存器送到 TXD 端，通过第一位数据，出现第一个移位脉冲。在第一次移位时，把一个停止位“1”由控制器的停止位送入移位寄存器的第 9 位。此后，每次移位时，把 0 送入第 9 位。因此，当 TB8 的内容移到移位寄存器的输出位置时，其左面一位是停止位 1，再往左的所有位全为 0。这种状态由零检测器检测到后，就通知发送控制器作最后一次移位，然后置 TI=1，请求中断。第 9 位数据(即 SCON 中 TB8 的值)由软件置位或清零，可以作为数据的奇偶校验位，也可以作为多机通信中的地址，即数据标志位。如果把 TB8 作为奇偶校验位，可以在发送中断服务程序中，在数据写入 SBUF 之前，先将数据的奇偶位写入 TB8。

(2) 方式 2 和方式 3 接收

方式 2 和方式 3 的接收过程与方式 1 类似。数据从 RXD 端输入，接收过程由 RXD

端检测到负跳变时开始(CPU 对 RXD 不断采样,采样速率为所建立的波特率的 16 倍),当检测到负跳变,16 分频计数器就立即复位,同时把 1FFH 写入输入移位寄存器,计数器的 16 个状态把一位时间等分成 16 份,在每一位的第 7、8、9 个状态时,位检测器对 RXD 端的值采样。如果所接收到的起始位不是 0,则复位接收电路等待另一个负跳变的来到,如果起始位有效(=0),则起始位移入移位寄存器,并开始接收这一帧的其余位。当起始位 0 移到最左面时,通知接收控制器进行最后一次移位。把 8 位数据装入接收缓冲器,第 9 位数据装入 SCON 中的 RB8,并置中断标志 RI=1。数据装入接收缓冲器和 RB8,并置位 RI,只在产生最后一个移位脉冲并且要满足两个条件:①RI=0,SM2=0;②接收到的第 9 位数据为 1 时,才会进行。

9.4　波特率

在串行通信中,一个重要的指标是波特率。通信线上传送的所有信号都保持一致的信号持续时间,每一位的信号持续时间都由数据传送速度确定,而传送速度是以每秒多少个二进制位来衡量的。将串行口每秒钟发送(或接收)的位数称为波特率。假设发送一位数据所需要的时间为 T,则波特率为 $1/T$。它反映了串行通信的速率,也反映了对于传输通道的要求。波特率越高,要求传输通道的频带越宽。如果数据以 300 个二进制位每秒在通信线上传送,那么传送速度为 300 波特,通常记为 300bps。MCS-51 单片机的异步通信速度一般在 50~9600bps 之间。由于异步通信双方各用自己的时钟源,要保证捕捉到的信号正确,最好采用较高频率的时钟,一般选择的时钟频率比波特率高 16 倍或 64 倍。如果时钟频率等于波特率,则频率稍有偏差便会产生接收错误。

在异步通信中,收、发双方必须事先规定两件事:一是字符格式,即规定字符各部分所占的位数、是否采用奇偶校验以及校验的方式(偶校验还是奇校验)等通信协议;二是采用的波特率以及时钟频率和波特率的比例关系。

串行口以方式 0 工作时,波特率固定为振荡器频率的 1/12。以方式 2 工作时,波特率为振荡器频率的 1/64 或 1/32,它取决于特殊功能寄存器 PCON 中的 SMOD 位的状态。如果 SMOD=0(复位时 SMOD=0),波特率为振荡器频率的 1/64;如果 SMOD=1,波特率为振荡器频率的 1/32。

方式 1 和方式 3 的波特率由定时器 1 的溢出率所决定。当定时器 T1 作波特率发生器时,波特率由下式确定

$$波特率=定时器\ T1\ 溢出率/n$$

式中,定时器 T1 溢出率=定时器 T1 的溢出次数/秒,n 为 32 或 16,取决于特殊功能寄存器 PCON 中的 SMOD 位的状态。如果 SMOD=0,则 $n=32$。如果 SMOD=1,则 $n=16$。

对于定时器的不同工作方式,得到的波特率的范围是不一样的,这主要由定时器 1 的计数位数的不同所决定。对于非常低的波特率,应选择 16 位定时器方式,即 TMOD. 5=0,TMOD. 4=1,并且在定时器 T1 中断程序中实现时间常数重新装入。在这种情况下,应该允许定时器 T1 中断(IE. 3=1)。

在任何情况下，如果定时器 T1 的 $C/\overline{T}=0$，则计数率为振荡器频率的 1/12。如果 $C/\overline{T}=1$，则计数率为外部输入频率，它的最大可用值为振荡器频率的 1/24。

【例 9-1】 8051 单片机时钟振荡频率为 11.0592MHz，选用定时器 T1，工作方式 2 作波特率发生器（波特率为 2400），求初值。

解：综合前面分析可知，8051 串行口方式 1 和方式 3 的波特率由定时器 T1 的溢出率与 SMOD 值同时决定，即

$$方式1和方式3的波特率=\frac{2^{SMOD}}{32}\times T1溢出率$$

定时器 T1 作波特率发生器使用时，通常适用定时器方式 2（自动重装初值器）。应禁止 T1 中断，以免溢出而产生不必要的中断。先设定 TH1 和 TL1 定时计数初值为 TC，那么每过 2^8-X 个机器周期，定时器 T1 就会产生一次溢出。因此，溢出周期为

$$T_{溢}=\frac{12}{f}\times(256-TC)$$

溢出率为溢出周期之倒数，所以

$$波特率=\frac{2^{SMOD}}{32}\times\frac{f}{12\times(256-TC)}$$

可得出定时器 T1 方式 2 的初值

$$TC=256-\frac{f\times(SMOD+1)}{384\times波特率}$$

设置波特率控制位即 SMOD=0

$$TC=256-\frac{11.0592\times1000000\times(0+1)}{384\times2400}=244D=F4H$$

同理可算出其他波特率初值，如表 9-2 所示。

表 9-2 常用波特率初值

常用波特率	f_{OSC}	SMOD	TH1 初值
19200	11.0592	1	FDH
9600	11.0592	0	FDH
4800	11.0592	0	FAH
2400	11.0592	0	F4H
1200	11.0592	0	E8H
110	11.0592	0	72H

9.5 串行接口应用举例

下面将通过几个简单的实例，详细介绍串行接口的应用方法。

9.5.1 PC 与单片机串行接口通信模块制作

串行口通信调试是比较困难的工作，因为只有当通信双方的硬件和软件都正确无误

时才能实现成功的通信。可以采用分别调试的方法,即按通信规约双方各自调试好,然后再联调。

1. 原理图设计

原理图如图 9-6 所示,用 MAX232 芯片,外加 9 芯串口插座,组成与 PC 通信接口电路。先用 PC 终端来进行单片机通信口的调试。只要方式设置正确,一般通信就会成功。因为 PC 终端已具有正常的通信功能,如果通信不正常便是由单片机部分引起的,这样便于查出存在的故障。

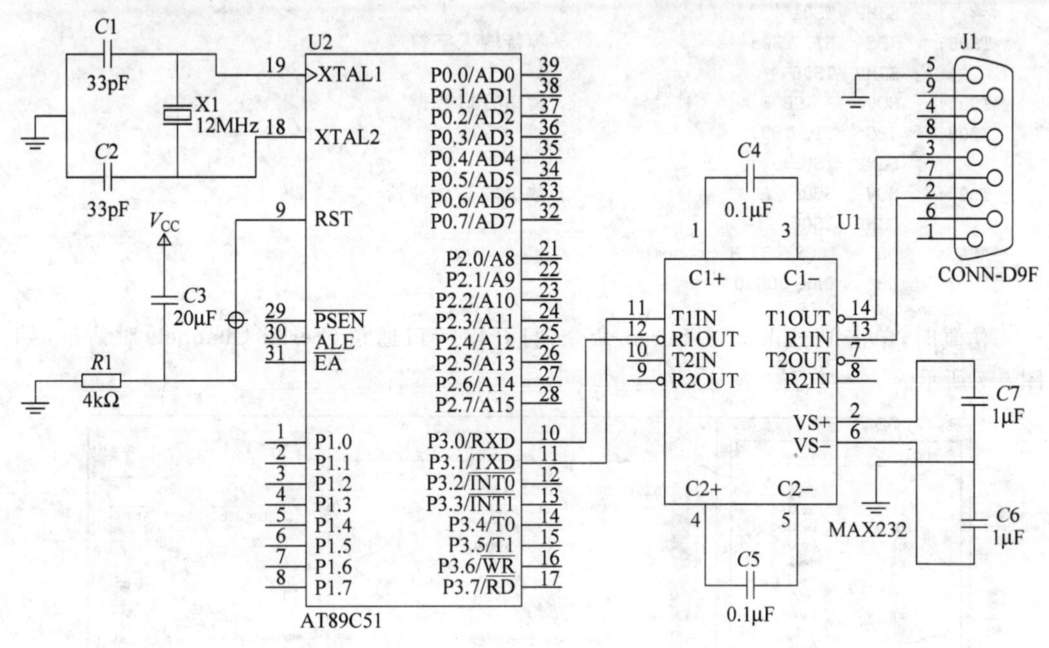

图 9-6 串行口通信口调试电路

2. 硬件制作

自己购买器件,用万能板焊接电路。

3. 程序编写

下面给出的串行口调试程序,其功能是对串行口的工作方式编程,然后在串行口上输出字符串 MCS-51 Microcomputer,接着从串行口上输入字符,又将输入的字符从串行口上输出,将 PC 终端键盘上输入的字符在屏幕上显示出来。这个功能实现以后,串行口的硬件和串行口的编程部分就调试成功,接着便可以按通信规约,实现单片机和终端之间串行通信,完成通信软件的调试工作。

编写程序如下:

```
        ORG   0000H
TSIO:   MOV   TMOD, #20H          ; T1 初始化,选 1200 波特,fosc = 11.0592MHz
        MOV   TL1, #0E8H
        MOV   TH1, #0E8H
        MOV   SCON, #0DAH
```

```
        SETB  TR1
        MOV   R4, #0
        MOV   DPTR, #ASAB            ; 查表,串行输出表中字符串
TS01:   MOV   A,R4
        MOVC  A, @A + DPTR
        JZ    TS06
TS03:   JBC   TI, TS02
        SJMP  TS03
TS02:   MOV   SBUF, A
        INC   R4
        SJMP  TS01
TS06:   JBC   RI, TS05               ; 等待输入字符
        SJMP  TS06
TS05:   MOV   A, SBUF                ; 读串行口数据
TS08:   JBC   TI, TS07
        SJMP  TS08
TS07:   MOV   SBUF, A                ; 数据发送缓冲器
        SJMP  TS06
ASAB:   DB    'MCS - 51 Microcomputer'
        DB    0AH,0DH,0
```

仿真时,单击 Peripherale|Serial 命令,打开串行口通道(Serial Channel)对话框,如图 9-7 所示。

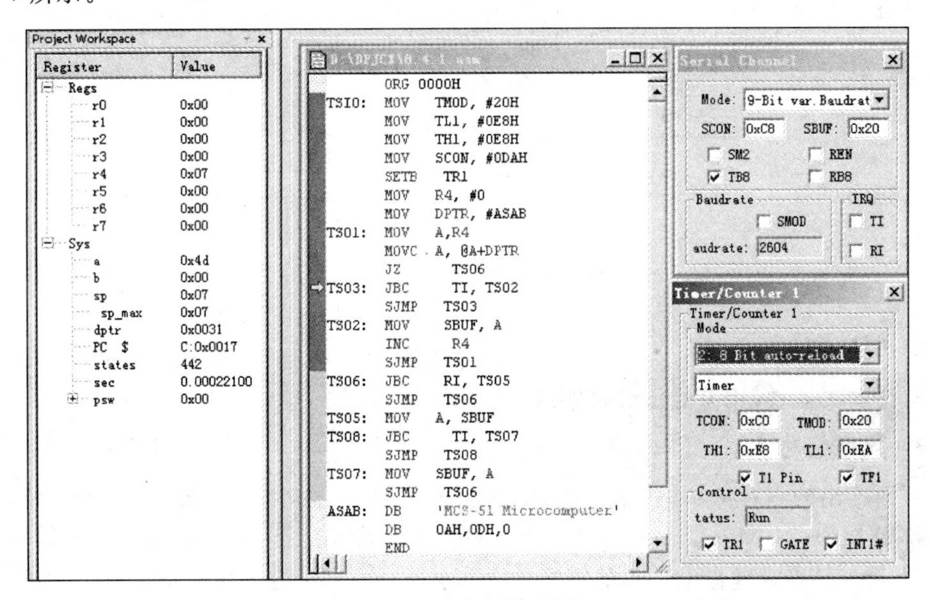

图 9-7 串行口调试图

由图 9-7 可见串行口通道窗口中有各种标志位,程序每次运行到 TS03 时,要在 TI 前的复选框选中"√",程序才继续运行。将 A 中数送到串口缓冲器(SBUF)中,可在 SBUF 文本框中看到传入的数据。每选中一次"√"传送一个数。

4. Proteus 软件仿真

在图 9-6 所示原理图基础上添加虚拟终端,如图 9-8 所示。VSM 虚拟终端允许用户

通过 PC 的键盘和屏幕与仿真微处理器系统收发 RS-232 异步串行数据。在显示用户编写程序产生的调试/跟踪信息时非常有用。

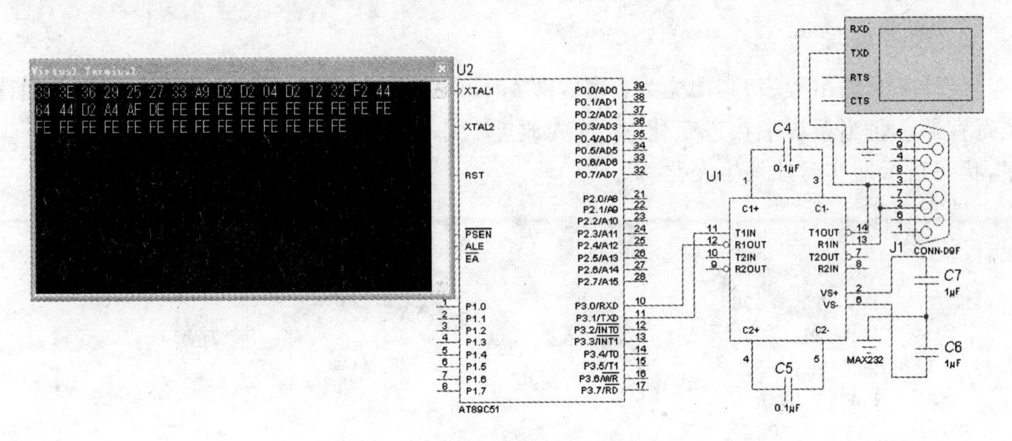

图 9-8 VSM 虚拟终端及软件仿真

导入第 3 步所生成的 HEX 文件，全速运行后，出现如图 9-8 所示结果，在虚拟终端显示输出的数据。但是数据进行了转换，与程序中的字符不一致。

9.5.2 LED 彩灯串口控制器制作

1. 电路原理图设计

利用串行口的方式 0 输出，可以扩展多个移位寄存器，作为并行输出口。这种扩展方法接口简单，单片机和移位寄存器之间信息传输线少，适用于远距传送的输出设备，例如智能显示屏与状态显示板。

如果在一个 MCS-51 单片机的应用系统中，在串行口上扩展两个移位寄存器 74LS164，作为 16 路状态指示灯接口，如图 9-9 所示。

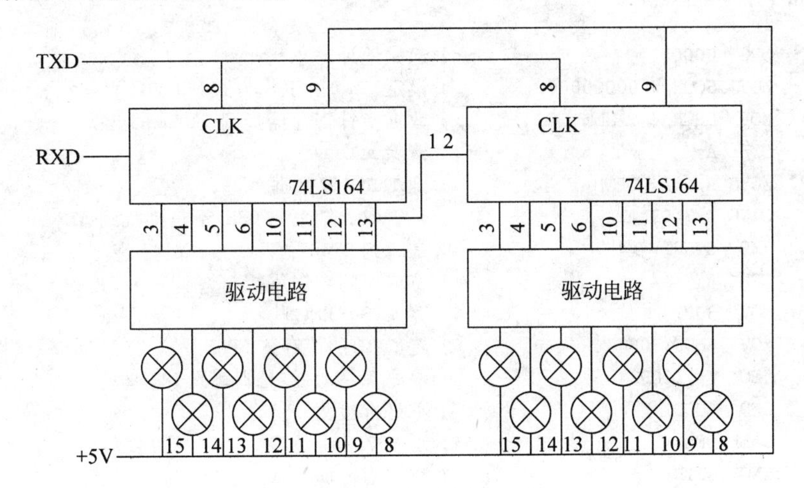

图 9-9 状态指示灯接口板

2. 硬件制作

自己购买器件,用万能板焊接电路。

3. 程序编写

设计一个输出程序,其功能为:将内部40H、41H单元的状态缓冲器中内容输出到移位寄存器。每当系统中状态变化时,首先改变状态缓冲器中相应状态,然后调用该子程序,状态指示即实时地发生变化。

编写程序如下:

```
        ORG   0000H
SOUT:   MOV   R0,#40H
        CLR   TI
        MOV   A,@R0
        MOV   SBUF,A
SOT1:   JNB   TI,SOT1
        CLR   TI
        INC   R0
        MOV   A,@R0
        MOV   SBUF,A
        RET
        END
```

4. Proteus 软件仿真

(1) 在 Proteus 中设计原理图,如图 9-10 所示,图中为图 9-9 的一个完整全图。

(2) 硬件制作。自己购买器件,用万能板焊接电路。

(3) 软件编写。本例利用表格的方式,建立一组数据,利用 UART 发送至 8BIT 串入并出的 IC74164。这组数据将使 74164 的 8 个 LED 左移 2 次,右移 2 次,闪烁 2 次。这是另一种编程控制方式。

程序如下:

```
        ORG   0000H               ;起始地址
        MOV   SCON,#00000000B     ;设定 UART 的工作方式 MODE0
START:  MOV   DPTR,#TABLE         ;数据指针寄存器指到 TABLE 的开头
LOOP:   CLR   A                   ;清除 ACC
        MOVC  A,@A+DPTR           ;到 TABLE 取数据
        CJNE  A,#03,A1            ;是否取到结束码 03H,不是则跳到 A1
        JMP   START               ;是跳到 START
A1:     CPL   A                   ;将取到的数据反相
        MOV   30H,A               ;存入(30H)地址
        MOV   SBUF,30H            ;将(30H)的值存入 SBUF
LOOP1:  JBC   TI,LOOP2            ;检测 TI=1 否,是则跳到 LOOP2
        JMP   LOOP1               ;不是再检测
LOOP2:  CALL  DEL                 ;延时 0.2s
        INC   DPTR                ;数据指针加 1
        JMP   LOOP
DEL:    MOV   TMOD,#01H
```

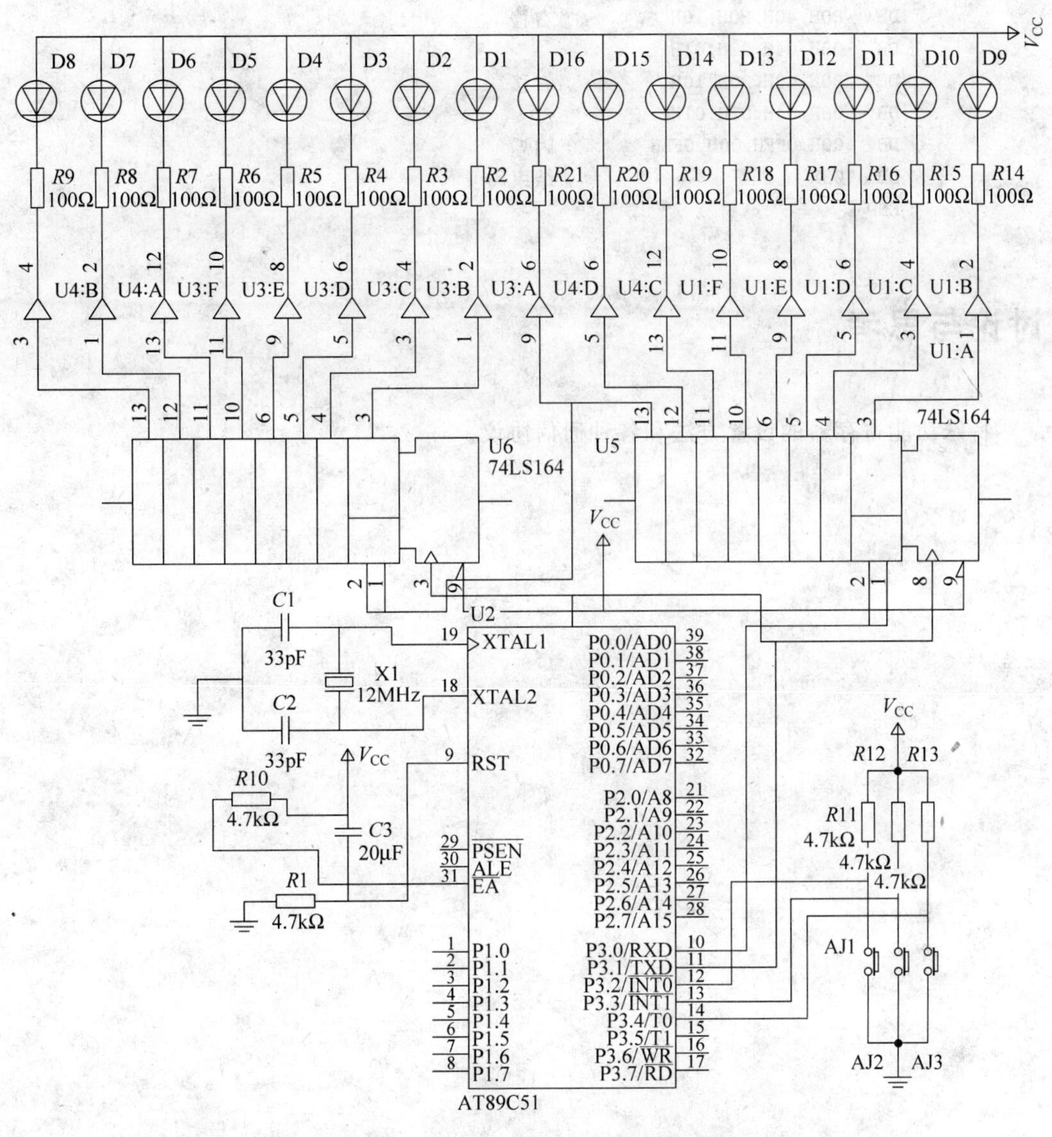

图 9-10　Proteus 软件串口仿真原理图

```
        MOV  R7,＃10
TIME:   MOV  TL0,＃0B0H
        MOV  TH0,＃3CH
        SETB TR0
LP1:    JBC  TF0,LP2
        JMP  LP1
LP2:    DJNZ R7,TIME
        RET
TABLE:  DB   01H,02H,04H,08H          ;左移
        DB   10H,20H,40H,80H
        DB   01H,02H,04H,08H          ;左移
        DB   10H,20H,40H,80H
```

```
DB    80H,40H,20H,10H          ; 右移
DB    08H,04H,02H,01H
DB    80H,40H,20H,10H          ; 右移
DB    08H,04H,02H,01H
DB    00H,0FFH,00H,0FFH        ; 闪烁
DB    03H                      ; 结束码
END
```

讨论与思考

特殊功能寄存器的设置方法和各种通信协议。

项目篇

chapter 10 ◇第10章

单片机电动机控制器制作

单片机控制高电压电动机是经常需要用到的控制电路，此电路是用低电压(5V)控制高电压(220V)的典型电路。下面具体讨论设计方法。

10.1 单台电机控制器制作

高电压电机控制电路设计时，首先要解决低电压回路控制高电压回路问题，常用的控制器件为继电器、可控硅。其次是将低电压控制回路和CPU控制回路隔离，常用器件是光电耦合器，俗称光耦。下面分别介绍。

1. 器件介绍

(1) 继电器

继电器是用低电压控制高电压的器件，它分为线圈、铁芯、衔铁、触点。触点有常开触点、常闭触点之分。在开关特性上有单刀单置、双刀单置、单刀双置、双刀双置、单刀多置、双刀多置之别。图10-1(a)为继电器的符号，图中只列了4种类型的继电器，方框为线圈，圆圈为触点，直线为刀。图10-1(a)中，左下图为单刀单置，右下图为单刀双置，左上图为双刀双置，右上图为双刀单置。

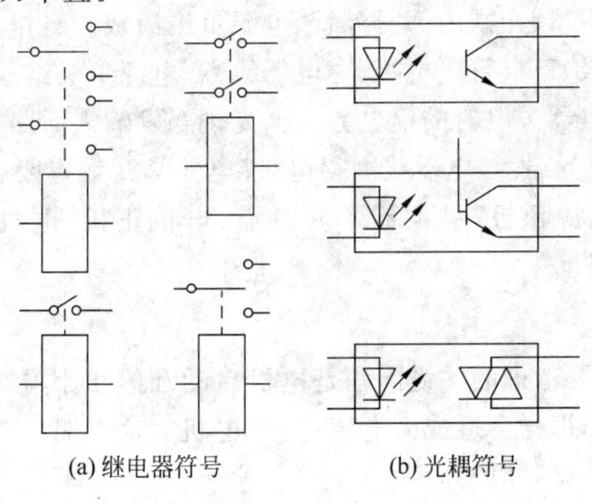

(a) 继电器符号　　(b) 光耦符号

图10-1　继电器和光耦符号

继电器的工作过程是：线圈得电时，常开触点闭合，常闭触点断开；线圈失电时，常开触点断开，常闭触点闭合。电路连接时，单片机的一个输出口线接线圈的一端，线圈的另一端接符合线圈电压标准的电源。以单刀单置为例，将220V相线断开接触点两端（相当于在相线上接一个开关），220V线上再接电器设备。这样只要用软件控制单片机的该输出口线为低电平时，线圈得电，常开触点闭合，电器设备工作（设定低电平工作）；用软件控制单片机的该输出口线为高电平时，线圈失电，常开触点断开，电器设备停止工作（设定高电平停止）。

（2）光耦

光耦在电路中起隔离作用，由光作为信号传递媒介（工具），将单片机和外部设备在电气隔离。有三极管型光耦（又分带基极型和不带基极型）、可控硅型光耦（又分单向可控和双向可控）。如图10-1(b)所示光耦的工作过程是：有电流通过内部发光管，发光管发光，所对应的内部三极管导通；无电流通过内部发光管，发光管不发光，所对应的内部三极管不导通（断开）。光耦的一般接法是：内部发光管阳极接高电平（电源正极），与单片机同电源；阴极接单片机的某一输出口线，内部三极管对外的两端接外部设备，这就将单片机和外部设备在电气上分隔开。当用软件控制单片机的该输出口线为低电平时，内部发光管发光，所对应的内部三极管导通，外部设备就工作（设定低电平工作）；用软件控制单片机的该输出口线为高电平时，内部发光管就不发光，所对应的内部三极管不导通，外部设备就停止工作（设定高电平停止）。

2. 单台电机控制电路原理图设计

在最小系统基础上，设置2个按键，如图10-2所示，一个作为电机启动按键，一个作为停止键。原理图用上拉电阻和按键组成控制电路，按键断开时将端口置为高电平，按键闭合（按下）时将端口置为低电平，这种方式为低电平有效，CPU查询到按键低电平时开始控制动作。光耦D1用来隔离CPU与继电器控制回路。光耦输入部分由电源、电阻R7、光耦内部发光二极管、CPU P1输入/输出口的P1.0口线组成光耦触发输入回路。当P1.0为高电平时该回路不通，当P1.0为低电平时该回路导通。光耦输出回路由12V电源的正极；电阻R15、光耦内部三极管、电源负极组成光耦输出的一个支路。另一支路由12V电源的正极、电阻R11、光耦内部三极管、电源负极组成。继电器控制回路由12V电源的正极、三极管发射极、三极管集电极、继电器线圈、电源负极组成。线圈旁边二极管为续流二极管，泄放掉继电器失电时的反电势。当光耦触发输入回路导通工作时，光耦内部三极管导通，三极管Q1导通，继电器线圈得电，继电器常开触点闭合，电机工作。高电压电机控制回路由高压电源正极、继电器常开触点、电机正极、电机负极、高压电源负极组成。

3. 程序设计

在实际控制过程中要考虑的关键问题是电机启动和停止都有延迟时间，特别是停止到启动的时间不能太短，那样会造成大电流，烧毁电机。这个时间没有定值，要根据电机功率大小、负载大小来调试延时时间大小。

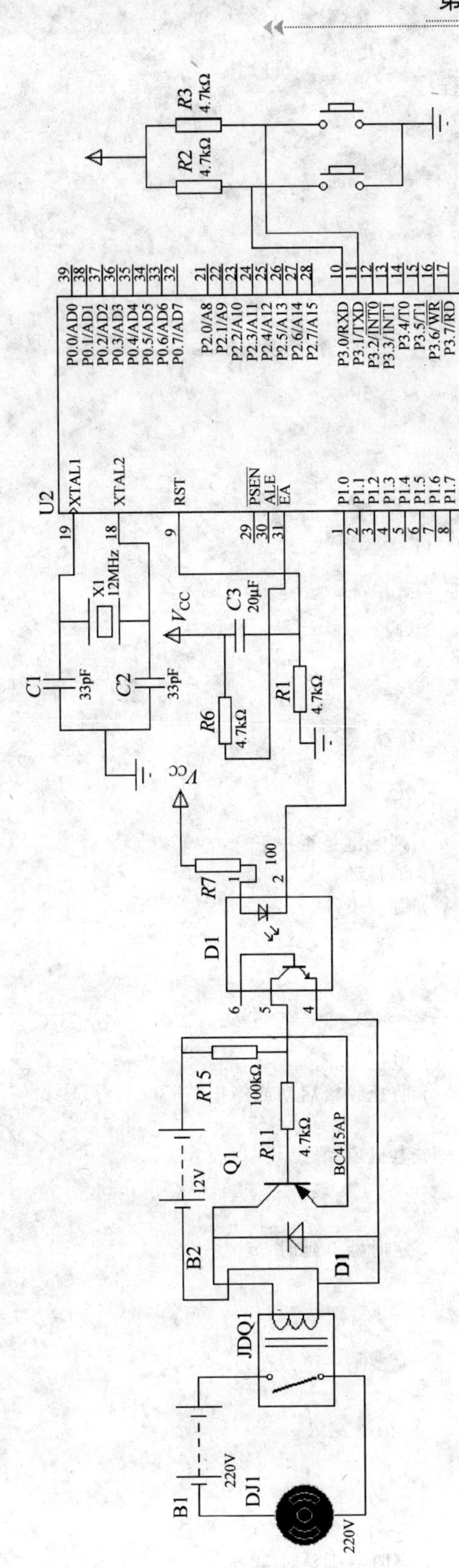

图 10-2　单台电机控制电路原理图

(1) 间隔 8s 自动启动停止程序

```
        ORG    0000H
MAIN:   MOV    P1, #0FEH
        ACALL  DEL
        MOV    P1, # 0FFH
        ACALL  DEL
        AJMP   MAIN
DEL:    MOV    TMOD, #01H
        MOV    R7, #80
TIME:   MOV    TL0, #0B0H
        MOV    TH0, #3CH
        SETB   TR0
LOOP1:  JBC    TF0,LOOP2
        JMP    LOOP1
LOOP2:  DJNZ   R7,TIME
        CLR    TR0
        RET
        END
```

(2) 按键启动停止程序

```
        ORG    0000H
        NOP
LOP1:   MOV    P3, #0FFH
        JNB    P3.0,LP1          ; 判断键是否按下
LP1:    ACALL  DEL1              ; 消抖动
        JNB    P3.0,LOP2         ; 键按下,跳转
        JNB    P3.1,LP2
LP2:    ACALL  DEL1
        JNB    P3.1,LOP
        AJMP   LOP1
LOP:    SETB   P1.0              ; 电机停止
        ACALL  DEL               ; 防止频繁启动或停止
        AJMP   LOP1
LOP2:   CLR    P1.0              ; 电机启动
        ACALL  DEL
        AJMP   LOP1
DEL:    MOV    TMOD, #01H        ; 定时器 0 延时 6s
        MOV    R7, #60
TIME:   MOV    TL0, #0B0H
        MOV    TH0, #0fCH
        SETB   TR0
LOOP1:  JBC    TF0,LOOP2
        JMP    LOOP1
LOOP2:  DJNZ   R7,TIME
        CLR    TR0
        RET
DEL1:   MOV    TMOD, #10H        ; 定时器 1 延时 20ms
        MOV    TL1, #0B0H
```

```
        MOV   TH1,#3CH
        SETB  TR1
LOP3:   JNB   TF1,LOP3
        CLR   TR1
        RET
        END
```

将以上程序在QTH或Keil中调试通过,产生HEX文件。

4. Proteus软件仿真

(1) 程序编写

上面程序是实际控制时要考虑的问题,在仿真时可以编得更简单。去掉延时和消除抖动的程序如下:

```
        ORG   0000H
        NOP
        MOV   P3,#0FFH
LOP1:   JNB   P3.0,LOP
        JNB   P3.1,LOP2
        AJMP  LOP1
LOP:    SETB  P1.0
        AJMP  LOP1
LOP2:   CLR   P1.0
        AJMP  LOP1
        END
```

将以上程序在Keil C中调试通过,产生HEX文件。

(2) 仿真

在Proteus软件中输入如图10-2所示的原理图,然后装载程序,方法是:双击CPU芯片弹出图6-7所示对话框。在Program File文本框中单击文件夹,选中HEX文件所在的文件夹,选中HEX文件,单击图6-7中的OK按钮,程序装载完成。在菜单Debug下,单击Execute命令,全速运行程序,可观察到硬件联调结果。

5. 电路板(PCB)制作

电路板设计好后要用覆铜板制作成电路板。制作电路板的方法一般有如下几种。

(1) 专门PCB板制作厂家制作

这种方法制作PCB板时只要将在Protel软件中制作的PCB板图文件发到制作厂家,厂家就会按设计的内容做好板子焊接元器件。但是PCB板小批量制作价格较贵,而且制作时间较长,最低要一周时间,一般是集体提前制作。

(2) 用雕刻机制作印刷电路图

若有雕刻机,首先把在Protel软件中绘制成的印刷电路转换成雕刻机所需软件,并准备好如雕刻头及铜覆板等工具,进行雕刻。雕刻好后打孔,上锡处理,最后制成能用的电路板。

(3) 自己手工制作

自己手工制作电路板,这也是基本技能之一,简单的电路最好自己动手制作几次。一般方法是先买好覆铜板(到电子元器件市场购买,最好买边角料板,能省钱)、三氯化铁、油漆或透明胶带。制作方法是:①对于单面板,将透明胶带贴满覆铜板有铜的那面,再用小刀将要腐蚀的部分刻掉,保留不需腐蚀的部分。②将刻好的覆铜板放入三氯化铁中进行腐蚀,腐蚀完后冲洗干净晾干。③对腐蚀好的板子进行打孔,上锡处理,电路板制作成功。

(4) 用万能板制作

用万能板自己焊接,首先要开列元器件清单,到市场买好器件,然后自己按电路图焊接好器件。需特别注意的是,所有集成块均需焊上插座,便于以后调试和检查。

6. 电路检修

用瞬间短路法诊断硬件好坏。用一根导线将 P1.0 对地瞬间短路,继电器应动作。若不动作,逐一检查光耦触发输入回路、光耦输出回路、继电器控制回路、高电压电机控制回路。耐心逐步检查,故障即可排除。

10.2 电机顺序控制器制作

顺序控制是工业自动控制系统中常见的一种控制方式。所谓顺序控制是指按时序或事序规定工作的自动控制方式。

1. 控制电路设计

顺序控制器使用 89C51 CPU 芯片,芯片 P0 口的 P1.0~P1.3 端口分别通过光电隔离后,用 4 只三极管驱动 4 只继电器工作,通过继电器可控制 4 台电动机工作。

设计电路原理图,如图 10-3 所示,从图可知输出控制部分分为 CPU 控制回路、低电压控制回路、高电压控制回路。CPU 控制回路由 V_{CC}(5V 电源正极)、限流电阻 R、光耦内部发光二极管、89C51 的 P1.0 口、89C51 的接地端(5V 电源负极)组成。低电压控制回路的一路由 12V 电源正极、PNP 三极管 BG1 发射极、三极管基极限流电阻 R、光耦内部光敏三极管、12V 电源负极组成,另一路由 12V 电源正极、PNP 三极管 BG1 发射极、三极管 BG1 集电极、继电器线圈、12V 电源负极组成。线圈旁边二极管为续流二极管,泄放掉继电器失电时的反电势。高电压控制回路继电器的常开触点可当做高压电路的开关,可以控制高压电器设备。

原理图设计完成后再设计印制线路板,也可用万能板按原理图 10-3 所示连好线,检查无误后进行下一步。

2. 硬件诊断

用瞬间短路法诊断硬件好坏。用一根导线分别将 P1.0、P1.1、P1.2、P1.3 对地瞬间短路,继电器应动作。若不动作,分以下两种情况。一种是所有的继电器不动作,对于这种情况首先应查电源的正负线是否连好,用万用表测+12V、+5V 电源是否正常。另一种个别继电器不动作,对于这种情况要分别查对应的光耦、三极管、继电器,检查方法是:先查光耦,将 P1 的某一口线对地瞬间短路,对应光耦的内部三极管集电极应有电压高低变化。如图 10-1 所示光耦的内部发光二极管的阴极为高电平时,发光二极管熄灭,内部三极管截止,光耦的内部三极管集电极为高电平。如图 10-3 所示光耦的内部发光二极管

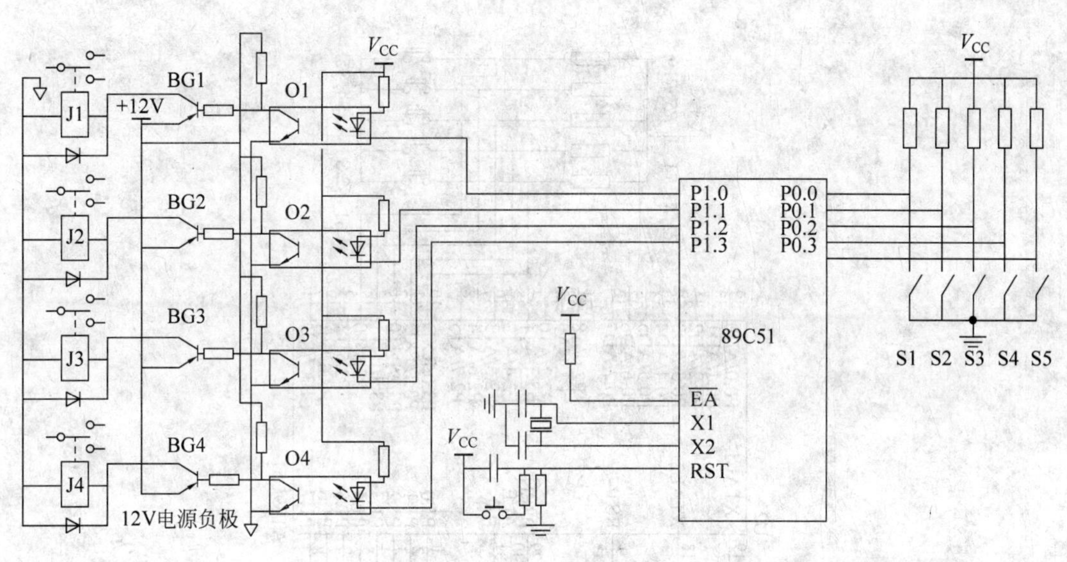

图 10-3　顺序控制器

的阴极为低电平时，发光二极管发光，内部三极管导通，光耦的内部三极管集电极为低电平。若三极管没有这种高低电平变化，说明光耦是坏的，应换光耦，反之说明光耦是好的。继续查继电器(型号为 4123)，当三极管集电极为低电平时，继电器得电，应吸合，若不吸合说明继电器坏，需换继电器，还应查一下二极管是否击穿。逐个元件判断检查，直到全都正常为止。以后还可用仿真器诊断硬件好坏，也可用固化器、固化程序直接诊断硬件好坏。

3. 软件设计

根据文意可编写程序如下：

```
        ORG    0000H
MAIN:   MOV    P1,#0FEH
        ACALL  DEL
        MOV    P1,# 0FDH
        ACALL  DEL
        MOV    P1,#0FBH
        ACALL  DEL
        MOV    P1,#0F7H
        ACALL  DEL
        AJMP   MAIN
DEL:    MOV    TMOD,#01H
        MOV    R7,#80
TIME:   MOV    TL0,#0B0H
        MOV    TH0,#3CH
        SETB   TR0
LOOP1:  JBC    TF0,LOOP2
        JMP    LOOP1
LOOP2:  DJNZ   R7,TIME
        CLR    TR0
        RET
        END
```

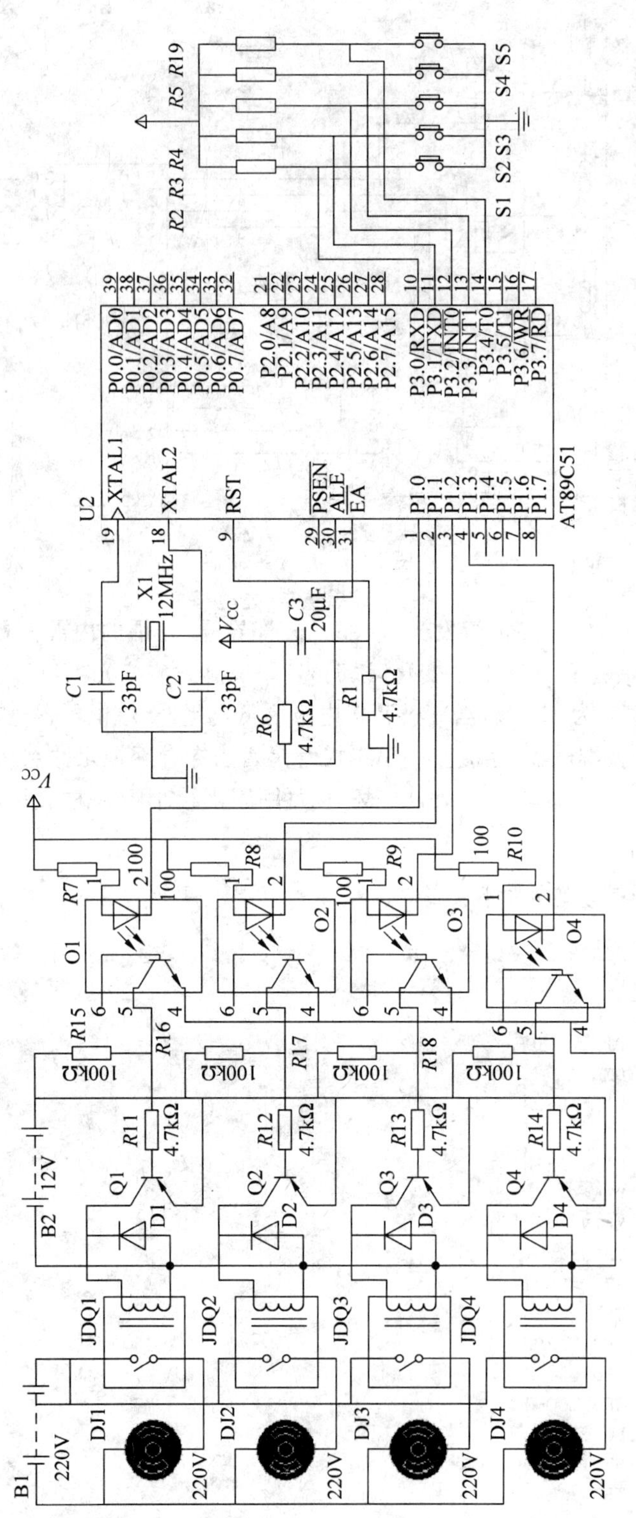

图 10-4 Proteus 软件电机控制仿真原理图

4. 电路仿真

(1) 程序编写

上面程序没有使用按键,使用按键的程序如下：K1 启动电机 1(电机 1 接于 P1.0 口线)、K2 启动电机 2(电机 2 接于 P1.1 口线)、K3 启动电机 3(电机 3 接于 P1.2 口线)、K4 启动电机 4(电机 4 接于 P1.3 口线)、K5 停止所有电机。从原理图中可见端口线低电平电机工作,高电平电机停止工作。

```
        ORG  0000H
        NOP
        MOV  P3,#0FFH
LOOP:   JNB  P3.0,LOP1
        JNB  P3.1,LOP2
        JNB  P3.2,LOP3
        JNB  P3.3,LOP4
        JNB  P3.4,LOP5
        AJMP LOOP
LOP1:   CLR  P1.0
        AJMP LOOP
LOP2:   CLR  P1.1
        AJMP LOOP
LOP3:   CLR  P1.2
        AJMP LOOP
LOP4:   CLR  P1.3
        AJMP LOOP
LOP5:   MOV  P1,#0FFH
        AJMP LOOP
        AJMP LOOP
        END
```

以上程序只能在仿真中使用,实际控制时要考虑延时和消除抖动以及互锁等问题。以上按键可用位操作做到一键多用,即用 K1 键控制电机 1 启动和停止,用 K2 键控制电机 2 启动和停止,用 K3 键控制电机 3 启动和停止,用 K4 键控制电机 4 启动和停止。

将以上程序在 QTH 或 Keil 软件中调试通过,产生 HEX 文件。

(2) 仿真

在 Proteus 软件中输入如图 10-4 所示原理图,然后装载程序,方法是：双击 CPU 芯片弹出图 6-7 所示对话框。在 Program File 文本框中单击文件夹,选中 HEX 文件所在的文件夹,选中 HEX 文件,单击图 6-7 中 OK 按钮。程序装载完成。在菜单 Debug 下,单击 Execute 命令,全速运行程序,可观察到硬件联调结果。

讨论与思考

电机控制抗干扰方法。

第11章 chapter 11

步进电机控制器制作

步进电机作为执行元件，是机电一体化的关键器件之一，广泛应用在各种自动化控制系统中。随着微电子和计算机技术的发展，步进电机的需求量与日俱增，在各个国民经济领域都有应用。

步进电机的控制现在变得较为简单，产品专业化、模块化。一种步进电机有对应的步进电机驱动器，在设计时只要成套购买就行，因而对步进电机的控制就变成驱动器的使用和对驱动器的控制。步进电机控制系统包括步进电机、步进电机驱动器、步进电机控制器3部分。下面分别叙述。

11.1 设备原理介绍

在自动控制系统中为了能精确控制，一般使用步进电机。步进电机种类较多，下面讨论三相混合式步进电机工作原理。

11.1.1 步进电机原理

步进电机是一种变磁阻式，将电脉冲转化为角位移的执行机构，实物图如图11-1所示。它结构简单、工作可靠，能将数字的电脉冲输入直接转换为模拟的输出轴运动。当步进驱动器接收到一个脉冲信号，它就驱动步进电机按设定的方向转动一个固定的角度，它的旋转是以固定的角度一步一步运行的。可以通过控制脉冲个数来控制角位移量，从而达到准确定位的目的，同时可以通过控制脉冲频率来控制电机转动的速度和加速度，从而达到调速的目的。步进电机可以作为一种控制用的特种电机，利用其没有积累误差(精度为100%)的特点，广泛应用于各种开环控制。现在比较常用的步进电机包括反应式步进电机、永磁式步进电机和永磁感应式步进电机。对于电气控制设计人员而言，只要知道步进电机技术参数即可，下面讲述步进电机的静态参数和动态参数。

1. 步进电机的静态指标及术语

(1) 相数：产生对极N、S磁场的不同激磁线圈对数，常用 m 表示。

图 11-1 步进电机实物图

(2) 拍数：完成一个磁场周期性变化所需脉冲数或导电状态，用 n 表示，或指电机转过一个齿距角所需脉冲数。以四相电机为例，设步进电机四相分别为 A、B、C、D，则四相四拍运行方式为 AB-BC-CD-DA-AB，四相八拍运行方式为 A-AB-B-BC-C-CD-D-DA-A。

(3) 步距角：对应一个脉冲信号，电机转子转过的角位移用 θ 表示，$\theta=360°/$(转子齿数 J×运行拍数)。以常规二、四相，转子齿为 50 齿电机为例，四拍运行时步距角为 $\theta=360°/(50\times4)=1.8°$，俗称整步，八拍运行时步距角为 $\theta=360°/(50\times8)=0.9°$，俗称半步。

(4) 定位转矩：电机在不通电状态下，电机转子自身的锁定力矩(由磁场齿形的谐波以及机械误差造成)。

2. 步进电机动态指标及术语

(1) 步距角精度：步进电机每转过一个步距角的实际值与理论值的误差，用百分比表示：(误差/步距角)×100%。不同运行拍数的步距角精度值不同，四拍运行时应在 5% 之内，八拍运行时应在 15% 以内。

(2) 失步：电机运转时运转的步数，不等于理论上的步数，称为失步。

(3) 失调角：转子齿轴线偏移定子齿轴线的角度，电机运转必存在失调角。由失调角产生的误差，采用细分驱动是不能解决的。

(4) 最大空载启动频率：电机在某种驱动形式、电压及额定电流下，电机不加负载时能够直接启动的最大频率。

(5) 最大空载的运行频率：电机在某种驱动形式、电压及额定电流下，电机不带负载的最高转速频率。

在购买步进电机时一般列出的技术参数是步距角和力矩大小。步距角是由控制系统的控制精度来选择的，力矩大小是由控制系统的驱动力矩来选择的。机械设计人员设计完一个控制系统后，这些参数就确定下来，按具体要求购买即可。

11.1.2 步进电机驱动器原理

目前，国内两相系列混合步进电机驱动器大都采用恒流斩波驱动方式与正弦波细分电流控制技术。两相混合步进电机电流矢量细分驱动原理是在两相混合步进电机的两个线圈中通入相位差为 90°的电流，如果分别输入相位差 90°的正弦波形，通过线圈的空间

矢量电流 i_a、i_b 随角度变化时其合成的电流矢量幅值恒定，且随着变化相应的角度。采用细分后，各相电流阶梯改变，并按照正弦和余弦规律变化，使合成的电流矢量恒幅均匀旋转，电机就可以实现恒力矩、均匀步距角细分驱动。如果对绕组电流细分划分得足够细，可实现较精确的微步控制。采用正弦波细分电流控制技术，可以大幅度改善步进电机的运行品质，减少转矩波动，抑制震荡，降低噪音，同时也提高了步距分辨率。采用恒流斩波驱动能很好地解决电机在锁定、低频和高频时保持输出额定转矩，因此应用较为广泛。步进电机驱动器外形图如图 11-2 所示，具体使用方法可参照产品使用说明书。

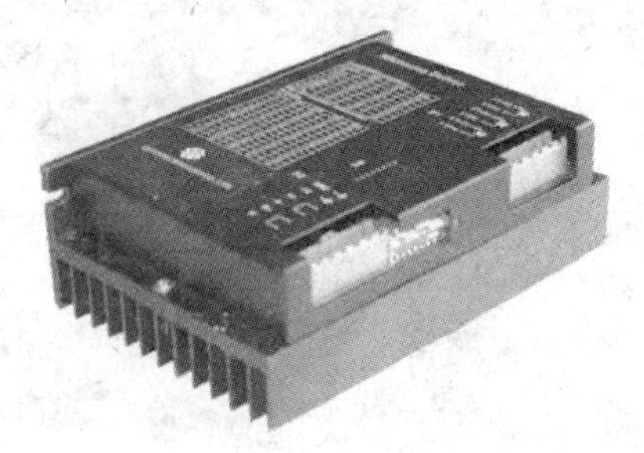

图 11-2　步进电机驱动器

步进电机的驱动器根据控制信号工作，控制信号由单片机产生。其基本原理作用如下。

(1) 控制换相顺序

二相电机工作方式有二相四拍和二相八拍二种，具体分配如下：设步进电机二相分别为 A、B，则二相四拍为 AB-$\overline{A}B$-$\overline{A}\overline{B}$-$A\overline{B}$，步距角为 1.8°，通电时序为 $A\overline{B}$-$\overline{A}\overline{B}$-$\overline{A}B$-AB 时为反转；二相八拍为 AB-B-$\overline{A}B$-$\overline{A}$-$\overline{A}\overline{B}$-$\overline{B}$-$A\overline{B}$-A-AB，步距角为 0.9°。

(2) 控制步进电机的转向

如果按给定工作方式正序换相通电，步进电机正转；如果按反序通电换相，则电机就反转。

(3) 控制步进电机的速度

如果给步进电机发一个控制脉冲，它就转一步，再发一个脉冲，它会再转一步。两个脉冲的间隔越短，步进电机就转得越快。调整单片机发出的脉冲频率，就可以对步进电机进行调速。

11.2　控制器电路设计

电路设计包括两部分，一是单片机控制器设计，二是系统线路设计。

1. 电路原理图设计

步进电机控制器 CPU 用 89C51，驱动用 ULN2003，按钮 3 个，通过按钮实现电机正转和反转。由于是使用步进电机驱动器，该驱动器只有两个信号输出端，一个为脉冲信号输出端(CP)，一个为方向控制端(DIR)。当用单片机做控制器时，只需两个端口线，使用 P2.4～P2.7，预留两个端口，可用于三相或四相步进电机直接驱动实验。由于直接驱动电流较小，用 ULN2003 作为驱动器。这样就组成了控制器电路。用 Proteus 作出的原理图，如图 11-3 所示。

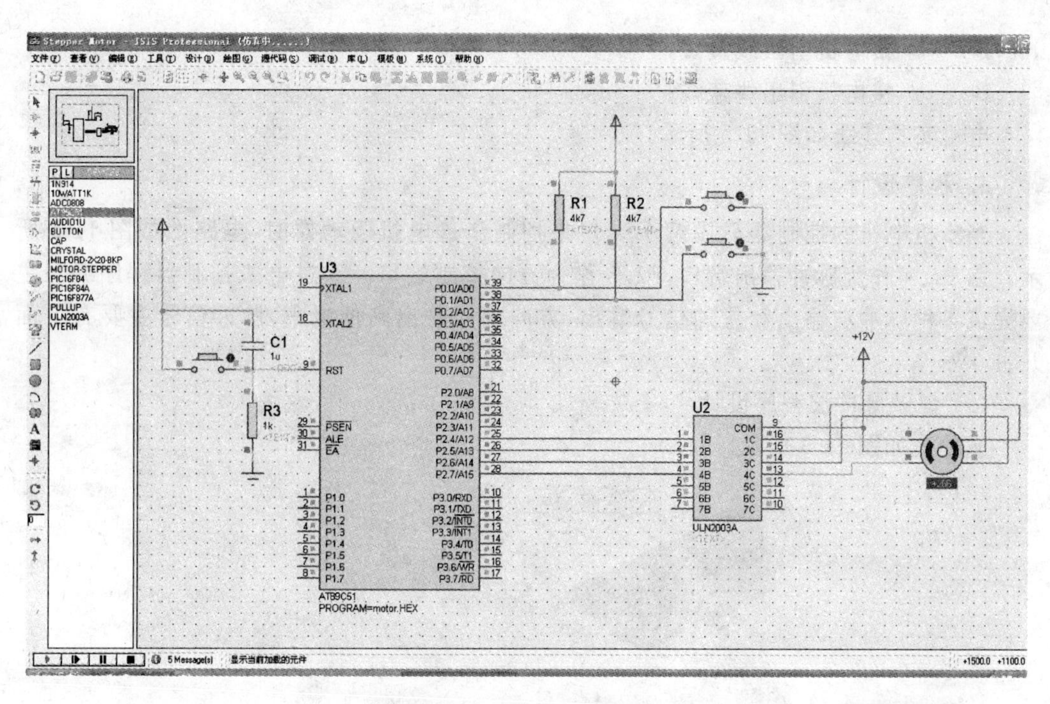

图 11-3　步进电机控制仿真图

2. 系统接线图设计

将控制器、步进电机和配套的驱动器三者组合到一起组成一个步进电机控制系统。控制器、驱动器、步进电机三者的连线如图 11-4 所示。

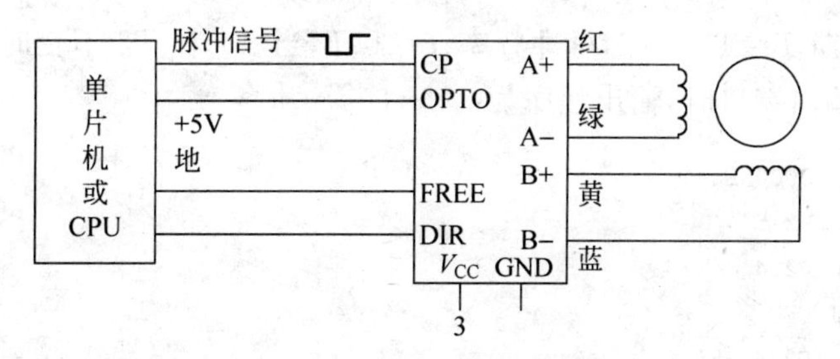

图 11-4　控制系统接线图

说明：

CP——接 CPU 脉冲信号(负信号,低电平有效)；

OPTO——接 CPU+5V；

FREE—— 脱机,与 CPU 地线相接,驱动电源不工作；

DIR——方向控制,与 CPU 地线相接,电机反转；

V_{CC}——直流电源正端；

GND——直流电源负端；

A+—— 接电机引出线红线；

A-——接电机引出线绿线；

B+——接电机引出线黄线；

B-——接电机引出线蓝线。

电机实物连线如图 11-5 所示。

3. 程序设计

当步机电机的控制器只用两个端口来控制步进电机驱动器时，电路图如图 11-5 所示。用 P2.4 作为脉冲输出端口，P2.5 作为方向控制端口。步进电机控制器程序编写主要完成各种脉冲波输出和方向信号输出，方向信号输出高低电平，脉冲信号主要有下面几种。

(1) 恒频脉冲波程序设计

脉冲波如图 11-6 所示。

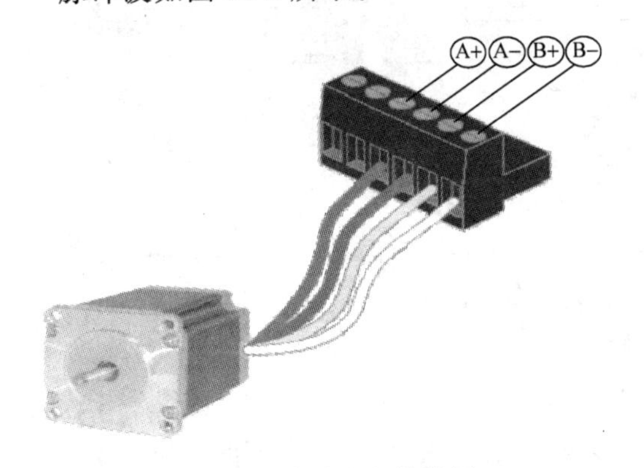

图 11-5 步进电机接线图

图 11-6 脉冲波

脉冲信号周期 T=T1+T2，脉冲频率 $f=1/T$，当 T1 和 T2 不变时，为恒频脉冲波。当用 P2.4 作为输出端口时，输出程序为：

```
        ORG   00000H
LOOP:   SETB  P2.5
        SETB  P2.4
        ACALL DEL
        CLR   P2.4
        ACALL DEL
        AJMP  LOOP
DEL:    MOV   TMOD, #01H
        MOV   R7, #2
TIME:   MOV   TL0, #0B0H
        MOV   TH0, #3CH
        SETB  TR0
LOOP1:  JBC   TF0,LOOP2
        LJMP  LOOP1
LOOP2:  DJNZ  R7,TIME
        RET
        END
```

(2) 变频脉冲波程序设计

变频脉冲波可分为3种情况：第一种，T1变T2不变；第二种，T1不变T2变；第三种，T1和T2同时变。现在编写第三种变频脉冲波。下面是一种产生变频波形的程序，当用P2.4作为输出端口时，通过R6、R7和初值的配合可设定延时长度，R7为循环次数，最低可设定为1，根据频率算出周期值，算出初值大小。还可编出连续变频的程序。

```
        ORG   00000H
LOP:    SETB  P2.5
        MOV   R7,#02H
        MOV   R6,#02H
        SETB  P2.4
        ACALL START
LOP1:   CLR   P2.4
        DJNZ  R6,LOP2
        AJMP  LOP
LOP2:   MOV   R7,#02H
        ACALL START
START:  MOV   DPTR,#TAB
TIME:   CLR   A
        MOVC  A,@A+DPTR
        MOV   TL0,A
        INC   DPTR
        CLR   A
        MOVC  A,@A+DPTR
        MOV   TH0,A
        INC   DPTR
        ACALL DEL
        CJNE  R7,#00H,TIME
        AJMP  LOP1
TAB:    DB    0B0H,3CH,0B0H,3CH
DEL:    MOV   TMOD,#01H
        SETB  TR0
LOOP1:  JBC   TF0,LOOP2
        LJMP  LOOP1
LOOP2:  DJNZ  R7,TIME
        RET
        END
```

(3) 多段脉冲波程序设计

在实际的产品开发中，步进电机的控制都是位置控制。所谓的位置控制，是指电机从当前位置启动转过一个给定的步数后，电机不失步数地停止在设定位置。这种控制要求精确地发出定量的步进脉冲，在运行过程中不失步。这种控制又分为两种情况：一是不带加/减速控制，这种位置控制是很容易实现的。控制过程是将发给电机的脉冲，用计数器通道计数，脉冲数到CPU停止发送脉冲波。这种不带加/减速的位置控制只适合于速度特别低的控制，否则会在起停时造成器械冲击、失步。二是带加/减速的位置控制，

图 11-7 给出了带加/减速控制的速度曲线，此曲线跟 t 轴间包含的面积正比于电机走过的步数 $\sum S$，显然，电机走过的总步数 $\sum S$ 由 3 部分构成：加速阶段电机走的步数、横向阶梯段电机走的步数和减速阶段电机走的步数。加/减速的位置控制是步进电机控制难点，这个面积大小的调整直接关系到步进电机运行好坏，在实际控制中要花较长时间调整面积大小。一般调整方法是：首先根据实际控制过程算出总脉冲数，再给定 3 段脉冲数，例如总脉冲数为 1000，上升给定 60，下降给定 60。在给定频率下运行程序，再听电机声音，如果没有杂音，"呜呜"作响，就比较好。若有抖动或杂音肯定有失步发生，需要反复调整各段脉冲数和频率，直到满意为止。

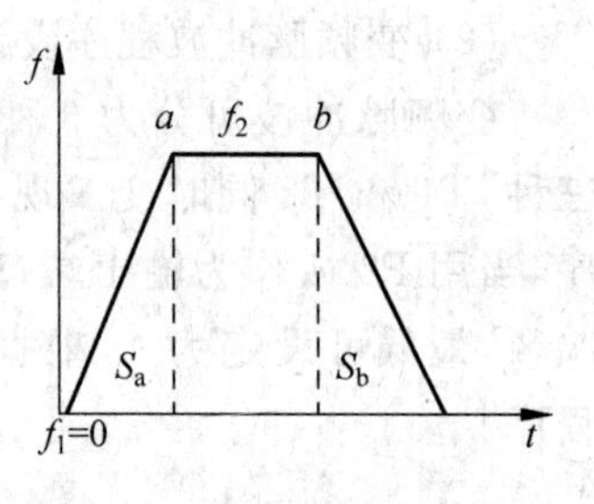

图 11-7　位置控制速度曲线

11.3　电路 Proteus 软件仿真

步进电机控制有两种方法，一是控制器、驱动器集合在一起，再与步进电机一起组合成一个控制系统；二是驱动器、步进电机用厂家配套产品，再开发控制器组合成一个控制系统。在实际应用中常用后者，开发起来相对简单。在讲步进电机原理时，一般用前者，下面是前者仿真过程。

1. 仿真要求

步进电机仿真用 89C51、ULN2003、步进电机模型、按钮 3 个，通过按钮实现电机正转、反转与 CPU 复位。

2. 仿真过程

(1) 进入 Proteus 仿真环境，构造简单的硬件电路，3 个按键，其中 RST 口接复位键，P0.0 接正转按钮，P0.1 接反转按钮，P2.4～P2.7 接芯片 ULN2003，驱动步进电机。

(2) 编写汇编程序代码，进行调试，效果如图 11-3 所示。

参考程序代码：

```
ORG 0000H
JMP MAIN
ORG 0030H
MAIN: MOV  R0,#00H              ;初始化
      MOV  A,#00H
      JB   P0.0,L1              ;判断正转按键是否闭合
      JMP  CW                   ;进入正转功能程序
  L1: JB   P0.1,L2              ;判断反转按键是否闭合
      JMP  CCW                  ;进入反转功能程序
  L2: JMP  MAIN                 ;等待
;-------------------正转------------
  CW: MOV  R0,#00H              ;正转偏移量初值
      MOV  P2,#00H
```

```
CW1:  MOV    A,R0
      MOV    DPTR,#TABLE        ;取正转表首地址
      MOVC   A,@A+DPTR          ;查表
      JZ     CW                 ;判断是否为 00H
      MOV    P2,A               ;送 P2 口驱动电机
      LCALL  DELAY              ;延时
      INC    R0                 ;偏移量加 1
      JMP    CW1
;------------------反转------------
 CCW:MOV     R0,#05             ;反转偏移量初值
CCW2: MOV    A,R0
      MOV    DPTR,#TABLE        ;取正转表首地址
      MOVC   A,@A+DPTR          ;查表
      JZ     CCW                ;判断是否为 00H
      MOV    P2,A               ;送 P2 口驱动电机
      CALL   DELAY              ;延时
      INC    R0                 ;偏移量加 1
      JMP    CCW2
;--------延时-------------------
DELAY:MOV    R7,#40
  L3: MOV    R6,#248
      DJNZ   R6,$
      DJNZ   R7,L3
      RET
TABLE:DB 30H,60H,0C0H,90H,00H   ;正转表
      DB 30H,90H,0C0H,60H,00H   ;反转表
      END
```

11.4 控制器制作

通过电路仿真后，Proteus 软件中制作的原理图就为该产品的原理图。下面讨论在 Protel 软件下制作原理图和印制电路板图。

1. PCB 板图制作

按照本课题的整体要求在 Protel 软件下绘制电路原理图，设计 PCB 板图，有兴趣的同学可将自行设计的 PCB 印制板图送工厂制作。

2. 电路焊接

本控制器可以购买万能电路板焊接。自己按电路原理图列出元器件清单，自己购买元器件，然后按照电路图焊接好元件。

11.5 控制器调试

固化 11.2 节中的恒频脉冲波程序，步进电机会一步一步转动。若没有转动就应分别测试单片机控制器和步进电机驱动器。驱动器与步进电机接好后，用高电平(24V)或低

电平(0V)单击驱动器脉冲波输入端,单击一下,步进电机应动一下。若正常,应测试单片机控制器的P2.4有无脉冲波输出,有示波器就用示波器测量,没有示波器可用发光二极管测量,方法是:P2.4端口外接发光二极管,延长延时到1s,可看到发光二极管闪动。

电路板调试好,程序调试成功后就可固化程序,最后上电使用。

讨论与思考

解决步进电机失步问题应采取哪些措施?

chapter 12 ◇第 12 章

家用时钟制作

在制作产品时，首先应确定产品要实现的功能，再选择实现这些功能所需的元器件。数字时钟是用 CPU 控制和数码管实现的时、分、秒计时的装置，与机械式时钟相比具有更高的准确性和直观性，且无机械装置，具有更长的使用寿命，节省了电能。因此得到了广泛的使用，自己制作后可带回家中作时钟使用。数字钟是一种典型的数字显示电路，包括数码管、单片机等，为了时间更加准确，加接 DS1302 芯片。下面详细讨论元器件的原理及设计方法。

12.1 器件原理介绍

为了获得准确时间，一般使用时钟芯片。时钟芯片种类较多，常用的有 DS 系列，较典型的有 DS12887 和 DS1302。后者较便宜，设计时选用 DS1302。

12.1.1 DS1302 工作原理

DS1302 是美国 DALLAS 公司推出的一种高性能、低功耗、带 RAM 的实时时钟电路。它可以对年、月、日、周日、时、分、秒进行计时，具有闰年补偿功能，工作电压为 2.5～5.5V。DS1302 采用三线接口与 CPU 进行同步通信，并可采用突发方式一次传送多个字节的时钟信号或 RAM 数据。DS1302 内部有一个 31×8 的用于临时性存放数据的 RAM 寄存器。DS1302 是 DS1202 的升级产品，与 DS1202 兼容，但增加了主电源/后备电源双电源引脚，同时提供了对后备电源进行涓细电流充电的能力。

1. 引脚功能及结构

DS1302 的引脚排列中 V_{CC_1} 为后备电源，V_{CC_2} 为主电源。在主电源关闭的情况下，也能保持时钟的连续运行。DS1302 由 V_{CC_1} 或 V_{CC_2} 两者中的较大者供电。当 V_{CC_2} 大于 V_{CC_1} + 0.2V 时，V_{CC_2} 给 DS1302 供电。当 V_{CC_2} 小于 V_{CC_1} 时，DS1302 由 V_{CC_1} 供电。X1 和 X2 是振荡源，外接 32.768kHz 晶振。RST 是复位/片选线，通过把 RST 输入驱动置高电平来启动所有的数据传送。RST 输入有两种功能：首先，RST 接通控制逻辑，允许地址/命令序列送入移位寄存器；其次，RST 提供终止单字节或多字节数据的传送手段。当 RST 为高电平时，所有的数据传送被初始化，允许对 DS1302 进行操作。如果在传送过程中 RST 置为低电平，则会终止此次数据传送，I/O 引脚变为高阻态。上电运行时，在 $V_{CC}>2.0$V 之前，RST 必须保持低电平。只有在 SCLK 为低电平时，才能将 RST 置为高电平。I/O 为串行数据输入输出端（双向），后面有详细说明。SCLK 为时钟输入端。图 12-1 为 DS1302 的引脚功能图。

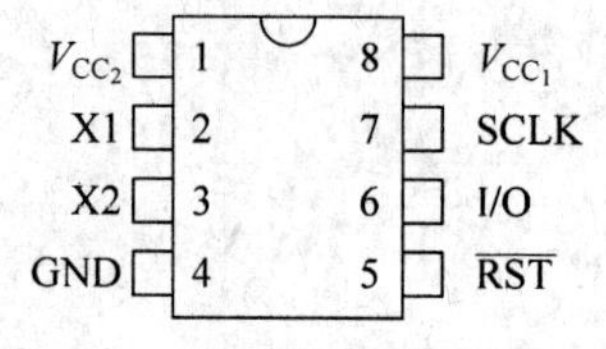

图 12-1　DS1302 封装

2. DS1302 的控制字节

DS1302 的控制字节如图 12-2 所示。控制字节的最高有效位（位 7）必须是逻辑 1，如果它为 0，则不能把数据写入 DS1302 中；位 6 如果为 0，则表示存取日历时钟数据，为 1 表示存取 RAM 数据；位 5 置位 1 指示操作单元的地址；最低有效位（位 0）如为 0 表示要进行写操作，为 1 表示进行读操作。控制字节总是从最低位开始输出。

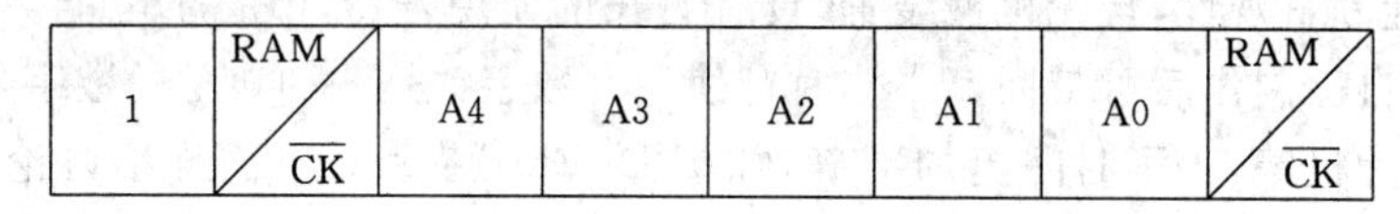

图 12-2　DS1302 的控制字节

3. 数据输入/输出（I/O）

在控制指令字输入后的下一个 SCLK 时钟的上升沿时，数据被写入 DS1302，数据输入从低位即位 0 开始。同样，在紧跟 8 位的控制指令字后的下一个 SCLK 脉冲的下降沿读出 DS1302 的数据，读出数据时从低位 0 到高位 7。

4. DS1302 的寄存器

DS1302 有 12 个寄存器，其中有 7 个寄存器与日历、时钟相关，存放的数据位为 BCD 码形式，其日历、时间寄存器及其控制字见表 12-1。

表 12-1　日历、时间寄存器及其控制字

寄存器名称	命令字		数值范围	各位内容							
	写操作	读操作		D7	D6	D5	D4	D3	D2	D1	D0
秒寄存器	80H	81H	00～59	CH	10SEC			SEC			
分寄存器	82H	83H	00～59	0	10MIN			MIN			
时寄存器	84H	85H	01～12，01～24	12/24	0	10HR		HR			
日寄存器	86H	87H	01～8，29，30，31	0	0	10DATE		DATE			
月寄存器	88H	89H	01～12	0	0	0	10M	MONTH			
周寄存器	8AH	8BH	01～07	0	0	0	0	0	DAY		
年寄存器	8CH	8DH	00～99	10YEAR				YEAR			

此外，DS1302 还有年份寄存器、控制寄存器、充电寄存器、时钟突发寄存器及与 RAM 相关的寄存器等。时钟突发寄存器可一次性顺序读写除充电寄存器外的所有寄存器内容。DS1302 与 RAM 相关的寄存器分为两类：一类是单个 RAM 单元，共 31 个，每个单元组态为一个 8 位的字节，其命令控制字为 C0H～FDH，其中奇数为读操作，偶数为

写操作；另一类为突发方式下的 RAM 寄存器，此方式下可一次性读写所有的 RAM 的 31 个字节，命令控制字为 FEH(写)、FFH(读)。

5. DS1302 与 CPU 接口电路设计

DS1302 与单片机的连接需要 3 条线，即 SCLK(7)、I/O(6)、RST(5)。图 12-3 示出 DS1302 与 89C51 的连接图，其中，时钟的显示用 6 块 LED 显示块。

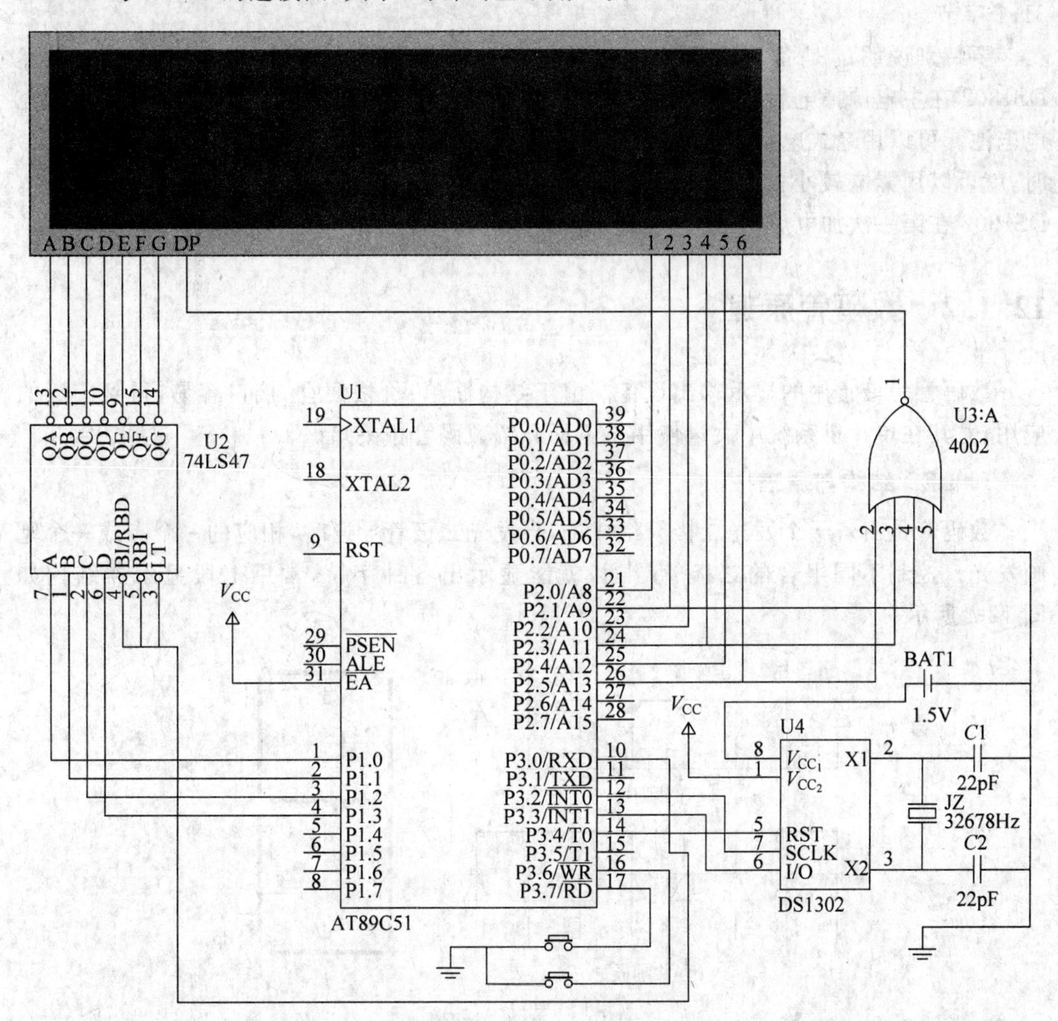

图 12-3 DS1302 与 89C51 连线电路图

6. 调试问题说明

DS1302 与微处理器进行数据交换时，首先由微处理器向芯片发送命令字节，命令字节最高位 MSB(D7)必须为逻辑 1。如果 D7＝0，则禁止写 DS1302，即写保护；D6＝0，指定时钟数据，D6＝1，指定 RAM 数据；D5～D1 指定输入或输出的特定寄存器；最低位 LSB(D0)为逻辑 0，指定写操作(输入)，D0＝1，指定读操作(输出)。

在 DS1302 的时钟日历或 RAM 进行数据传送时，DS1302 必须首先发送命令字节。

若进行单字节传送，8位命令字节传送结束之后，在下2个SCLK周期的上升沿输入数据字节，或在下8个SCLK周期的下降沿输出数据字节。

DS1302与RAM相关的寄存器分为两类：一类是单个RAM单元，共31个，每个单元组态为一个8位的字节，其命令控制字为C0H～FDH，其中奇数为读操作，偶数为写操作；另一类为突发方式下的RAM寄存器，在此方式下可一次性读、写所有的RAM的31个字节。

要特别说明的是备用电源B1，可以用电池或者超级电容器（0.1F以上）。虽然DS1302在主电源掉电后的耗电很小，但是，如果要长时间保证时钟正常，最好选用小型充电电池。可以用老式电脑主板上的3.6V充电电池。如果断电时间较短（几小时或几天）时，就可以用漏电较小的普通电解电容器代替，100μF就可以保证1小时的正常走时。DS1302在第一次加电后，必须进行初始化操作。初始化后就可以按正常方法调整时间。

12.1.2 数码管原理

数码管是最常用的显示输出设备。由于结构简单、价格便宜、接口容易，得到广泛的应用，尤其在单片机系统中大量使用。下面介绍数码管相关知识。

1. LED结构与原理

数码管是由若干个发光二极管组成的，当发光二极管导通时，相应的一个点或一个笔画发光。控制不同组合的二极管导通，就能显示出各种字符，常用七段显示器结构如图12-4所示。

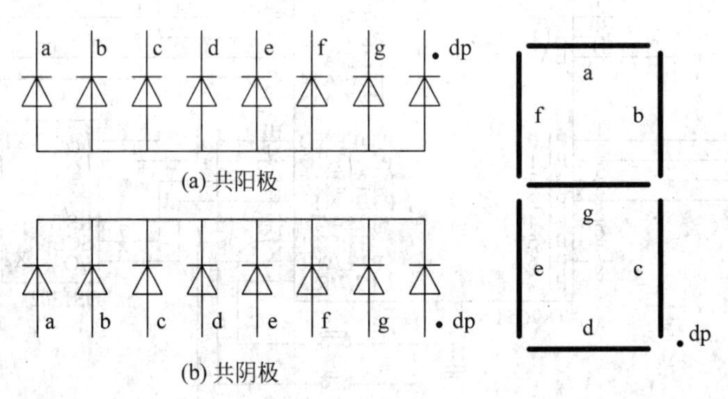

图12-4 发光管结构

图12-4(a)为共阳极数码管，图12-4(b)为共阴极数码管。共阳极数码管是指将所有发光二极管的阳极接到一起形成公共阳极的数码管。共阳极数码管在应用时应将公共极接到+5V电源上。共阴数码管是指将所有发光二极管的阴极接到一起形成公共阴极的数码管。共阴极数码管在应用时应将公共极接到地线GND上。

点亮数码管有静态和动态两种方法。所谓静态显示，就是当显示器显示某一个字符时，相应的发光二极管恒定地导通或截止。例如，七段显示器的a、b、c、d、e、f导通，g截止，则显示0。这种显示器方式，每一位都需要有一个8位输出口控制，所以占用硬件多，一般用于显示器位数较小(很少)的场合。当位数较多时,用静态显示所需的I/O口太多,一般采用动态显示方法。

所谓动态显示就是一位一位地轮流点亮各位显示器(扫描),对于每一位显示器来说,每隔一段时间点亮一次。显示器的点亮既跟点亮时的导通电流有关,也跟点亮时间和间隔时间的比例有关。调整电流和时间的参数,可实现亮度较高较稳定的显示。若显示器的位数不大于8位,则控制显示器公共极电位只需一个I/O口,称为扫描口,控制各位显示器所显示的字形也需一个8位口,称为段数据口。

数码管要正常显示,就要用驱动电路来驱动数码管的各个段码,从而显示出我们要的数字,因此根据数码管的驱动方式的不同,可以分为静态式和动态式两类。

(1) 静态显示驱动:静态驱动也称直流驱动。静态驱动是指每个数码管的每一个段码都由一个单片机的I/O端口进行驱动,或者使用如BCD码二-十进制译码器译码进行驱动。静态驱动的优点是编程简单,显示亮度高;缺点是占用I/O端口多,如驱动5个数码管静态显示则需要5×8=40根I/O端口来驱动,要知道一个89C51单片机可用的I/O端口才32个。实际应用时必须增加译码驱动器进行驱动,增加了硬件电路的复杂性。

(2) 动态显示驱动:数码管动态显示接口是单片机中应用最为广泛的一种显示方式之一。动态驱动是将所有数码管的8个显示笔画a、b、c、d、e、f、g、dp的同名端连在一起,另外为每个数码管的公共极COM增加位选通控制电路。位选通由各自独立的I/O线控制,当单片机输出字形码时,所有数码管都接收到相同的字形码,但究竟是哪个数码管会显示出字形,取决于单片机对位选通COM端电路的控制。所以我们只要将需要显示的数码管的选通控制打开,该位就显示出字形,没有选通的数码管就不会亮。通过分时轮流控制各个数码管的COM端,就使各个数码管轮流受控显示,这就是动态驱动。在轮流显示过程中,每位数码管的点亮时间为1~2ms,由于人的视觉暂留现象及发光二极管的余辉效应,尽管实际上各位数码管并非同时点亮,但只要扫描的速度足够快,给人的印象就是一组稳定的显示数据,不会有闪烁感。动态显示的效果和静态显示是一样的,能够节省大量的I/O端口,而且功耗更低。

2. 数码管技术参数

(1) 数码管参数

① 8字高度:8字上沿与下沿的距离。比外形高度小,通常用英寸来表示,范围一般为0.25~20英寸。

② 长×宽×高:长为数码管正放时,水平方向的长度;宽为数码管正放时,垂直方向上的长度;高为数码管的厚度。

③ 时钟点:四位数码管中,第二位8与第三位8字中间的两个点。一般用于显示时钟中的秒。

(2) 数码管使用的电流与电压

① 电流:静态时,推荐使用10~15mA;动态时,16/1动态扫描时,平均电流为4~5mA,峰值电流为50~60mA。

② 电压:查引脚排布图,看一下每段的芯片数量是多少,当红色时,使用1.9V乘以

每段的芯片串联的个数；当绿色时，使用 2.1V 乘以每段的芯片串联的个数。

(3) 恒流驱动与非恒流驱动对数码管的影响

① 显示效果：数码管中的发光二极管基本上属于电流敏感器件，其正向压降的分散性很大，并且还与温度有关，为了保证数码管具有良好的亮度均匀度，就需要使其具有恒定的工作电流，且不能受温度及其他因素的影响。另外，当温度变化时驱动芯片还要能够自动调节输出电流的大小以实现色差平衡温度补偿。

② 安全性：即使是短时间的电流过载也可能对发光管造成永久性的损坏，采用恒流驱动电路后可防止由于电流故障所引起的数码管的大面积损坏。

另外，采用超大规模集成电路还具有级联延时开关特性，可防止反向尖峰电压对发光二极管的损害。

超大规模集成电路还具有热保护功能，当任何一片的温度超过一定值时可自动关断，并且可在控制室内看到故障显示。数码管亮度不一致由两个大的因素产生，一是 LED 原材料，一是点亮数码管时采取的控制方式。

3. 数码管的型号及识别

(1) 数码管型号

数码管按段数分为七段数码管和八段数码管，八段数码管比七段数码管多一个发光二极管单元(多一个小数点显示)。按能显示多少个“8”可分为 1 位、2 位、4 位等数码管；按发光二极管单元连接方式分为共阳极数码管和共阴极数码管。对于共阳数码管，当某一字段发光二极管的阴极为低电平时，相应字段就点亮；当某一字段的阴极为高电平时，相应字段就不亮。对于共阴数码管，当某一字段发光二极管的阳极为高电平时，相应字段就点亮；当某一字段的阳极为低电平时，相应字段就不亮。各种数码管形状如图 12-5 所示。

图 12-5　数码管形状

(2) 国产 LED 数码管型号的命名

国产 LED 数码管的型号命名由 4 部分组成，各部分含义见表 12-2。

① 第一部分用字母“BS”表示产品主称为半导体发光数码管。

② 第二部分用数字表示 LED 数码管的字符高度，单位为 mm。

③ 第三部分用字母表示 LED 数码管的发光颜色。

④ 第四部分用数字表示 LED 数码管的公共极性。

表 12-2　国产 LED 数码管的型号命名及含义

第一部分：主称		第二部分：字符高度	第三部分：发光颜色		第四部分：公共极性	
字母	含　义		字母	含　义	数字	含　义
BS	半导体发光数码管	用数字表示数码管的字符高度，单位是 mm	R	红	1	共阳
			G	绿		
			OR	橙红	2	共阴

例如：BS 12.7 R-1 为字符高度为 12.7mm 的红色共阳极 LED 数码管。

BS——半导体发光数码管；

12.7——12.7mm；

R——红色；

1——共阳。

(3) 数码管引脚排布

图 12-6 是 1 位七段数码管引脚图，请大家记好引脚的顺序，以备正确使用。

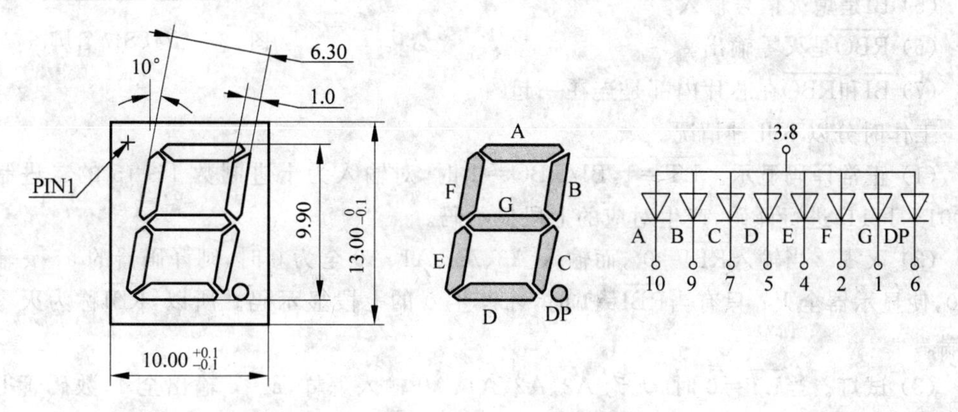

图 12-6　1 位七段数码管引脚图

数码管使用条件如下。

① 段及小数点上加限流电阻。

② 使用电压。段：根据发光颜色决定；小数点：根据发光颜色决定。

③ 使用电流。静态：总电流 80mA（每段 10mA）；动态：平均电流 4～5mA，峰值电流 100mA。

上面这个只是七段数码管引脚图，其中共阳极数码管引脚图和共阴极的是一样的。

数码管使用注意事项说明如下。

① 数码管表面不要用手触摸，不要用手去弄引角。

② 焊接温度：260°；焊接时间：5s。

③ 表面有保护膜的产品，可以在使用前撕下来。

还有 2 位、3 位、4 位、5 位、6 位、7 位、8 位一体的 LED 数码管，注意外形尺寸及引脚排列，制板时不要搞错。

12.1.3 七段显示译码器74LS47

七段显示译码器74LS47是一种与共阳极数字显示器配合使用的集成译码器，它的功能是将输入的4位二进制代码转换成显示器所需要的七个段信号a～g。表12-3为它的逻辑功能表。a～g为译码输出端。另外，它还有3个控制端。

管脚分配如图12-7所示，试灯输入端$\overline{LT}$、灭零输入端$\overline{RBI}$、特殊控制端$\overline{BI}/\overline{RBO}$。其功能如下。

(1) 74LS47七段显示译码器的输出选中时为低电平，可以直接驱动共阳型LED数码管。

(2) $\overline{LT}$、$\overline{RBI}$和$\overline{BI}/\overline{RBO}$是辅助控制信号。

(3) $\overline{LT}$是试灯输入，工作时应使$\overline{LT}$=1。

(4) $\overline{RBI}$是灭零输入。

(5) $\overline{BI}$是熄灭信号输入。

(6) $\overline{RBO}$是灭零输出。

左侧管脚	编号	编号	右侧管脚
A1	1	16	V_{CC}
A2	2	15	$\overline{f}$
$\overline{LT}$	3	14	$\overline{g}$
$\overline{BI}/\overline{RBO}$	4	13	$\overline{a}$
$\overline{RBI}$	5	12	$\overline{b}$
A3	6	11	$\overline{c}$
A0	7	10	$\overline{d}$
GND	8	9	$\overline{e}$

图12-7 74LS47管脚图

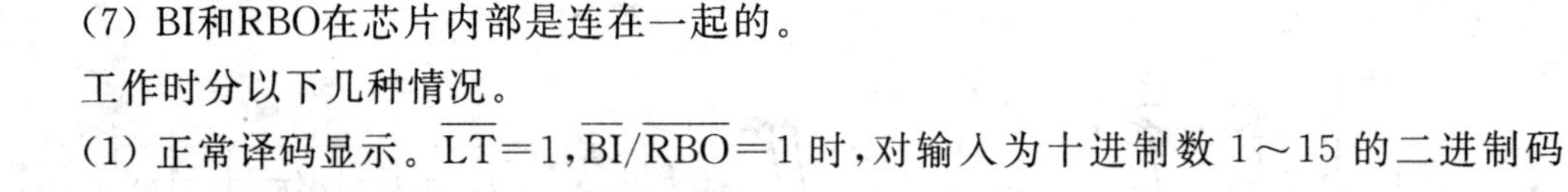

(7) $\overline{BI}$和$\overline{RBO}$在芯片内部是连在一起的。

工作时分以下几种情况。

(1) 正常译码显示。$\overline{LT}$=1，$\overline{BI}/\overline{RBO}$=1时，对输入为十进制数1～15的二进制码(0001～1111)进行译码，产生对应的七段显示码。

(2) 灭零。当输入$\overline{RBI}$=0，而输入A3、A2、A1、A0全为0时，则译码器的a～g输出全0，使显示器全灭；只有当$\overline{RBI}$=1时，才产生0的七段显示码。所以，$\overline{RBI}$称为灭零输入端。

(3) 试灯。当$\overline{LT}$=0时，无论A3、A2、A1、A0输入怎样，a～g输出全1，数码管七段全亮。由此可以检测显示器七个发光段的好坏。$\overline{LT}$称为试灯输入端。

(4) 特殊控制端$\overline{BI}/\overline{RBO}$。$\overline{BI}/\overline{RBO}$可以作输入端，也可以作输出端。

作输入端使用时，如果$\overline{BI}/\overline{RBO}$=0时，不管其他输入端为何值，a～g均输出0，显示器全灭。$\overline{BI}/\overline{RBO}$因此称为灭灯输入端。

作输出端使用时，受控于$\overline{RBI}$。当$\overline{RBI}$=0，输入端A3、A2、A1、A0输入为0的二进制码0000时，$\overline{BI}/\overline{RBO}$=0，用以指示该片正处于灭零状态。所以，$\overline{BI}/\overline{RBO}$又称为灭零输出端。

七段显示译码器74LS47的逻辑功能表。

表12-3 七段显示译码器74LS47的逻辑功能表

功能(输入)	输入						输入/输出	输出							显示字形
	$\overline{LT}$	$\overline{RBI}$	A_3	A_2	A_1	A_0	$\overline{BI}/\overline{RBO}$	a	b	c	d	e	f	g	
0	1	1	0	0	0	0	1	0	0	0	0	0	0	1	
1	1	×	0	0	0	1	1	1	0	0	1	1	1	1	
2	1	×	0	0	1	0	1	0	0	1	0	0	1	0	
3	1	×	0	0	1	1	1	0	0	0	0	1	1	1	

续表

功能(输入)	输入						输入/输出	输出							显示字形
	$\overline{LT}$	$\overline{RBI}$	A_3	A_2	A_1	A_0	$\overline{BI}/\overline{RBO}$	a	b	c	d	e	f	g	
4	1	×	0	1	0	0	1	1	0	0	1	1	0	0	
5	1	×	0	1	0	1	1	0	1	0	0	1	0	0	
6	1	×	0	1	1	0	1	1	1	0	0	0	0	0	
7	1	×	0	1	1	1	1	0	0	0	1	1	1	0	
8	1	×	1	0	0	0	1	0	0	0	0	0	0	1	
9	1	×	1	0	0	1	1	0	0	0	1	1	0	0	
10	1	×	1	0	1	0	1	1	1	1	0	0	1	0	
11	1	×	1	0	1	1	1	1	0	0	0	1	1	0	
12	1	×	1	1	0	0	1	1	0	1	1	1	0	0	
13	1	×	1	1	0	1	1	0	1	1	0	1	0	0	
14	1	×	1	1	1	0	1	1	1	1	0	0	0	0	
15	1	×	1	1	1	1	1	1	1	1	1	1	1	0	
灭灯	×	×	×	×	×	×	0	1	1	1	1	1	1	1	
灭零	1	0	0	0	0	0	0	1	1	1	1	1	1	1	
试灯	0	×	×	×	×	×	1	0	0	0	0	0	0	0	

12.2 家用时钟设计

器件选定后，下一步要进行电路原理图设计，设计时使用 Proteus 软件，电路原理图制作和仿真一起进行。

12.2.1 电路原理图设计

1. 电路原理图制作

在 Proteus 仿真软件的编辑窗口中，按照选定的器件做好电路原理图。整个电路使用主芯片 AT89C51 单片机 1 个，74LS47 译码器 1 个，12MHz 晶体振荡器 1 个，32678Hz 晶体振荡器 1 个，共阴七段数码管 6 块，采用六位集成模块，DS1302 时钟芯片 1 个，外加辅助电池 1.5V 1 个，4002 四输入或非门 1 个，按键 2 个，电路原理图如图 12-3 所示。

2. 数字钟的功能、操作及其技术要求

(1) 功能

① 时钟功能：动态显示时、分、秒。

② 调时功能：可依据标准时钟调时。

③ 因 DS1302 接有辅助纽扣电池，即使电源断电也能准确计时年数。

(2) 操作

① 上电后时钟开始计时并显示。

② 调时。按下"调时"按键，则进入调校时间状态，可依次调时、分、秒。

调校时，显示屏中"时"显示闪烁，这时按"加 1"按键，调校"时"，每按一次，加一个小时；调好后再按"调分"按键，则"分"显示闪烁，这时可按"加 1"按键，调校"分"，每按一次，加一分钟；调好后再按"调秒"按键，则"秒"显示闪烁，这时可按"加 1"按键，调校"秒"，每按一次，加一秒；调好后再按"调时"按键退出调时状态。

12.2.2 程序设计

按设计时的功能要求编写程序如下：

```
          SCLK     EQU  P3.2              ；定义端口
          IO       EQU  P3.3
          RST      EQU  P3.4
          TRL      EQU  P3.5
          JIA1     EQU  P3.6
          TSH      EQU  P3.7
          YEAR     DATA 66H               ；定义年数据寄存器单元
          MONTH    DATA  65H              ；定义月数据寄存器单元
          WEEK     DATA  64H              ；定义周数据寄存器单元
          DAY      DATA  63H              ；定义日数据寄存器单元
          HOUR     DATA  62H              ；定义时数据寄存器单元
          MINUTE   DATA  61H              ；定义分数据寄存器单元
          SECOND   DATA  60H              ；定义秒数据寄存器单元
          DS_ADDR  DATA 32H               ；定义 DS1302 地址寄存器单元
          DS_DATA  DATA 31H               ；定义 DS1302 数据寄存器单元
          ORG      0000H
          AJMP     START
MAIN2F:   LJMP     MAIN2
START:    MOV      SP,#70H
          LCALL    DELAY1
          MOV      DS_ADDR,#8EH
          MOV      DS_DATA,#00H
          LCALL    WRITE
START0:   MOV      DS_ADDR,#81H
          LCALL    READ
          MOV      DS_ADDR,#80H
          MOV      DS_DATA,A
          LCALL    WRITE
STAR1:    MOV      DS_ADDR,#0C0H
          MOV      DS_DATA,#9CH
          LCALL    WRITE
          MOV      20H,#0
          MOV      21H,#0FH
```

```
MAIN1:   JB      TRL,MAIN2FA
         MOV     22H,#1
         AJMP    MAIN2FB
MAIN2FA: JB      TSH,MAIN2F
         MOV     22H,#2
         MOV     DS_ADDR,#81H
         LCALL   READ
         ORL     A,#80H
         MOV     DS_ADDR,#80H
         MOV     DS_DATA,A
         LCALL   WRITE
MAIN4:   LCALL   DISP
         JNB     TSH,MAIN4
         MOV     22H,#2
         LJMP    SSS
MAIN2FB: MOV     DS_ADDR,#81H
         LCALL   READ
         ORL     A,#80H
         MOV     DS_ADDR,#80H
         MOV     DS_DATA,A
         LCALL   WRITE
MAIN4J:  LCALL   DISP
         JNB     TRL,MAIN4J
         MOV     22H,#1
NNN:     LCALL   DISP
         JNB     TRL,YYY
         MOV     20H,#8
         LCALL   DISP
         JB      JIA1,NNN
NNN2:    LCALL   DISP
         JNB     JIA1,NNN2
         MOV     R7,YEAR
         LCALL   JIAY1
         MOV     YEAR,A
         CJNE    A,#30H,NNN1
         MOV     YEAR,#06
NNN1:    MOV     DS_ADDR,#8CH
         MOV     DS_DATA,YEAR
         LCALL   WRITE
         MOV     R0,YEAR
         LCALL   DIVIDE
         MOV     4AH,R1
         MOV     A,4AH
         SWAP    A
         MOV     4AH,A
         MOV     4BH,R2
         MOV     A,4BH
         SWAP    A
         MOV     4BH,A
         SJMP    NNN
```

```
YYY:    LCALL   DISP
        JNB     TRL,YYY
YYY3:   JNB     TRL,DDD
        MOV     20H,#4
        LCALL   DISP
        JB      JIA1,YYY3
YYY2:   LCALL   DISP
        JNB     JIA1,YYY2
        MOV     R7,MONTH
        LCALL   JIAY1
        MOV     MONTH,A
        CJNE    A,#13H,YYY1
        MOV     MONTH,#1
YYY1:   MOV     DS_ADDR,#88H
        MOV     DS_DATA,MONTH
        LCALL   WRITE
        MOV     R0,MONTH
        LCALL   DIVIDE
        MOV     48H,R1
        MOV     A,48H
        SWAP    A
        MOV     48H,A
        MOV     49H,R2
        MOV     A,49H
        SWAP    A
        MOV     49H,A
        SJMP    YYY3
DDD:    LCALL   DISP
        JNB     TRL,DDD
        MOV     20H,#2H
DDD3:   JNB     TRL,NYD
        MOV     20H,#2
        LCALL   DISP
        JB      JIA1,DDD3
DDD2:   LCALL   DISP
        JNB     JIA1,DDD2
        MOV     R7,DAY
        LCALL   JIAY1
        MOV     DAY,A
        CJNE    A,#32H,DDD1
        MOV     DAY,#1
DDD1:   MOV     DS_ADDR,#86H
        MOV     DS_DATA,DAY
        LCALL   WRITE
        MOV     R0,DAY
        LCALL   DIVIDE
        MOV     46H,R1
        MOV     A,46H
        SWAP    A
        MOV     46H,A
```

```
        MOV     47H,R2
        MOV     A,47H
        SWAP    A
        MOV     47H,A
        SJMP    DDD3
NYD:    LJMP    MAIN3A
SSS:    LCALL   DISP
        JNB     TSH,FFF
        MOV     20H,#8
SSS3:   JNB     TSH,FFF
        LCALL   DISP
        JB      JIA1,SSS3
SSS2:   LCALL   DISP
        JNB     JIA1,SSS2
        MOV     R7,HOUR
        LCALL   JIAY1
        MOV     HOUR,A
        CJNE    A,#24H,SSS1
        MOV     HOUR,#0
SSS1:   MOV     DS_ADDR,#84H
        MOV     DS_DATA,HOUR
        LCALL   WRITE
        MOV     R0,HOUR
        LCALL   DIVIDE
        MOV     44H,R1
        MOV     45H,R2
        SJMP    SSS
FFF:    LCALL   DISP
        JNB     TSH,FFF
        MOV     20H,#4
FFF3:   JNB     TSH,MMM
        LCALL   DISP
        JB      JIA1,FFF3
FFF2:   LCALL   DISP
        JNB     JIA1,FFF2
        MOV     R7,MINUTE
        LCALL   JIAY1
        MOV     MINUTE,A
        CJNE    A,#60H,FFF1
        MOV     MINUTE,#0
FFF1:   MOV     DS_ADDR,#82H
        MOV     DS_DATA,MINUTE
        LCALL   WRITE
        MOV     R0,MINUTE
        LCALL   DIVIDE
        MOV     42H,R1
        MOV     43H,R2
        SJMP    FFF3
MMM:    LCALL   DISP
        JNB     TSH,MMM
```

```
        MOV     20H,#2
MMM3:   JNB     TSH,MAIN3
        LCALL   DISP
        JB      JIA1,MMM3
MMM2:   LCALL   DISP
        JNB     JIA1,MMM2
        MOV     R7,SECOND
        LCALL   JIAY1
        MOV     SECOND,A
        CJNE    A,#60H,MMM1
        MOV     SECOND,#0
MMM1:   ORL     SECOND,#80H
        MOV     DS_ADDR,#80H
        MOV     DS_DATA,SECOND
        LCALL   WRITE
        ANL     SECOND,#7FH
        MOV     R0,SECOND
        LCALL   DIVIDE
        MOV     40H,R1
        MOV     41H,R2
        SJMP    MMM3
MAIN3:  SETB    P3.0
        SETB    P3.1
        MOV     22H,#0
        LCALL   DISP
        JNB     TSH,MAIN3
        MOV     20H,#0
        MOV     21H,#0FH
        MOV     22H,#0
        MOV     DS_ADDR,#81H
        LCALL   READ
        ANL     A,#7FH
        MOV     DS_ADDR,#80H
        MOV     DS_DATA,A
        LCALL   WRITE
        LJMP    MAIN1
MAIN3A: SETB    P3.0
        SETB    P3.1
        MOV     22H,#0
        LCALL   DISP
        JNB     TRL,MAIN3A
        MOV     20H,#0
        MOV     21H,#0FH
        MOV     22H,#0
        MOV     DS_ADDR,#81H
        LCALL   READ
        ANL     A,#7FH
        MOV     DS_ADDR,#80H
        MOV     DS_DATA,A
        LCALL   WRITE
```

```
        LJMP    MAIN1
MAIN2:  MOV     P1,#0
        MOV     DS_ADDR,#8DH
        LCALL   READ
        MOV     YEAR,DS_DATA
        MOV     DS_ADDR,#89H
        LCALL   READ
        MOV     MONTH,DS_DATA
        MOV     DS_ADDR,#87H
        LCALL   READ
        MOV     DAY,DS_DATA
        MOV     DS_ADDR,#85H
        LCALL   READ
        MOV     HOUR,DS_DATA
        MOV     DS_ADDR,#83H
        LCALL   READ
        MOV     MINUTE,DS_DATA
        MOV     DS_ADDR,#81H
        LCALL   READ
        MOV     SECOND,DS_DATA
        MOV     R0,YEAR
        LCALL   DIVIDE
        MOV     4AH,R1
        MOV     A,4AH
        SWAP    A
        MOV     4AH,A
        MOV     4BH,R2
        MOV     A,4BH
        SWAP    A
        MOV     4BH,A
        MOV     R0,MONTH
        LCALL   DIVIDE
        MOV     48H,R1
        MOV     A,48H
        SWAP    A
        MOV     48H,A
        MOV     49H,R2
        MOV     A,49H
        SWAP    A
        MOV     49H,A
        MOV     R0,DAY
        LCALL   DIVIDE
        MOV     46H,R1
        MOV     A,46H
        SWAP    A
        MOV     46H,A
        MOV     47H,R2
        MOV     A,47H
        SWAP    A
        MOV     47H,A
```

```
        MOV     R0,HOUR
        LCALL   DIVIDE
        MOV     44H,R1
        MOV     45H,R2
        MOV     R0,MINUTE
        LCALL   DIVIDE
        MOV     42H,R1
        MOV     43H,R2
        MOV     R0,SECOND
        LCALL   DIVIDE
        MOV     40H,R1
        MOV     41H,R2
        LCALL   DISP
        LJMP    MAIN1
DISP:   SETB    P3.1
        SETB    P3.0
        JNB     10H,DISP2
        CLR     P3.0
DISP2:  JNB     11H,DISP1
        CLR     P3.1
DISP1:  NOP
        MOV     A,46H
        ORL     A,40H
        MOV     P1,A
        JNB     01H,MIAOL
        MOV     A,21H
        RL      A
        MOV     21H,A
        CJNE    A,#78H,MIAO1
MIAO1:  JC      MIAOL
        CLR     P2.4
        CLR     P2.5
        SJMP    FEN
MIAOL:  SETB    P2.5
        LCALL   DELAY1
        CLR     P2.5
        LCALL   DELAY2
        MOV     A,47H
        ORL     A,41H
        MOV     P1,A
        SETB    P2.4
        LCALL   DELAY1
        CLR     P2.4
        LCALL   DELAY2
FEN:    MOV     A,48H
        ORL     A,42H
        MOV     P1,A
        JNB     02H,FENL
        MOV     A,21H
        RL      A
```

```
          MOV     21H,A
          CJNE    A,#78H,FEN1
FEN1:     JC      FENL
          CLR     P2.2
          CLR     P2.3
          SJMP    SHI
FENL:     SETB    P2.3
          LCALL   DELAY1
          CLR     P2.3
          LCALL   DELAY2
          MOV     A,49H
          ORL     A,43H
          MOV     P1,A
          SETB    P2.2
          LCALL   DELAY1
          CLR     P2.2
          LCALL   DELAY2
SHI:      MOV     A,4AH
          ORL     A,44H
          MOV     P1,A
          JNB     03H,SHIL
          MOV     A,21H
          RL      A
          MOV     21H,A
          CJNE    A,#78H,SHI1
SHI1:     JC      SHIL
          SJMP    SHI2
SHIL:     SETB    P2.1
          LCALL   DELAY1
          CLR     P2.1
          LCALL   DELAY2
          MOV     A,4BH
          ORL     A,45H
          MOV     P1,A
          SETB    P2.0
          LCALL   DELAY1
          CLR     P2.0
          LCALL   DELAY2
          SJMP    SFM
SHI2:     CLR     P2.0
          CLR     P2.1
SFM:      RET
DELAY1:   MOV     R7,#5                     ;延时1
DELAY11:  MOV     R6,#0
          DJNZ    R6,$
          DJNZ    R7,DELAY11
          RET
DELAY2:   MOV     R7,#1                     ;延时2
DELAY21:  MOV     R6,#0
          DJNZ    R6,$
```

```
          DJNZ    R7,DELAY21
          RET
DELAY3:   MOV     R7,#40                ; 延时 3
DELAY31:  MOV     R6,#0
          DJNZ    R6,$
          DJNZ    R7,DELAY31
          RET
JIAY1:    MOV     A,R7
          ADD     A,#1
          DA      A
          RET
DIVIDE:   MOV     A,R0
          ANL     A,#0FH
          MOV     R1,A
          MOV     A,R0
          SWAP    A
          ANL     A,#0FH
          MOV     R2,A
          RET
WRITE:    CLR     SCLK                  ; 写 DS1302
          NOP
          SETB    RST
          NOP
          MOV     A,DS_ADDR
          MOV     R4,#8
WRITE1:   RRC     A                     ; 写 DS1302
          NOP
          NOP
          CLR     SCLK
          NOP
          NOP
          NOP
          MOV     IO,C
          NOP
          NOP
          NOP
          SETB    SCLK
          NOP
          NOP
          DJNZ    R4,WRITE1
          CLR     SCLK
          NOP
          MOV     A,DS_DATA
          MOV     R4,#8
WRITE2:   RRC     A                     ; 写 DS1302
          NOP
          CLR     SCLK
          NOP
          NOP
          MOV     IO,C
          NOP
          NOP
```

```
        NOP
        SETB    SCLK
        NOP
        NOP
        DJNZ    R4,WRITE2
        CLR     RST
        RET
READ:   CLR     SCLK                    ; 读 DS1302
        NOP
        NOP
        SETB    RST
        NOP
        MOV     A,DS_ADDR
        MOV     R4,#8
READ1:  RRC     A                       ; 读 DS1302
        NOP
        MOV     IO,C
        NOP
        NOP
        NOP
        SETB    SCLK
        NOP
        NOP
        NOP
        CLR     SCLK
        NOP
        NOP
        DJNZ    R4,READ1
        MOV     R4,#8
READ2:  CLR     SCLK                    ; 读 DS1302
        NOP
        NOP
        NOP
        MOV     C,IO
        NOP
        NOP
        NOP
        NOP
        NOP
        RRC     A
        NOP
        NOP
        NOP
        NOP
        SETB    SCLK
        NOP
        DJNZ    R4,READ2
        MOV     DS_DATA,A
        CLR     RST
        RET
DEY:    NOP                             ; 延时 5μs
        NOP
```

```
NOP
NOP
NOP
RET
END
```

12.3 家用时钟仿真

在 Proteus 仿真软件中所作的电路原理图如图 12-3 所示，再在 QTH 或 Keil 软件中编写调试程序，调试成功后生成 HEX 文件。按装载程序方法装载 HEX 文件，运行结果如图 12-8 所示。

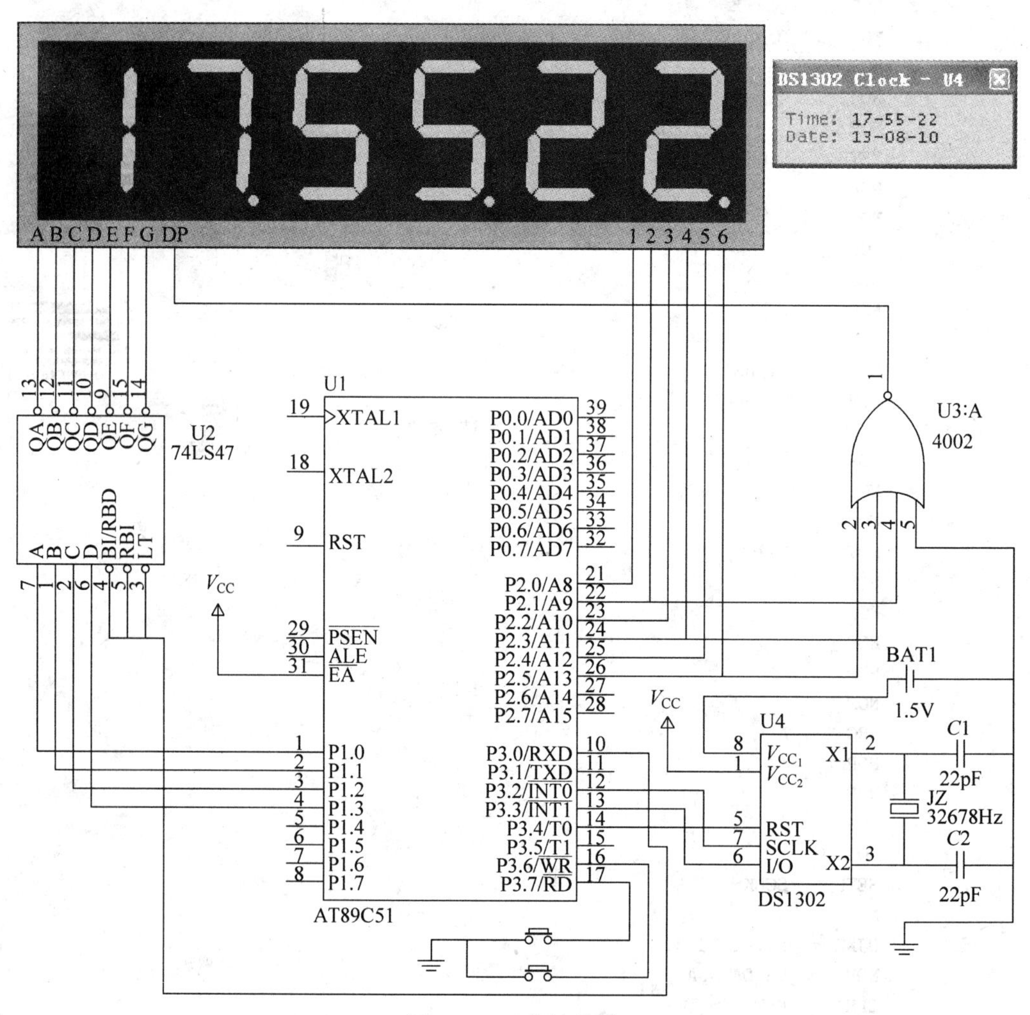

图 12-8 运行结果图

12.4　家用时钟制作

制作电子时钟时要设计电路板，然后调试，烧写程序，试用等。电路板设计好后要用覆铜板制作成电路板，送工厂制作时间较长，价格较贵，可上网购买。一般先用万能板自己连线焊接，再购买 PCB 板制作出很美观的家用时钟。

用万能板自己焊接，首先要开列元器件清单，到市场买好器件，然后自己按电路图焊接好。特别注意所有集成块均焊上插座，便于以后调试和检查。

12.5　家用时钟调试

1. 硬件检查调试

该电路调试的方法是：先用万用表对照原理图逐根线、逐点检查，应特别注意电源不能接反，反复检查没错后拔掉 89C51，先检查数码管和 74LS74 电路。从电路可看出 74LS47 正常工作时需将 P3.0 端口接高电平，再将 A、B、C、D 接地，此时数码管应显示 0。再将 P2.0～P2.5 分别对电源负极或对电源正极瞬间短接，对应的数码管会显示 0，若显示则电路正常。如不显示，说明电路有故障，首先查 74LS74 是否连接正确，接下来查数码管是否连接正确，反复检查直到正确为止。

2. 软件调试

硬件检查正确后，可用编程器将调试好的程序烧入 89C51 芯片中，插上 89C51 芯片进行试用，若一切正常，家用时钟制作成功。

讨论与思考

为什么用时钟芯片而不用 CPU 内部定时器做时钟？

参考文献

1. 胡汉才.单片机原理及其接口技术.北京：清华大学出版社，2003.
2. 张友德.单片微型机原理应用与实验.上海：复旦大学出版社，1993.